全国中等职业学校电工类专业通用教材
全国技工院校电工类专业通用教材（中级技能层级）

电工材料

（第五版）

人力资源社会保障部教材办公室　组织编写

中国劳动社会保障出版社

简　介

本书主要内容包括：绝缘材料、普通导电材料、特殊功能导电材料、磁性材料和其他电工材料。

本书由叶录京任主编，翟旭华、张伟任副主编，夏兆纪、夏洪雷、刘泽宇、叶庆龙参加编写；崔兆华审稿。

图书在版编目（CIP）数据

电工材料 / 人力资源社会保障部教材办公室组织编写. -- 5版. -- 北京：中国劳动社会保障出版社，2020

全国中等职业学校电工类专业通用教材　全国技工院校电工类专业通用教材. 中级技能层级

ISBN 978-7-5167-4788-9

Ⅰ. ①电…　Ⅱ. ①人…　Ⅲ. ①电工材料－中等专业学校－教材　Ⅳ. ①TM2

中国版本图书馆 CIP 数据核字（2020）第 227028 号

中国劳动社会保障出版社出版发行

（北京市惠新东街 1 号　邮政编码：100029）

*

北京宏伟双华印刷有限公司印刷装订　　新华书店经销

787 毫米 ×1092 毫米　16 开本　17 印张　323 千字

2020 年 12 月第 5 版　　2020 年 12 月第 1 次印刷

定价：34.00 元

读者服务部电话：（010）64929211/84209101/64921644

营销中心电话：（010）64962347

出版社网址：http://www.class.com.cn

http://jg.class.com.cn

前　言

为了更好地适应全国技工院校电工类专业的教学要求，全面提升教学质量，人力资源社会保障部教材办公室组织有关学校的一线教师和行业、企业专家，在充分调研企业生产和学校教学情况、广泛听取教师使用反馈意见的基础上，吸收和借鉴各地技工院校教学改革的成功经验，对现有电工类专业通用教材进行了修订（新编）。

本次教材修订（新编）工作的重点主要体现在以下几个方面。

更新教材内容

◆ 根据企业岗位需求变化和教学实践，确定学生应具备的知识与能力结构，调整部分教材内容，增补开发教材，使教材的深度、难度、广度与实际需求相匹配。

◆ 根据相关专业领域的最新技术发展，推陈出新，补充新知识、新技术、新设备、新材料等方面的内容。

◆ 根据最新的国家标准、行业标准编写教材，保证教材的科学性和规范性。

◆ 根据一体化教学理念，提高实践性教学内容的比重，进一步强化理论知识与技能训练的有机结合，体现“做中学、学中做”的教学理念。

优化呈现形式

◆ 创新教材的呈现形式，尽可能使用图片、实物照片和表格等形式将知识点生动地展示出来，提高学生的学习兴趣，提升教学效果。

◆ 部分教材将传统黑白印刷升级为双色印刷和彩色印刷，提升学生的阅读体验。例如，《电工基础（第六版）》和《电子技术基础（第六版）》采用双色设计，使电路图、波形图的内涵清晰明了；《安全用电（第六版）》将图片进行彩色重绘，符合学生的认知习惯。

提升教学服务

为方便教师教学和学生学习，除全面配套开发习题册外，还提供二维码资源、电子教案、电子课件、习题参考答案等多种数字化教学资源。

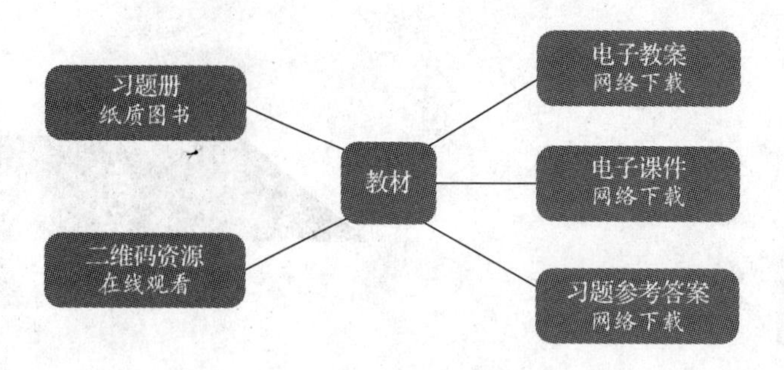

二维码资源——在部分教材中，针对重点、难点内容制作微视频，针对拓展学习内容制作电子阅读材料，使用移动设备扫描即可在线观看、阅读。

电子教案——结合教材内容编写教案，体现教学设计意图，为教师备课提供参考。

电子课件——依据教材内容制作电子课件，为教师教学提供帮助。

习题参考答案——提供教材中习题及配套习题册的参考答案，为教师指导学生练习提供方便。

电子教案、电子课件、习题参考答案均可通过技工教育网（http://jg.class.com.cn）下载使用。

致谢

本次教材的修订（新编）工作得到了辽宁、江苏、山东、河南、广西等省（自治区）人力资源社会保障厅及有关学校的大力支持，在此我们表示诚挚的谢意。

人力资源社会保障部教材办公室

2020 年 9 月

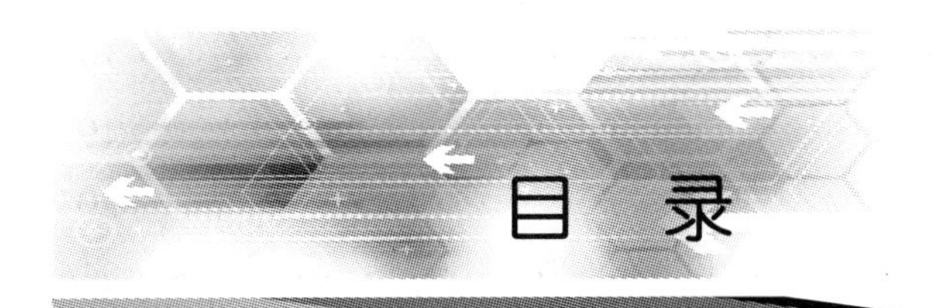

目　录

绪　论

第一章　绝缘材料

第二章　普通导电材料

第三章　特殊功能导电材料

第四章 磁性材料

第五章 其他电工材料

附录

绪 论

电工材料是指在电气工程领域中应用的具有一定电学或磁学性能的功能性基础材料，主要包括绝缘材料、导电材料、特种电工材料、磁性材料等。电工材料是现代电气、电子工业赖以生存和发展的物质基础，为电能的生产、传输、分配、控制和应用提供重要的物质保证，被广泛地应用于生产、生活、科学技术和社会活动等各个领域。我国是世界上电工材料的主要生产国和消费国之一，随着电工材料的发展和进步，新型电工材料的开发和应用已成为推动电工产品发展、提高性能和扩大应用范围的重要因素。

电工材料种类繁多，性能各异。针对电气产品的不同功能需求，往往需要使用不同的电工材料来实现。图 0–1 所示的三相笼型感应电动机就是由多种电工材料制成的。

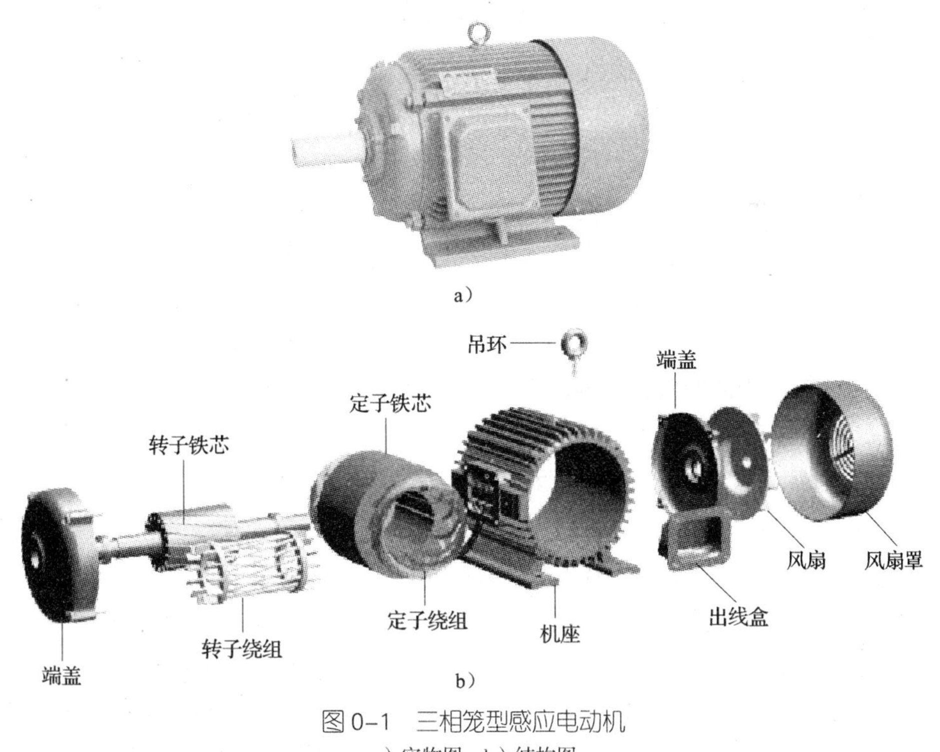

图 0–1　三相笼型感应电动机

a）实物图　b）结构图

电动机的定子绕组和转子绕组用于传导电流，一般用铜、铝等金属导电材料制作而成。定子绕组一般用铜线绕制而成，转子绕组用铸铝或铜笼等方式制成，如图 0–2 和图 0–3 所示。

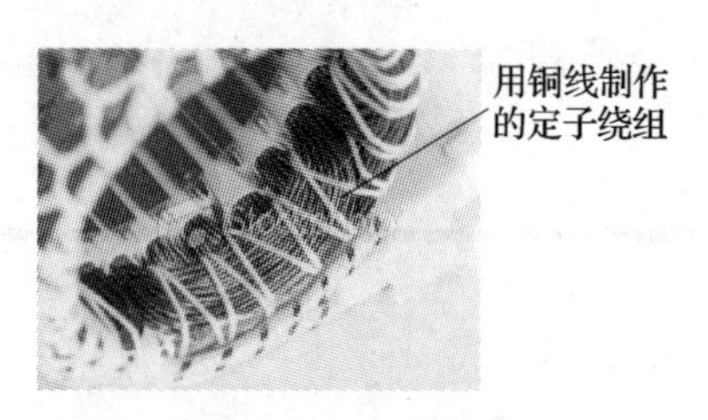

图 0–2　定子绕组

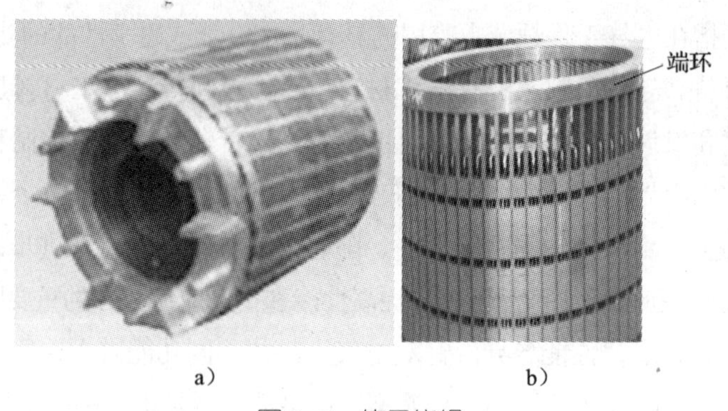

图 0–3　转子绕组
a）铸铝转子　b）铜笼转子

电动机的定子铁芯和转子铁芯用于导磁，要求尽量减小涡流，常用硅钢片等磁性材料制作而成，如图 0–4 所示。

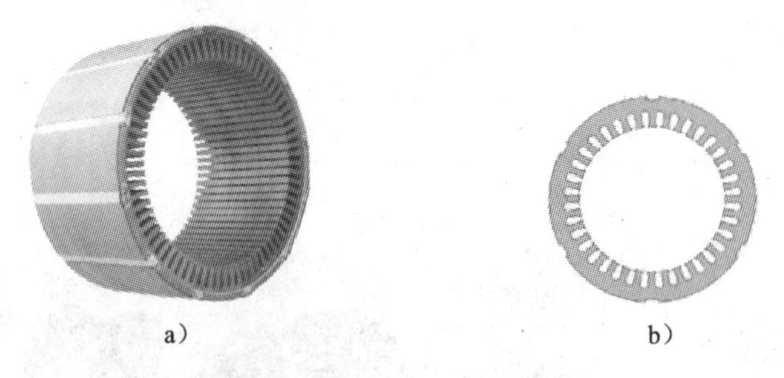

图 0–4　由硅钢片叠加而成的定子铁芯
a）定子铁芯　b）硅钢片

电动机的机座用于固定定子铁芯，并用两个端盖支撑转子。此外，电动机的机座还用于保护电动机的电磁部分并散发电动机运行过程中产生的热量，因此，要求机座具有足够的强度和刚度，并能满足通风散热的需要，常用钢铁或铝合金等材料制作而成，如图 0–5 和图 0–6 所示。

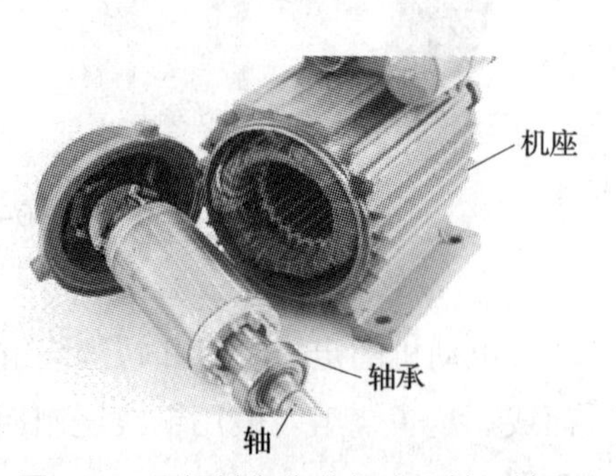

图 0–5　用钢铁制作的机座、轴、轴承

电动机的槽绝缘、匝间绝缘、层间绝缘、对地绝缘、外包绝缘及各种绝缘衬垫等绝缘制品用于将电动机的带电部分与铁芯、机座等接地部件在电气上分离，以阻碍或阻断电流通过，它们常用绝缘漆、绝缘纸、绝缘塑料和橡胶等绝缘材料制作而成。图 0–7 所示为用绝缘纸槽绝缘。

图 0–6　用铝合金制作的机座

图 0–7　用绝缘纸槽绝缘

电动机引接线用于连接电源，起导电作用，常采用由铜、铝等导电金属材料和橡胶、塑料等绝缘材料制成的电线和电缆。图 0–8 所示为电动机接线盒及引接线。

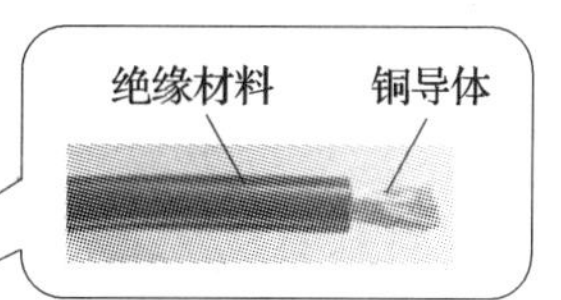

图 0–8　电动机接线盒及引接线

电动机风扇用于给电动机通风散热，常用塑料或铝合金等材料制作而成。图 0–9 所示为用塑料制作的电动机冷却风扇。

图 0–9　用塑料制作的电动机冷却风扇

可见，掌握电工材料的基础理论知识和相关国家标准要求，并根据电工材料的性能特点正确选择、使用电工材料，是完成电工工作的基本条件之一，是电气工作者的必备技能。

第一章
绝缘材料

按导电性能不同，自然界的物质可分为导体、绝缘体和半导体。导体是指容易导电的物质，如银、铜、铝等金属材料。绝缘体是指不容易导电的物质，如橡胶、塑料、玻璃、陶瓷、云母、干燥的木头等。半导体是一种导电性能介于导体和绝缘体之间的物质，如硅、锗、硒等。图 1–1 所示为部分物质的导电能力和绝缘能力排列顺序。从图 1–1 中可以看出，不同导体的导电性能是不同的，不同绝缘体的绝缘性能也是不同的，有的物质的导电性能在一定条件下还会转化，如湿木为导体，干木为绝缘体。在工程应用中，将电阻率大于 $10^7\ \Omega \cdot m$ 的物质所组成的材料称为绝缘材料。

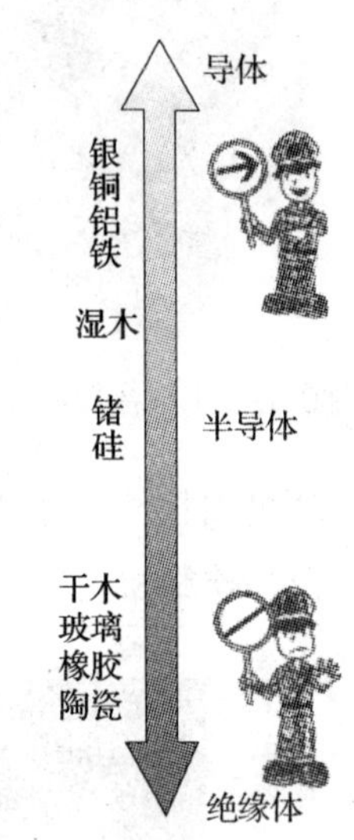

图 1–1　部分物质的导电能力和绝缘能力排列顺序

§1—1　绝缘材料的作用及产品型号的编制

学习目标

1. 掌握绝缘材料的分类和主要作用。
2. 熟悉绝缘材料产品型号的分类方法。
3. 理解绝缘材料产品型号中代号的含义。
4. 掌握绝缘材料产品的命名原则。
5. 熟悉绝缘材料产品型号的编制方法。

想一想

在图 1–2 所示的导电试验中，在开关和小灯泡之间连着两个金属夹 A 和 B，在金属夹之间分别接入硬币、铅笔、橡皮、塑料尺，观察小灯泡能否发光。为什么接入硬币、铅笔时小灯泡能发光，而接入橡皮、塑料尺时小灯泡不发光？

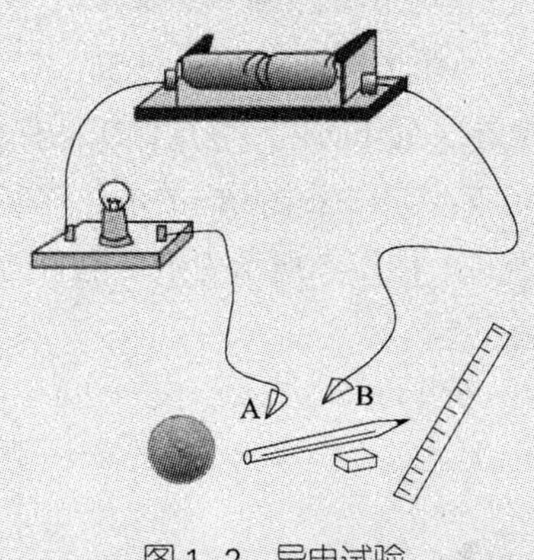

图 1–2 导电试验

一、绝缘材料的分类及作用

1. 绝缘材料的分类

绝缘材料种类繁多，涉及面广，为了更好地掌握和使用绝缘材料，通常按其物理特征、来源、化学成分等进行分类。绝缘材料的分类方法见表 1–1。

表 1–1 绝缘材料的分类方法

分类方法	种类	示例
按物理特征分类	气体绝缘材料	空气、六氟化硫（SF_6）、氮气、氟利昂、二氧化碳等
	液体绝缘材料	变压器油、断路器油、电容器油、电缆油等
	半固体、固体绝缘材料	绝缘漆、绝缘胶、绝缘纤维制品，以及漆布、漆管等绝缘浸渍纤维制品和云母、电工塑料、陶瓷、橡胶等
按来源分类	天然绝缘材料	木材、棉纱、布、天然树脂、天然橡胶、植物油及石油类产品等
	人工合成绝缘材料	玻璃纤维、合成纤维、合成薄膜和树脂等
按化学成分分类	无机绝缘材料	云母、石棉、陶瓷、玻璃等
	有机绝缘材料	虫胶、树脂、橡胶、棉纱、纸、麻等

2．绝缘材料的作用

（1）绝缘材料可以让导电体与其他部分互相绝缘，使电流按指定线路流动。图 1–3 所示为塑料绝缘电线（BV），由聚氯乙烯材料制作的电线绝缘层可确保电流沿着内部铜芯流动。

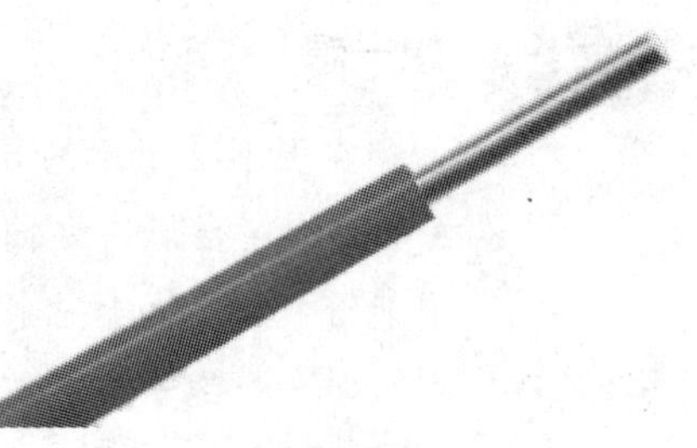

图 1–3　塑料绝缘电线（BV）

（2）绝缘材料可以把不同电位的导体分隔开来。图 1–4 所示为由四组导线构成的电缆，每组导线之间相互绝缘，整个导线组外面包有高度绝缘的保护层。

（3）绝缘材料可以用来改善高压电场中的电位梯度，也可用在电容器中为电容器提供储存或释放电能的条件。图 1–5 所示为纸质电容器的结构，绝缘纸可保证电容器等电器达到所需要的电容量。

图 1–4　由四组导线构成的电缆

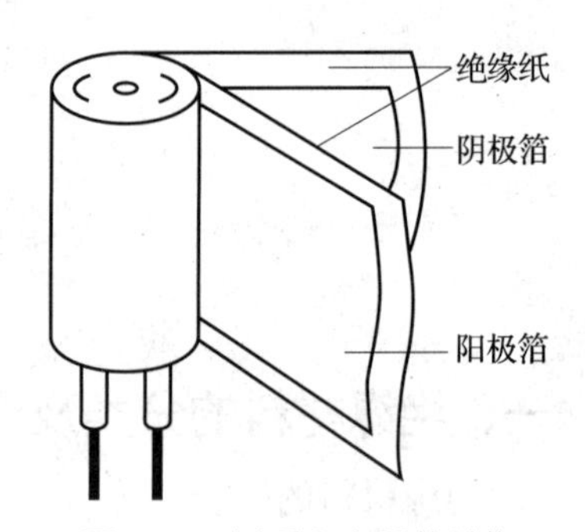

图 1–5　纸质电容器的结构

此外，在不同的电工产品中，绝缘材料还起着散热、冷却、灭弧、防潮、防霉、防腐蚀、防辐射、防电晕及机械支撑、固定导体、保护导体等作用。图 1–6 所示为 HK 系列开启式负荷开关（即瓷底胶盖刀开关），由绝缘材料制成的瓷底和胶盖起着灭弧、防潮、防霉、机械支撑、固定导体和保护导体等作用。其内部构造如图 1–7 所示。

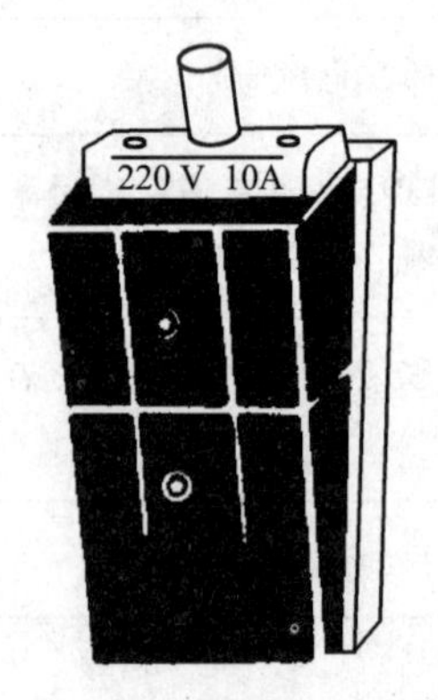

图 1–6　HK 系列开启式负荷开关

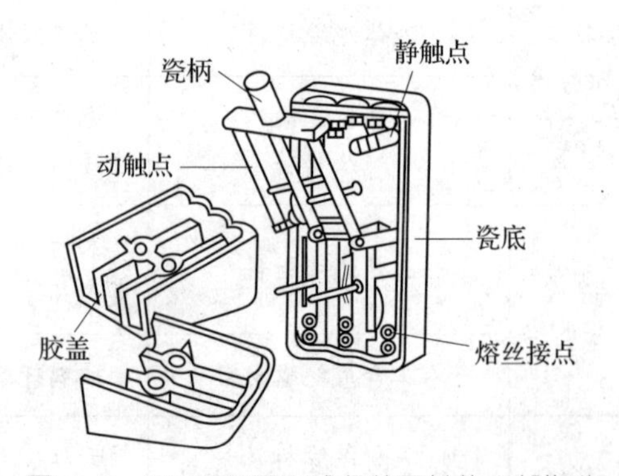

图 1–7　HK 系列开启式负荷开关的内部构造

二、绝缘材料产品型号的编制

绝缘材料产品按统一命名原则进行分类和型号编制，先按绝缘材料的应用或工艺特征分大类，大类中再按使用范围及形态划分小类，在小类中又按其主要成分和基本工艺分出品种，由品种划分其规格。

1. 分类方法

绝缘材料产品[①]按大类、小类、温度指数及品种的差异分类。

2. 绝缘材料产品型号中代号的含义

绝缘材料产品按形态结构、组成或生产工艺特征划分为八大类，用一位阿拉伯数字表示。大类代号在产品型号中为型号的第一位数字。

（1）大类代号

1—漆、可聚合树脂和胶类　2—树脂浸渍纤维制品类　3—层压制品、卷绕制品、真空压力浸胶制品和引拔制品类　4—模塑料类　5—云母制品类　6—薄膜、黏带和柔软复合制品类　7—纤维制品类　8—绝缘液体类

（2）小类代号

各大类绝缘材料产品中按应用范围、应用工艺特征或组成划分小类，用一位阿拉伯数字表示。小类代号在产品型号中为型号的第二位数字。空号供新型材料使用。

1）1—漆、可聚合树脂和胶类

0—有溶剂漆　1—无溶剂可聚合树脂　2—覆盖漆、防晕漆、半导电漆　3—硬质覆盖漆、瓷漆　4—胶黏漆、树脂　5—熔敷粉末　6—硅钢片漆　7—漆包线漆、丝包线漆　8—灌注胶、包封胶、浇铸树脂、胶泥、腻子

2）2—树脂浸渍纤维制品类

0—棉纤维漆布　2—漆绸　3—合成纤维漆布、上胶布　4—玻璃纤维漆布、上胶布　5—混织纤维漆布、上胶布　6—防晕漆布、防晕带　7—漆管　8—树脂浸渍无纬绑扎带　9—树脂浸渍适形材料

3）3—层压制品、卷绕制品、真空压力浸胶制品和引拔制品类

0—有机底材层压板　1—真空压力浸胶制品　2—无机底材层压板　3—防晕板及导磁层压板　5—有机底材层压管　6—无机底材层压管　7—有机底材层压棒　8—无机底材层压棒　9—引拔制品

4）4—模塑料类

0—木粉填料为主的模塑料　1—其他有机物填料为主的模塑料　2—石棉填料为主的模塑料　3—玻璃纤维填料为主的模塑料　4—云母填料为主的模塑料　5—其他矿物

---

① 本书中提到的绝缘材料产品若无特殊说明，均是指电气绝缘材料产品。

填料为主的模塑料　6—无填料塑料

5）5—云母制品类

0—云母纸　1—柔软云母板　2—塑型云母板　4—云母带　5—换向器云母板　6—电热设备用云母板　7—衬垫云母板　8—云母箔　9—云母管

6）6—薄膜、黏带和柔软复合制品类

0—薄膜　1—薄膜上胶带　2—薄膜黏带　3—织物黏带　4—树脂浸渍柔软复合材料　5—薄膜绝缘纸柔软复合材料、薄膜漆布柔软复合材料　6—薄膜合成纤维纸柔软复合材料、薄膜合成纤维非织布柔软复合材料　7—多种材质柔软复合材料

7）7—纤维制品类

0—非织布　1—合成纤维纸　2—绝缘纸　3—绝缘纸板　4—玻璃纤维制品　5—纤维毡

8）8—绝缘液体类

0—合成芳香烃绝缘液体　1—有机硅绝缘液体

（3）温度指数

对于第5大类中的第0小类（云母纸）及第6小类（电热设备用云母板）、第7大类中的第2小类（绝缘纸）及第3小类（绝缘纸板）、第8大类等产品允许不按温度指数进行分类。其余产品应按温度指数进行分类。温度指数代号应符合下列规定：

1—不低于105℃　2—不低于120℃　3—不低于130℃　4—不低于155℃　5—不低于180℃　6—不低于200℃　7—不低于220℃

（4）品种

绝缘材料的基本分类单元为品种，同一品种产品的组成基本相同。绝缘材料的品种用一位阿拉伯数字来表示。

3. 命名原则

绝缘材料按产品大类、小类名称命名，允许在此基础上加上能反映该产品主要组成、工艺特征、特性或特定应用范围的修饰语。在只叙述一个品种的场合，应在产品名称前冠以产品型号，如环氧少溶剂浸渍漆、常温固化覆盖漆、环氧聚酯防晕漆、2440聚酯玻璃漆布等。

（1）漆、可聚合树脂和胶类产品的命名

漆、可聚合树脂和胶类产品名称中应依次描述主要化学组成、修饰语（修饰语也可以写在主要化学组成前）、类别名称，如1032三聚氰胺醇酸浸渍漆、1034环氧少溶剂浸渍漆、1611油性硅钢片漆、1730聚酯漆包线漆等。

（2）树脂浸渍纤维制品类产品的命名

树脂浸渍纤维制品类产品名称中应依次描述浸渍树脂名称、底材名称、修饰语（修饰语也可以放在底材名称或浸渍树脂名称前）、类别名称，如2440聚酯玻璃漆布、

硅树脂自熄玻璃纤维漆管等。

（3）层压制品、卷绕制品、真空压力浸胶制品和引拔制品类产品的命名

层压制品、卷绕制品、真空压力浸胶制品和引拔制品类产品名称中应依次描述树脂名称、底材名称、修饰语（修饰语也可以放在底材名称或树脂名称前）、类别名称，如3240环氧酚醛层压玻璃布板、3721酚醛层压布棒、环氧玻璃纤维引拔棒等。

（4）模塑料类产品的命名

模塑料类产品名称中应依次描述树脂名称、主要填料名称、修饰语（修饰语也可以放在主要填料名称或树脂名称前）、类别名称，如不饱和聚酯玻璃纤维增强模塑料、有机硅石棉模塑料等。

（5）云母制品类产品的命名

云母制品类产品名称中应依次描述胶黏剂名称、补强材料名称、修饰语（修饰语也可以写在补强材料名称或胶黏剂名称前）、类别名称，如5438-1环氧玻璃粉云母带、5230醇酸塑型云母板等。

（6）薄膜、黏带和柔软复合制品类产品的命名

1）薄膜类产品名称中应依次描述主要化学组成、修饰语（修饰语也可以写在主要化学组成前）、类别名称，如6010电容器用聚丙烯薄膜、6020聚酯薄膜、6050聚酰亚胺薄膜等。

2）黏带类产品名称中应依次描述底材名称、胶黏剂名称、修饰语（修饰语也可以写在胶黏剂名称或底材名称前）、类别名称，如聚酰亚胺薄膜有机硅压敏黏带、聚酯薄膜丙烯酸酯压敏黏带等。

3）柔软复合材料类产品名称中应依次描述基材1、基材2、…、基材n，修饰语（修饰语也可以放在基材1、基材2、…、基材n之前），类别名称，如6520聚酯薄膜绝缘纸柔软复合材料、6630聚酯薄膜聚酯纤维非织布柔软复合材料、6640聚酰亚胺薄膜聚芳酰胺纤维纸柔软复合材料等。

（7）纤维制品类产品的命名

纤维制品类产品名称中应依次描述纤维名称（用植物纤维制造的绝缘纸和绝缘纸板可以不写纤维名称）、修饰语（修饰语也可以写在纤维名称前）、类别名称，如电气绝缘纸板、7030电气绝缘聚酯纤维非织布等。

（8）绝缘液体类产品的命名

绝缘液体类产品名称中应依次描述主要化学成分、修饰语（修饰语也可以写在主要化学成分前）、类别名称，如二芳基乙烷绝缘液体。

4．产品型号的编制方法

绝缘材料的产品型号一般用四位数字表示，必要时可增加第五位和附加数字或附加字母。绝缘材料产品型号的编制格式如图1-8所示。

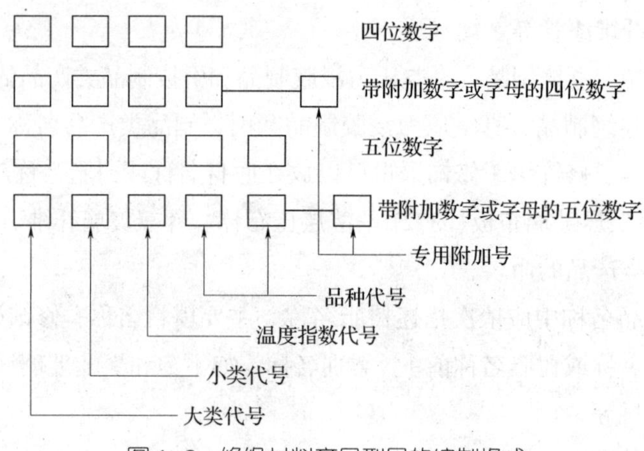

图 1–8　绝缘材料产品型号的编制格式

（1）按温度指数分类的绝缘材料产品型号的编制方法

对按温度指数分类的绝缘材料，其产品型号用四位阿拉伯数字编制，如图 1–8 所示。图中，第一位数字取规定的大类代号，第二位数字取规定的小类代号，第三位数字取温度指数代号，第四位数字为该类产品的品种代号。例如，1032 三聚氰胺醇酸浸渍漆，其型号的第一位数字“1”表示该产品归属第 1 大类（即漆、可聚合树脂和胶类），第二位数字“0”表示该产品归属第 1 大类中的第 0 小类（即有溶剂漆），第三位数字“3”表示该产品的温度不低于 130℃，第四位数字“2”表示该类产品的品种代号。

（2）允许不按温度指数分类的绝缘材料产品型号的编制方法

对允许不按温度指数分类的绝缘材料，其产品型号用三位阿拉伯数字编制，如图 1–8 所示。图中，第一位数字取规定的大类代号，第二位数字取规定的小类代号，第三位数字为该类产品的品种代号。例如，501 云母纸，其型号的第一位数字“5”表示该产品归属第 5 大类（即云母制品类），第二位数字“0”表示该产品归属第 5 大类中的第 0 小类（即云母纸），第三位数字“1”表示该类产品的品种代号。

（3）在产品型号后附加英文字母或用连字符后接阿拉伯数字来表示不同的品种

根据产品划分品种的需要，可以在产品型号后附加英文字母或用连字符后接阿拉伯数字来表示不同的品种，其含义应在产品标准中规定，如图 1–8 所示。例如，对于云母制品，其产品型号连字符后接阿拉伯数字的含义为：“1”表示粉云母制品，“2”表示金云母制品，“3”表示金粉云母制品。

§1—2 绝缘材料的基本性能

学习目标

1. 熟悉绝缘材料的电气性能、理化性能、力学性能，了解其工程应用。

2. 熟悉绝缘材料的耐热性能，掌握耐热等级并能正确选用。

想一想

图 1–9 所示为发生击穿事故的电缆。在日常生产、生活中电线电缆被击穿的主要原因是什么？

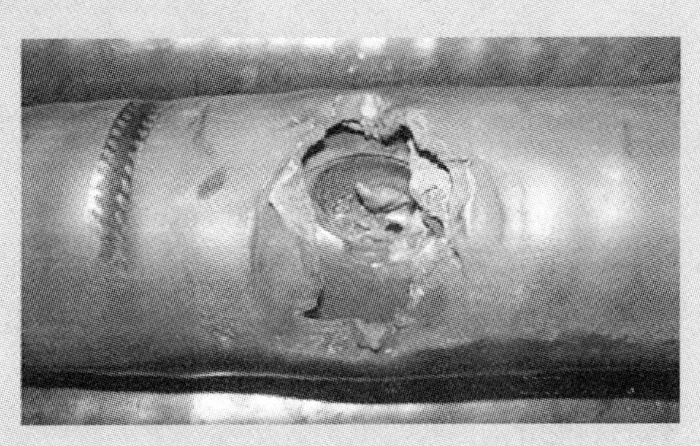

图 1–9 电缆被击穿示例

绝缘材料的性能决定了电工产品的质量、价格、体积和使用寿命，这是因为绝缘材料的耐热性、力学强度和使用寿命比一般金属材料低，是电工产品的薄弱环节，是诱发电气故障的主要因素。不同的绝缘材料具有不同的特性，常用绝缘材料按电气性能、理化性能、力学性能和耐热性能等指标衡量。

一、绝缘材料的电气性能

绝缘材料是在允许电压下不导电的材料，但不是绝对不导电的材料。研究绝缘材料在电场中的物理现象时，绝缘材料被称为电介质。电介质的电气性能主要指绝缘材料在外加电场的作用下产生电导、极化、损耗、击穿和老化等现象。

1. 电导

在外加电场的作用下，电介质中的带电离子有规律地定向移动形成电流，这一物理现象称为电导，这一微小电流称为泄漏电流。电导是衡量材料导电能力的物理量。在正常情况下，电介质的导电机理与金属材料的导电机理有着本质区别。流过金属材料的电流是自由电子的定向运动形成的，电导大，导电能力强；流过电介质的电流是电介质自身的离子或外来杂质（如水、酸等）的离子定向移动形成的，电导小，导电能力弱，几乎不导电。

在电气工程中，用电导率（γ）来表征电导的大小，其倒数被称为电阻率（ρ）。由于绝缘材料的电阻率大于 $10^7\Omega\cdot m$，常用绝缘材料的电阻率为 $10^7 \sim 10^{19}\Omega\cdot m$，所以被认为是不导电的。

（1）气体、液体和固体电介质的电导

1）气体电介质的电导。在热、光、放射性等外界因素的作用下，气体电介质中的部分中性分子变成带负电的电子和带正电的正离子，使气体电介质具有一定的导电现象。气体的这一导电现象称为气体放电，如辉光放电、电晕放电、电弧放电等。图 1-10 所示为手工电弧焊，其利用电弧放电产生的高温进行焊接。

图 1-10　手工电弧焊

2）液体和固体电介质的电导。固体电介质的电导分为体积电导和表面电导。体积电导是指电流在电介质的内部流通，表面电导是指电流沿电介质的表面流通。固体电介质表面越脏，吸收水分越多，表面电导就越大。

（2）影响绝缘材料电导的因素

绝缘材料的电导率都很小，受外界的影响很大，影响绝缘材料电导率的主要因素有杂质、温度、湿度等。

1）杂质。绝缘材料中的杂质越多，电导率就越大。液体和固体电介质的电导是由杂质离解引起的，尤其是在酸、碱、盐等杂质与水分同时存在的情况下，它们会发生溶解电离，使绝缘材料的“泄漏电流”增大，电导率明显增大，绝缘性能降低。

2）温度。绝缘材料的电导率随温度的升高而增大。当温度升高时，分子热运动加剧，造成带电粒子增多，“泄漏电流”增大，电导率增大，绝缘性能降低。

3）湿度。绝缘材料的电导率随环境湿度的增大而增大。环境湿度越大，绝缘材料吸收水分越多，杂质溶解于水中产生的正、负离子就越多，“泄漏电流”增大，电导率增大，绝缘性能降低。

（3）绝缘电阻在工程应用中的意义

绝缘材料并不是绝对不导电的，在一定外加直流电压的作用下，会有微弱的电流流过。这一微弱电流会随着时间的延长而逐渐减小，最后趋于稳定。在绝缘材料上加电压 1 min 后所测得的电流称为漏导电流，依此计算出来的电阻称为绝缘电阻。

绝缘电阻取决于表面电阻和体积电阻。表面电阻是用来反映电介质表面导电能力的物理量，其值一般较小，容易受温度、湿度等环境因素影响；体积电阻是用来反映电介质内部导电能力的物理量，其值较大。工程上所指的绝缘电阻，可直接用电介质的体积电阻表示。

影响绝缘材料的绝缘电阻的主要因素有温度、水分和杂质等。同一种绝缘材料，处在不同的环境中，其绝缘电阻值会有很大的差异。在电气工程中，可用绝缘电阻值的大小来衡量绝缘材料性能的优劣，如用绝缘电阻值来衡量电动机、变压器等设备的受潮程度，并判断其能否正常运行。例如，图 1–11 所示为用兆欧表测量绝缘电阻值。在检查低压电动机绕组对机座的绝缘时，若绝缘电阻值在 0.5 MΩ 以上，说明该电动机的绝缘良好，可以继续使用；若绝缘电阻值在 0.5 MΩ 以下，则说明该电动机已受潮，或绕组绝缘变差。

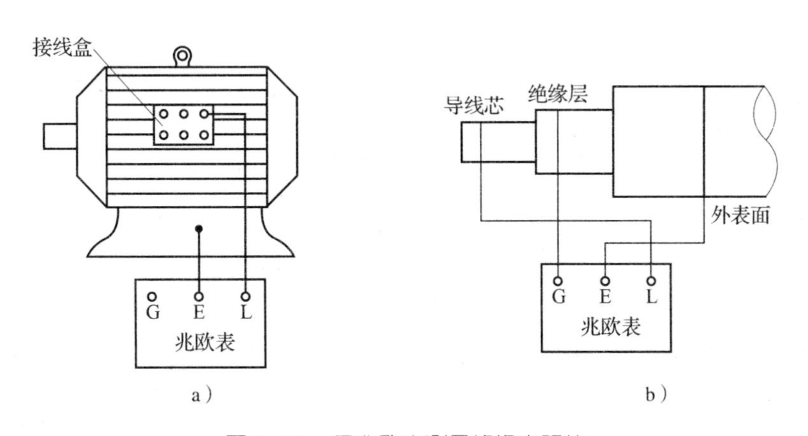

图 1–11　用兆欧表测量绝缘电阻值

a）用兆欧表测量电动机绕组的绝缘电阻值　b）用兆欧表测量电缆的绝缘电阻值

多层组合绝缘材料电压的分配与各层材料的电阻率有关。在直流电压作用下，相同厚度绝缘层所承受的电压按其电阻率成正比分配。若不同材料的体积电阻率相差很大，就会造成各绝缘层上的电压分布不均匀，影响绝缘材料的整体性能。

2. 极化

电介质在没有外电场作用时不呈现电的极性，但在外电场作用下，在其两端出现了等量的异性电荷，呈现出电的极性，这种现象称为电介质的极化。

（1）介电系数

在相同的电场作用下，对于不同分子结构的电介质，其极化程度也不相同。通常用介电系数（ε）来表征介质极化程度，工程上一般用相对介电系数（ε_γ）表示。相对介电系数越大，说明电介质在外电场作用下的极化程度越高。如空气的 ε_γ=1.000 59、变压器油的 ε_γ=2.2~2.5、电工陶瓷的 ε_γ=5.5~6.5 等。

（2）介电系数在工程应用中的意义

1）在电场中，固体介质内气泡的电场强度和固体介质的电场强度是按介电系数成反比分布的。气体的介电系数很小，当固体介质的介电系数较大时，气泡中的电场强度会变强，容易引起气泡局部放电，加速绝缘老化，甚至损坏绝缘层。因此，气泡对绝缘材料的性能影响极大，在固体介质中存在气泡是有害的。

2）在电机、电器等电气产品的结构中，由于不同绝缘材料的混合使用，会影响电气产品中绝缘系统的电场强度分布的均衡性，使介电系数小的材料承受较大的电场强度，而介电系数大的材料承受较小的电场强度，从而降低了系统的绝缘能力。因此，在电气工程设计中应注意各种材料 ε_γ 值的配合，使电场强度均匀分布。

3）当用作电容器极板间介质时，要求 ε_γ 值越大越好，以缩小电容器体积和增加电容量；当用作电机和电线的绝缘材料时，则应尽量选择 ε_γ 值小的材料，以减小其电容量，降低充电电流和介质损耗；当用作复合绝缘材料时，则要求各绝缘材料的 ε_γ 值尽可能接近，以使电场分布均匀，避免电压过多地分布在 ε_γ 值小的材料上。

4）在电气工程中，可通过测定电气设备受潮前后介电系数的变化来判断材料的受潮程度，并确定其绝缘性能，以此可决定电气设备是否需要进行干燥处理。电气设备受潮后，绝缘材料的介电系数增大，这是因为水的介电系数很大，纯净水的 ε_γ=81。

3. 电介质的损耗和介质损耗角正切

（1）电介质的损耗

电介质的损耗简称为介损，是指在外加电场作用下电介质内部的能量损耗。一般来说，在直流电场作用下，电介质只有由泄漏电流引起的电导损耗，其损耗一般较小。但在交变电场作用下，电介质除具有电导损耗外，还有因介质周期性极化而引起的极化损耗，其值一般比较大。

电介质中的能量损耗会使电介质发热。若因损耗过大而产生高温，会严重削弱电介质的绝缘性能，缩短其使用寿命，甚至被损坏，也就是说介损过大，易使绝缘材料发生热老化，甚至引起热击穿，所以要尽量降低绝缘材料的介损。

（2）介质损耗角正切

在电工材料中，用介质损耗角正切（$\tan\delta$）来表征电介质损耗的大小，并以此判断电介质的品质。介质损耗角正切又称为介损因数，是指电介质在交流电压作用下的有功功率与无功功率的比值。

在电气设备的绝缘预防性试验中，$\tan\delta$ 值越小，介损就越小，质量就越好。当绝缘受潮或恶化时，$\tan\delta$ 值增大；当绝缘材料有气泡时，在试验电压升高的过程中，

$\tan\delta$ 值会随电压升高而突然加大。这样，可以根据 $\tan\delta$ 值的大小或 $\tan\delta$ 值随电压的变化情况来判断绝缘是否受潮或是否有气泡存在。

4．击穿

对任何一种电介质，当外加电压超过某一临界值时，通过电介质的电流会剧增，并完全失去绝缘能力，这种现象称为电介质的击穿。使电介质发生击穿时的最低电压称为击穿电压。此时的电场强度为电介质的击穿强度，也称为绝缘强度。

电介质主要有电击穿、热击穿和放电击穿三种击穿形式。

（1）电击穿

在强电场作用下，电介质内部的带电质点因剧烈运动而发生碰撞，引起电离，破坏绝缘材料的分子结构，使绝缘性能变差或消失，电导增加，这一现象称为电击穿。

在电气设备中，电击穿是一种比较常见的现象。实验证明，只要电场强度达到能使电介质内部带电质点产生碰撞电离的条件，就会发生电击穿；电介质的击穿强度越高、介质结构越均匀，其抗击穿能力也就越高。

（2）热击穿

在强电场作用下，电介质内部因介质损耗过大而发热，若热量得不到及时散发，电介质的内部温度就会不断升高，直至发生损坏绝缘材料分子结构的过热现象，使绝缘性能变差或消失，电导增加，这一现象称为热击穿。在电气设备中，热击穿是损坏绝缘材料的一种最常见的击穿现象。因此，运行维护人员必须注意经常检查运行中电气设备的温升情况。

实验证明，介质损耗大、结构不均匀的电介质容易发生热击穿，击穿电压随周围媒质温度的升高而降低；材料厚度增加，散热条件变坏，击穿强度降低；电压频率增加，介质损耗增大，击穿强度降低。

（3）放电击穿

在强电场作用下，电介质内部气泡内的分子会因碰撞而电离，产生放电现象。与此同时，电介质内部的杂质因绝缘材料的介损增加、温度升高而气化，不断地产生新的气泡，使放电现象进一步加剧，发生裂解、分解、腐蚀等损坏绝缘材料的现象，使绝缘性能变差或消失，电导增加，这一现象称为放电击穿。一般含有气体的介质，尤其是有机介质容易发生这类击穿。

实际上，绝缘结构发生的击穿往往是电、热、放电等多种击穿综合作用的结果，它们同时存在，很难完全分开。例如：

1）气体绝缘材料的击穿一般是由电击穿引起的。在高电压（或强电场）作用下，气体中的自由电子因获得巨大的能量而产生剧烈运动，不断撞击气体中的中性分子，使其分裂成正离子和电子，然后再继续撞击其他中性分子，产生更多的正离子和电子，引起雪崩式连锁反应，形成具有高电导性的通道，绝缘材料被击穿，气体由绝缘状态变为导电状态。

影响气体绝缘材料击穿的主要因素是气压，工程上常采用高真空或高气压的方法来提高气体绝缘材料的击穿强度，如采用真空断路器、六氟化硫气体断路器和充气电缆等。

2）液体绝缘材料一般都会含有水分、气体和微小的固体杂质，击穿现象更为复杂。为便于研究，可将其简单地分为电击穿和热击穿。

纯净液体绝缘材料的电击穿与气体绝缘材料的电击穿一样，可用因碰撞电离而导致被击穿的现象来解释。在外加强电场的作用下，非纯净液体绝缘材料易在杂质最多的地方发生沸腾现象，在电极间形成气桥，使材料的绝缘性能变差或消失，电导增加，绝缘材料被热击穿。

影响液体绝缘材料击穿的主要因素是杂质，因此，在工程上，对液体绝缘材料的纯化、脱水、脱气就显得非常重要。

3）固体绝缘材料的击穿一般有电击穿、热击穿和放电击穿三种形式。凡是介质损耗小、结构均匀的固体介质，低温时的击穿往往是电击穿。介质损耗大、结构不均匀的固体介质容易发生热击穿。含有气体等杂质的固体介质，尤其是有机介质易发生放电击穿。

在工程上，影响固体绝缘材料击穿的因素很多，如环境、杂质、散热冷却等。

在工程应用中，各电工产品的生产厂家均根据绝缘材料的击穿强度给自己的产品规定一个允许使用的电压，这个电压称为额定电压。例如，图 1–12 所示的电解电容器的额定电压为 450 V，这说明该电解电容器在使用时所承受的电压不得超过 450 V，否则就可能发生击穿。

图 1–12　电解电容器

5. 老化

绝缘材料在使用过程中会产生一系列缓慢的、不可恢复的物理和化学变化，从而导致其电气性能和力学性能劣化，最终丧失绝缘性能，这一不可逆的变化称为绝缘材料的老化。绝缘材料严重老化会引起电气事故，图 1–13 所示为因绝缘材料老化而引起燃烧的油浸变压器。

（1）老化的类型

电介质的老化主要有环境老化、热老化和电老化三种类型。

1）环境老化。环境老化又称为大气老化，是由紫外线、臭氧、盐雾、酸碱等因素引起的污染性化学老化。其中，阳光中的紫外线是主要影响因素。

2）热老化。热老化多见于低压电器。绝缘材料中的某些成分在热能的作用下会逸出，其内部也会因此产生氧化、裂解、变质等现象，还会与水发生水解反应，从而逐渐失去绝缘性能。

图 1–13 因绝缘材料老化而引起燃烧的油浸变压器

3）电老化。电老化多见于高压电器。绝缘材料在高电压作用下会产生局部放电，生成强氧化物（臭氧），其极易使材料发生臭氧裂解，产生氮氧化物。氮氧化物与潮气结合生成硝酸，硝酸具有腐蚀作用。同时，高电压还能产生高速带电粒子，高速带电粒子轰击绝缘材料分子，促使其电离、裂变，使介质损耗增大，材料局部发热，导致热老化。

（2）防老化措施

电工绝缘材料的老化与电击穿不同，材料一旦发生老化，其绝缘性能将永远丧失，不可恢复。为了保证绝缘材料的使用寿命，针对材料的老化类型，工程上常采取不同的防老化措施。具体如下：

1）在制作绝缘材料的过程中加入防老化剂，如酚类防老化剂等。

2）户外用绝缘材料可添加紫外线吸收剂，用以吸收紫外线，或用隔层隔离，以避免强阳光直接照射。

3）湿热环境使用的绝缘材料可加入防霉剂。

4）高电压电气设备应加强防电晕、防局部放电等措施。

二、绝缘材料的理化性能

1. 物理性能

绝缘材料的物理性能主要涉及材料的黏度、熔点、软化点、固体含量、灰分、吸湿性、吸水性和吸水率、透湿性等。特别是吸水性，它能够导致绝缘材料的性质劣化。

（1）黏度

黏度是一个用来描述液体流动难易程度的物理量。高黏度液体比低黏度液体流动得慢，如图 1–14 所示。

黏度是液体绝缘材料和各种绝缘漆、胶类材料的重要性能指标之一。例如，在常温（20℃）及常压下，空气的黏度为 0.018 mPa · s，水的黏度为 1 mPa · s。由于材料不同，表示黏度的计量方法也有所不同，如绝对黏度、相对黏度、运动黏度、条件黏度等。

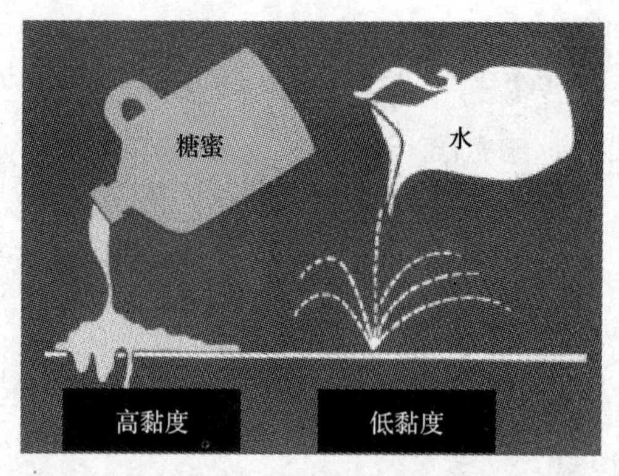

图 1–14　高黏度液体比低黏度液体流动得慢

绝对黏度又称为动力黏度，通过测量液体分子间的摩擦力来确定，单位为 Pa · s。

相对黏度是指某种液体在相同温度下与水的黏度的比值。

运动黏度是指液体的绝对黏度与其密度之比，单位为 m^2/s。

条件黏度是指在规定的条件下，通过测定某液体在标准容器内流经规定孔眼所需要的时间来表示黏度的大小，如图 1–15 所示，其单位为 s。绝缘漆、胶类材料多用这种表示方法。

图 1–15　条件黏度的测量

（2）熔点、软化点

1）熔点。熔点是指材料由固体状态转变为液体状态的温度值。不同物质的熔点相差很大，如碳（金刚石）的熔点为 3 550℃、钨的熔点为 3 410℃、铂的熔点为 1 772℃、铁的熔点为 1 535℃、铜的熔点为 1 083.4℃、金的熔点为 1 064℃、铝的熔点为 660.37℃、铅的熔点为 327.502℃、锡的熔点为 231.87℃等。

2）软化点。软化点是指材料由固体状态逐渐转变为液体状态时开始变软的温度，它没有显著的熔化温度，如玻璃、沥青、树脂等。

在选用绝缘材料时，一般要求绝缘材料具有较高的熔点或软化点，以保证绝缘结构的强度和硬度。

（3）固体含量

固体含量表示树脂溶液、绝缘漆、涂料中的溶剂或稀释剂挥发后遗留下来的物质的质量。固体含量还代表漆基的实际质量。

（4）灰分

灰分是指绝缘材料内所含不燃物的数量。

（5）吸湿性

绝缘材料在潮湿空气中或多或少都有吸湿现象。由于水分子的尺寸和黏度都很小，对绝缘材料几乎是无孔不入，能侵入各种绝缘材料的裂缝、毛细孔和针孔，溶解于各种绝缘油、绝缘漆中，所以吸湿现象是非常普遍的。

材料的吸湿性是表示材料在温度为20℃和相对湿度为97%~100%的空气中的吸湿程度。实际工作中，则以材料放在底部有水的严密封闭、相对湿度接近100%、温度为20℃的容器中24 h后所增加质量的百分数作为吸湿性指标。

（6）吸水性和吸水率

吸水性是指材料在水中吸收水分达到饱和的能力。吸水率表示材料在20℃的水中浸没24 h后材料质量增加的百分数。

（7）透湿性

透湿性表示水汽透过绝缘材料的能力。透湿性对于电机和电器的覆盖层、电缆软套、塑料、漆膜等作为保护层的材料有着实际意义。对于在水中工作或直接与蒸馏水接触的电工产品，应采用不吸水、不透水的绝缘材料作为绝缘保护层。

2. 化学性能

绝缘材料的化学性能应稳定，不发生自然变质现象，不溶于酸、碱、油，尤其要有良好的耐酸、耐燃和耐药品性能等。

三、绝缘材料的力学性能

绝缘材料的力学性能主要包括抗拉强度、抗压强度、抗弯强度及抗劈强度、抗冲击强度等。

1. 抗拉强度、抗压强度、抗弯强度

抗拉强度、抗压强度、抗弯强度分别表示在静态下单位面积的固体绝缘材料承受逐步增大的拉力、压力、弯力直到破坏时的最大负荷，单位为Pa。

2. 抗劈强度

抗劈强度表示层压制品材料层间黏合的牢固程度，单位为N。抗劈强度高的材料不易开裂、起层，可加工性能好。

3. 抗冲击强度

抗冲击强度表示材料承受动负荷的能力，以材料单位截面积受冲击破坏时所承受的能量来表示，单位为J/m^2。抗冲击强度大的材料称为韧性材料，抗冲击强度小的材料称为脆性材料。

由绝缘材料构成的各种绝缘零件和绝缘结构，在使用中都要承受一种或同时承受几种形式的机械负荷，如拉伸、扭曲、弯折、振动等多种形式的作用。因此，绝缘材料本身应满足一定的力学性能要求。

四、绝缘材料的耐热性能和耐热等级

1. 耐热性能

耐热性能是表示绝缘材料在高温作用下不改变其电气、力学、理化等特性的能力，通常用绝缘等级表示。在电气工程中，电动机、变压器等电气设备及其元器件的绝缘等级是指其所用绝缘材料的耐热等级。图 1–16 所示为三相异步电动机的铭牌，铭牌中标明为 B 级绝缘。

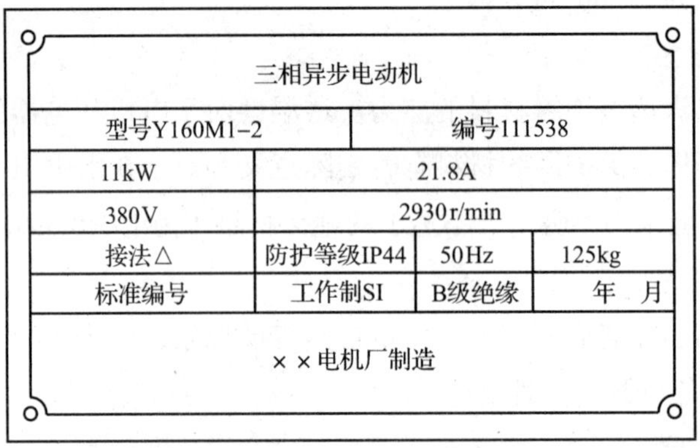

三相异步电动机			
型号Y160M1–2		编号111538	
11kW	21.8A		
380V	2930 r/min		
接法△	防护等级IP44	50Hz	125kg
标准编号	工作制SI	B级绝缘	年　月
× × 电机厂制造			

图 1–16　三相异步电动机的铭牌

绝缘材料的耐热性能对电工产品的容量、体积、成本等都有影响。采用耐热性能高的绝缘材料，可使电动机、变压器在规定的容量范围内缩小产品外形尺寸，减轻质量，降低成本。如广泛使用的中、小型三相感应电动机采用 F 级绝缘，比同机座号的 B 级绝缘功率升高 1~2 级，质量减轻 25%，体积缩小 30%。

2. 耐热等级

在正常运行的条件下，将绝缘材料按其长期工作所允许的最高温度分级，称为耐热等级。电气绝缘结构耐热等级和极限温度见表 1–2。

表 1–2　电气绝缘结构耐热等级和极限温度

耐热等级标志（极限温度，℃）	耐热等级标志（原等级标志）	耐热等级标志（极限温度，℃）	耐热等级标志（原等级标志）
90	Y	180	H
105	A	200	200
120	E	220	220
130	B	250	250
155	F		

注：1. 耐热等级超过 250，应以 25 的间隔递增作为相应标志。

2. 原等级 C 用于 180℃以上的所有温度，现已被上述耐热等级代替，不再有效。

3. 若需要，也可增加带括号的原等级标志，如等级 180（H）。

选用绝缘材料时，必须根据设备的最高允许工作温度（极限温度）选用相应等级的绝缘材料。最高允许工作温度通常是指绝缘材料能长期（15~20年）保持所必需的理化性能、力学性能和电气性能而不致发生显著劣变的温度。绝缘材料的最高允许工作温度取决于其耐热性能，如果绝缘材料的工作温度超过其最高允许工作温度，则绝缘材料老化加快，使用寿命会大大缩短。例如，对于A级绝缘材料，每超过最高允许工作温度8℃，其使用寿命会缩短一半；对于B级绝缘材料，每超过最高允许工作温度12℃，其使用寿命也会缩短一半。

§1—3 气体绝缘材料

学习目标

1. 熟悉气体绝缘材料的作用及性能要求。
2. 熟悉常用的气体绝缘材料，并能正确选用。

想一想

图1–17所示为小灯泡控制电路。当刀开关断开时灯泡亮吗？为什么？

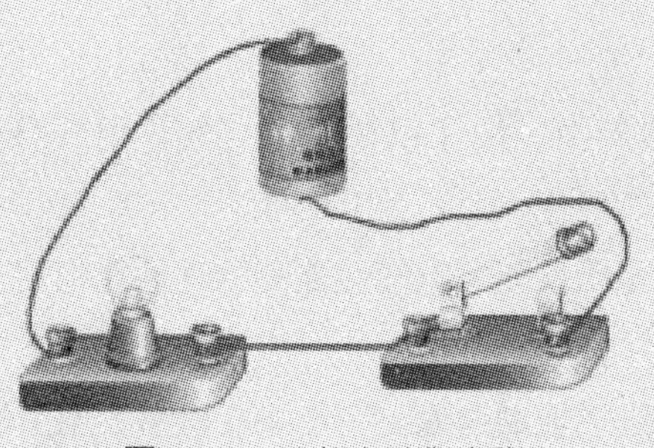

图1–17 小灯泡控制电路

一、气体绝缘材料的作用及性能要求

常温常压下，干燥的气体具有良好的绝缘性能，常用于空气电容器介质及开关、低压断路器、接触器、继电器等电气装置的绝缘材料。图 1–17 中，当刀开关断开时，两触点之间用空气绝缘。图 1–18 所示的空气可变电容器用空气作为电介质。除此之外，在一些特殊场合，干燥气体还同时具有灭弧、冷却散热和保护等作用。

图 1–18　空气可变电容器

气体绝缘材料具有不同于液体和固体绝缘材料的特性，如密度低、相对介电系数很小、电阻率很高、介质损耗极小（介质损耗角正切接近零）、击穿后能够自恢复、不存在老化现象等。在电气工程中，作为绝缘用的气体，特别是工作于高压状态下的气体绝缘材料必须满足下述要求：

（1）具有较高的击穿强度，且击穿后绝缘性能能够迅速、自动恢复。

（2）化学稳定性好，不易与其他物质发生化学反应，不燃、不爆，不易老化，不易因放电而分解。

（3）不与共存材料发生反应，无毒。

（4）稳定性好，不易因温度的变化而改变性能；导热性好，热的传导速度较快。

（5）沸点低，可在较低温度下正常工作。

（6）易于制取，价格低廉。

气体绝缘材料的选择一般要根据气体自身的性能和电气设备的具体要求综合考虑。随着高真空、高压力技术的发展，气体绝缘材料的绝缘强度也随之提高，其应用也更加广泛，如可以应用于变压器、全封闭高压电器、高压套管、电缆、电容器等设备中。

二、常用气体绝缘材料

气体绝缘材料主要以空气为主，除此之外，常用的还有六氟化硫、氮气和二氧化碳等。

1. 空气

空气是由氮气、氧气、氩气、二氧化碳等气体和少量的尘埃、水蒸气等组成的混合物，存在于自然界中。按体积计算，空气主要成分的含量分别是氮 78.09%、氧 20.95%、氩 0.93%、二氧化碳及其他 0.03%。

空气具有良好的绝缘性能，电气性能和物理性能稳定，击穿后其绝缘性能可以瞬间自动恢复，且取之不尽，用之不竭，所以应用广泛。在电气设备中，空气常用于输、配电线路及变压器的绝缘或辅助绝缘。图 1–19a 所示为架空输电线路，其中，架空导线与导线之间的绝缘用空气。空气的击穿电压相对来说比较低，尤其是在不均匀电场中，但可通过技术手段增加气体压力来提高空气的击穿电压。例如，压缩空气常用作断路器的绝缘和灭弧介质。图 1–19b 所示为低压断路器（又称为空气断路器），它就是以压缩空气作为绝缘和灭弧介质的。低压断路器在工作时，利用高速气流散热和冷却，使电弧迅速减弱直至消失。电弧熄灭后，电弧间隙立刻由新鲜的压缩空气给予补充，介电强度迅速恢复。此外，空气还具有防火、防爆等作用，无毒、无腐蚀性，且取用方便。

a）

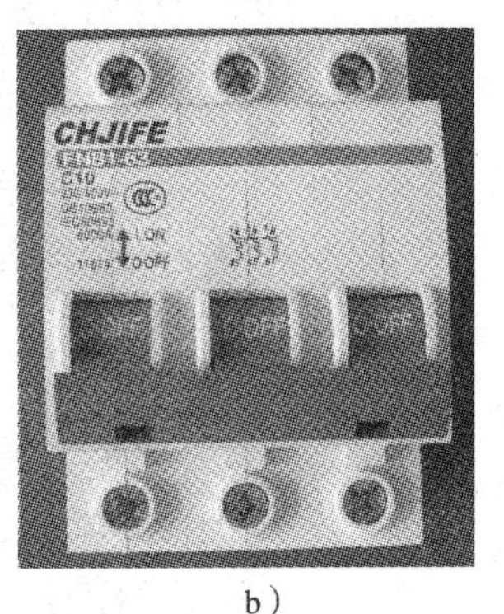

b）

图 1–19 空气绝缘材料的应用

a）架空输电线路 b）低压断路器

真空是一种理想的绝缘材料。当气体的压强降低至 10^{-5} ~ 10^{-3} Pa 的高真空状态时，可形成真空间隙绝缘，但在一定条件下也同样会发生击穿现象。真空绝缘常用于高压真空开关、各种电子管及真空电容器等。图 1–20 所示为真空断路器，它在高度真空中灭弧，具有开断能力强、开断时间短、体积小、占用面积小、无噪声、无污染、使用寿命长等特点，可以频繁操作，且检修周期长。

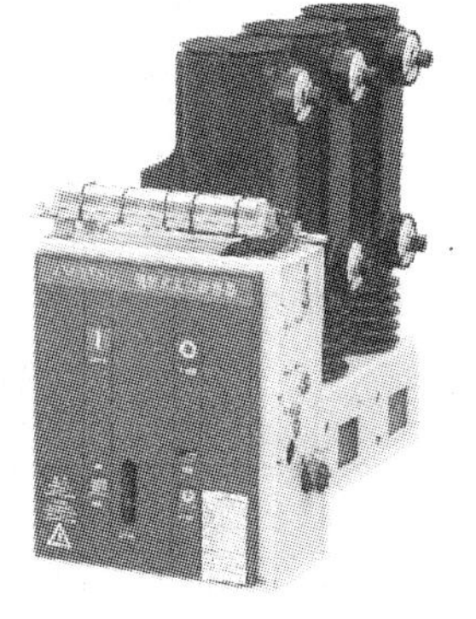

图 1–20 真空断路器

2. 六氟化硫（SF_6）

六氟化硫是一种无色无味、不燃不爆、电负性很强的惰性气体，具有良好的绝缘性能和熄灭电弧性能，其击穿电压为空气的 2~3 倍；在 3~4 个标准大气压下，其击穿强度与 1 个标准大气压下的变压器油相似；在高压断路器的单断口灭弧室中，其灭弧能力约为空气的 100 倍。六氟化硫的绝缘强度高，用其绝缘的电气设备的体积小，占用空间少，适用于全封闭组合电器、充气管路电缆、SF_6 断路器、避雷器和高压套管等电气设备。图 1–21 所示为气体绝缘金属封闭开关设备。它是一种用 SF_6 气体作为绝缘和灭弧介质的组合电器，由断路器、隔离开关、接地开关、避雷器、母线、套管、电缆终端等设备组合而成，全部封闭在金属外壳内。

六氟化硫具有优异的热稳定性和化学稳定性。在 150℃以下，它不与水、酸、碱、卤素、氧、氢、碳、银、铜以及其他绝缘材料作用；在 500℃时，其成分仍然稳定（不分解）；超过 600℃时，在火花放电或电弧的高温作用下，六氟化硫分解成低分子量氟化物，如氟化氢（HF）、二氟化硫（SF_2）等。这些低氟化物有剧毒，还很容易受潮水解，生成具有强腐蚀性的有毒物质，对金属材料、设备的绝缘性能、环境等影响巨大。为保持六氟化硫的绝缘性能，在工程中常采取如下措施：

图 1–21　气体绝缘金属封闭开关设备

（1）在应用六氟化硫气体时，除严格控制其含水量外，还必须对接触六氟化硫气体的各部件、容器等采取防潮和除潮措施，以保证六氟化硫气体在设备运行中的含水量不超过 150μL/L。

（2）用吸附剂消除使用过程中产生的低氟化物及水分。吸附剂的名称、用量及其主要作用见表 1–3。

表 1–3　吸附剂的名称、用量及其主要作用

名称	用量	主要作用
活性炭	—	吸附 SO_2，促使 S_2F_{10} 分解
活性氧化铝	10%	吸附低氟化合物及水分，在全封闭电器中使用较多。孔径 <0.4 nm，可在 50℃以下使用
合成氟石（分子筛）	20%	吸附 H_2O、HF 和 F_2。孔径 <0.4 nm，可在 200℃以下使用

（3）要防止六氟化硫气体液化。六氟化硫气体在 0.1 MPa 压力下，液化温度为 –64℃左右，在极寒地区也不易液化；当压力增至 1.5 MPa 左右时，六氟化硫气体在 8℃以下就会液化，所以在高寒地区或冬季且使用压力较高时，要注意对设备中的六氟化硫气体进行保温，防止其液化。

此外，六氟化硫气体的密度比空气大，易积聚在地面附近，所以在放置六氟化硫气体设备的场所内要有良好的通风条件，以防发生窒息的危险。对需要接触六氟化硫气体的运行和检修人员应采取必要的、可靠的劳动保护措施，如工作现场强力通风等。同时，在工程技术中对于六氟化硫气体有着严格的技术要求，见表 1–4。

为降低绝缘介质的成本，六氟化硫还可与氢气或二氧化碳混合使用。

表 1-4 六氟化硫气体的技术要求

限定物名称	技术要求（质量分数）	限定物名称	技术要求（质量分数）
空气含量	<0.05%	游离酸（以 HF 计）含量	$<3.0\times10^{-7}$
四氟化碳含量	<0.05%	水解后氟化物含量	$<1.0\times10^{-6}$
水分含量	$<1.5\times10^{-5}$	矿物油含量	$<1.0\times10^{-5}$

3. 氮气

电工用氮气一般应是纯度在 99.5% 以上的高纯氮。氮气是不活泼的中性气体，它的沸点较低，可在较低的温度和较高的压力下使用，但其击穿强度比空气低一些。氮气主要用作标准电容器的介质及变压器、电力电缆和通信电缆的保护气体，以防止绝缘油氧化和潮气侵入，并抑制热老化。图 1-22 所示为超导变压器的结构，高、低压线圈均置于液态氮中，液态氮的冷却成本较低。

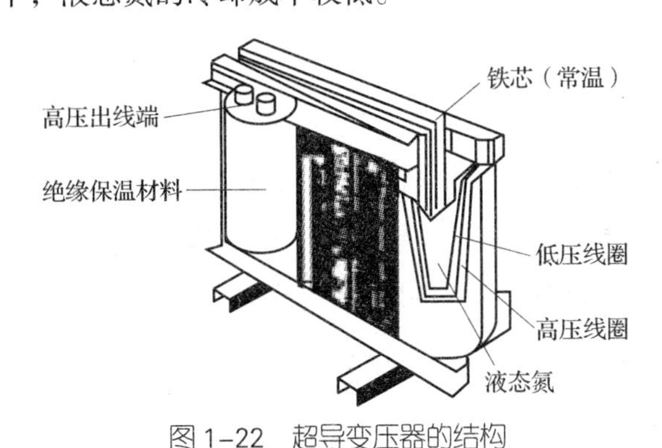

图 1-22 超导变压器的结构

三、选用气体绝缘材料的注意事项

1. 气体的纯度与杂质

气体的纯度对其电气性能和化学性能有很大的影响，必须严格控制。为保证充入电气设备中气体的纯度，在充气前要对气体和待充气设备进行仔细的干燥和净化处理；充气后，必须对绝缘气体中的水分和杂质含量进行控制及定期检测。

例如，在断路器中，普遍采用降压干燥法来控制空气的含水量，使其低于 0℃时的饱和含量。在 SF_6 断路器中，则常采用分子筛和氧化铝等吸附剂作为干燥剂。吸附剂要定期更换并进行再生处理，一般每五年更换一次。

2. 气体的可燃性和可爆性

在绝缘气体中，空气中的氧气有助燃作用，氢气是易燃、易爆气体，所以使用时要采取安全措施。

虽然多数绝缘气体是不燃、不爆的，但它们通常是以高压气体或液化状态装在钢瓶中或在高压环境下使用，若储运或使用不当，也会发生爆炸事故。因此，在储运和使用时必须严格按照有关气瓶安全规程进行操作。

3．气体的液化

在设备运行过程中，若绝缘气体发生液化或凝露，会使气体的密度下降，因而达不到规定的耐电压强度。另外，在电极表面凝结时还会改变间隙的电场分布。工程上一般采取用加热器加热的方法来防止绝缘气体的液化。

§1—4 液体绝缘材料

学习目标

1. 熟悉液体绝缘材料的性能要求及作用。
2. 熟悉常用的液体绝缘材料，并能正确选用。
3. 了解矿物绝缘油的维护常识。

想一想

图 1–23 所示为油浸变压器，试分析变压器油在油浸变压器中有哪些作用。

图 1–23　油浸变压器

一、液体绝缘材料的性能要求及作用

液体绝缘材料又称为绝缘油，是指常温下为液态的绝缘材料。

1. 液体绝缘材料的性能要求

液体绝缘材料具有良好的抗氧化性能、电气性能和润滑性能；有较好的高温安全性和较低的凝固点，以及良好的低温流动性、抗乳化性、防锈性和抗泡沫性能；无毒、无腐蚀性，黏度小，化学稳定性及物理稳定性好。

2. 液体绝缘材料的作用

在电气设备中，液体绝缘材料主要起绝缘、传热、浸渍和填充等作用。例如，将液体绝缘材料用于高压充油电缆的浸渍和填充，能消除电缆内部的空气和气隙，提高电缆的绝缘能力和散热能力；将其用于油浸变压器，除了可以提高油浸变压器的绝缘能力，还可以依靠绝缘油的流动性来改善设备的冷却散热条件。此外，若将液体绝缘材料（如绝缘油）用于开关中，可使开关具有优异的灭弧性能；将其用于浸渍纸介电容器，可以提高浸渍纸介电容器的容量和击穿强度；还可将其用于绝缘漆的稀释剂或成膜物等。

二、常用液体绝缘材料

常用的液体绝缘材料主要有矿物绝缘油、合成绝缘油和植物绝缘油三大类。

1. 矿物绝缘油

矿物绝缘油简称为矿物油，是一种从石油中提炼并精制而成的液体绝缘材料，中性，呈金黄色。矿物绝缘油具有很好的化学稳定性和电气稳定性，使用范围广泛，主要用于油浸变压器、少油断路器、高压电缆、油浸纸介电容器等电气设备。例如，用于油浸变压器，主要起绝缘和冷却作用；用于少油断路器，可同时起灭弧和冷却的作用；用于高压电缆，起填充、浸渍作用，以清除电缆内部的气体，提高绝缘能力；用于油浸纸介电容器，可以浸润电容纸，填充绝缘间隙，从而提高绝缘强度和电容量。

常用的矿物绝缘油主要有变压器油、断路器油、电容器油和电缆油等。

（1）变压器油

变压器油的主要成分是烷烃、环烷族饱和烃、芳香族不饱和烃等高分子化合物。

1）变压器油具有比空气高得多的绝缘强度。绝缘材料浸在变压器油中，不仅能提高绝缘材料的绝缘强度，而且还可免受潮气的侵蚀。变压器油的比热大，可用作冷却剂，如用于油浸变压器，油浸变压器运行时产生的热量使靠近铁芯和绕组的油因受热膨胀而上升，产生热油上升而冷油下降的对流现象，带出油浸变压器内部的热量，再通过散热器散出，以保证油浸变压器的正常运行。油断路器和变压器有载调压开关的触头在切换时会产生电弧，由于变压器油的导热性好，在电弧的高温作用下能分解出大量气体，产生较大压力，从而提高了变压器油的灭弧性能，快速熄灭电弧。

变压器油主要用于灌注变压器、油开关等电气设备，有绝缘、散热、消弧等作用。

2）变压器油要求具有良好的电气性能，击穿强度高，介损因数小；黏度小，散热快，冷却效果好；抗氧化性好，使用寿命长；凝点低（凝点是指有较好的低温流动性）；闪点高，着火危险性小；不含腐蚀性物质，与接触材料相容性好。

3）变压器油常以凝固点为标准分类，例如，10 号、25 号、45 号三个牌号的变压器油分别表示其凝固点不高于 –10℃、–25℃和 –45℃。用户应根据变压器运行地区的平均气温来选用变压器油。一般情况下 10 号变压器油用于平均气温不低于 –10℃的地区；25 号变压器油用于寒区；45 号变压器油用于寒区和严寒区。图 1–24 所示为 25 号变压器油产品。

图 1–24　25 号变压器油产品

变压器油还可分为普通变压器油和超高压变压器油，分别适用于 330 kV 以下（含 330 kV）及 500 kV 的变压器和有类似要求的电气设备中。前者加有抗氧剂；后者除加有抗氧剂外，还添加烷基苯或抗析气组分。普通变压器油按低温性能分为 10 号、25 号和 45 号三个牌号；超高压变压器油按低温性能分为 25 号和 45 号两个牌号。比较普通变压器油和超高压变压器油两个标准可以看出，超高压变压器油对击穿电压、介损因数、界面张力和水分的要求明显较普通变压器油要高。

（2）断路器油

断路器油主要用作油断路器的灭弧介质，起灭弧、散热和绝缘的作用。电弧熄灭过程为：当断路器的动触头和静触头互相分离时产生电弧，电弧高温使其附近的绝缘油蒸发气化和发生热分解，形成灭弧能力很强的气体（主要是氢气）和压力较高的气泡，使电弧很快熄灭。

断路器油要求化学性质稳定，在电弧作用下生成的炭粒少，沉降快；触点断开时能有效地灭弧；在保证闪点要求的情况下，黏度越低越好，这有利于减小触点分离时的阻尼作用，有利于油中粒子的迅速沉降；凝点低。

目前，国产断路器油主要适用于严寒、炎热、多雨、潮湿等地区运行的 220 kV 及以下的油断路器。断路器油也可用变压器油替代，图 1–25 所示的多油断路器中就用变压器油替代了断路器油。气温在 –10℃以下的地区应选用 25 号变压器油，气温在 –20℃以下的地区应选用 45 号变压器油。

（3）电容器油

电容器油是将变压器油进一步精炼而制得的。电容器油分为 1 号和 2 号两种。1 号为电力电容器油，主要用于浸渍、充灌移相电容器和脉冲电容器等，起绝缘、散热和储能作用。2 号为电信电容器油，主要用于电信电容器的浸渍，起绝缘和储能作用。电容器油为电容器专用油，在使用和储存方面要求非常严格，两种电容器油不能混用或互相替代，更不能以变压器油替代或混合使用。

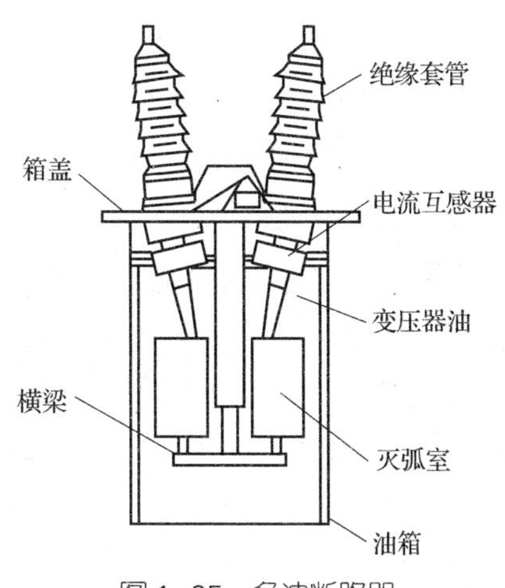

图 1-25 多油断路器

电容器油在电场作用下的稳定性好，相对介电系数大，击穿强度高，介损因数小，黏度低，凝点低，闪点高。

随着聚丙烯薄膜和新型合成绝缘油在电容器中的应用，矿物电容器油已很少使用。

（4）电缆油

电缆油又称为浸渍剂。根据电缆结构的要求，电缆油可分为两类：一类为黏性电缆油，其黏度大，在电缆工作温度范围内不流动或基本不流动，常用于 35 kV 以下电缆的浸渍剂；另一类电缆油的黏度低，用作充油电缆的浸渍剂，其中自容式充油电缆用油黏度最低，用以增强散热和补给能力。钢管充油电缆导线没有中心油道，绝缘层的结构与自容式充油电缆相同，其用油黏度较高，黏度介于上述两类之间，主要是避免电缆拖入钢管时油流失太多。图 1-26 所示为充油电缆的结构。

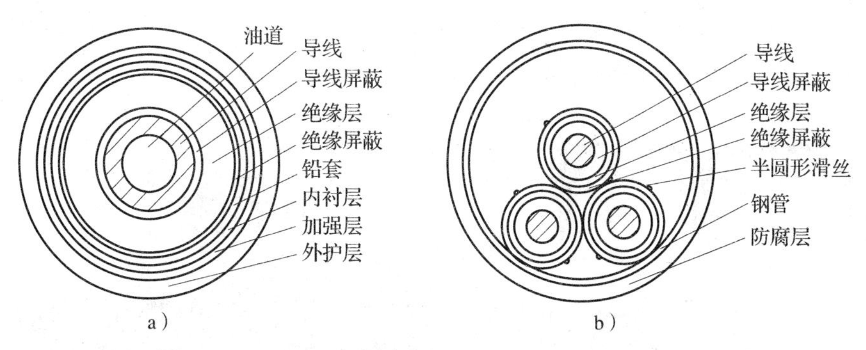

图 1-26 充油电缆的结构

a）单芯自容式充油电缆 b）钢管充油电缆

2. 合成绝缘油

合成绝缘油是一类用化学方法合成的液体绝缘材料，具有优良的电气性能和稳定性。其来源广泛，种类多，使用温度范围宽。常用品种有十二烷基苯、聚丁烯和硅油等。

（1）十二烷基苯（DDB）

十二烷基苯分为软质烷基苯和硬质烷基苯两种。在电气工程中常用软质烷基苯。十二烷基苯是毒性最低的合成油之一，属于弱极性材料，具有优良的电气性能和热、氧老化稳定性，吸气性比较好，击穿电场强度高，黏度小、凝点低、浸渍性好和介损因数小。铜、钢、锌、锡、铝等金属对它几乎不起催化老化作用，但铅有明显的催化老化作用，并较易溶胀橡胶。十二烷基苯主要用于浸渍纸或纸膜复合介质，可用于电缆、电容器和变压器。但因与 PP 膜（即聚丙烯膜）的相容性欠佳，不宜用于全膜电容器。十二烷基苯可与矿物油混合使用，以改善矿物油的吸气性。

（2）聚丁烯（PB）

聚丁烯由丁烯和异丁烯聚合而成，为非极性液体。其相对介电常数和介损因数小，介电性能和老化稳定性优于矿物油，有吸气性；改变聚合度，可得到黏度不同的聚丁烯；主要用于钢管充油电缆和浸渍低压电容器。

（3）硅油

硅油分为甲基硅油、乙基硅油和苯甲基硅油等类型。图 1–27 所示为一种甲基硅油产品的外观。

硅油在较宽的频率和温度范围内的相对介电常数及介损因数变化非常微小，耐热性能和导热性能优异，具有凝点低、闪点高、耐电晕和电弧、耐燃、化学稳定性好、不腐蚀金属、黏度受温度影响变化小、无毒等特点，但其黏度大，价格高。不同类型的硅油其性能也有不同之处。甲基硅油在强电场作用下会产生气体，而苯甲基硅油中含有苯基，其吸气性明显改善。乙基硅油比甲基硅油的耐热性差，但耐寒性好。

硅油既是一种优良的浸渍材料，又是一种良好的抗氧化剂、脱膜剂和润滑剂。作为浸渍材料，硅油可用作高温耐热电器、超小型电容器的浸渍剂。图 1–28 所示为硅油变压器，用难燃或不燃的硅油替代变压器油，具有防火安全性。

图 1–27　甲基硅油

图 1–28　硅油变压器

3．植物绝缘油

植物绝缘油是用植物种子经压榨提炼而成的一种绝缘材料，目前，在电气工程中主要使用蓖麻油和菜籽油。蓖麻油无毒，难燃，介电常数大，耐电弧，击穿时无炭粒，常用作直流和脉冲电容器的浸渍剂。菜籽油必须经过精制处理，与六氟化硫混合用于浸渍电容器。

三、矿物绝缘油的维护

1．矿物绝缘油的老化

在储存、运输和运行过程中，矿物绝缘油会受到电场、温度、光线、氧及杂物的作用，产生一系列的氧化产物，如酸、油泥等，使其物理性能、化学性能逐渐变劣，把这种现象称为矿物绝缘油的老化。

（1）影响矿物绝缘油老化的主要因素

影响矿物绝缘油老化的主要因素有温度、氧、电场、光线以及部分金属和盐类物质。例如，油与空气接触易被氧化，使油的黏度和酸值增加；油温升高和某些金属的催化作用，会加速油的氧化；设备的局部过热，会使油裂解而降低其闪点；绝缘油在电弧作用下（高温）分解出炭粒，形成黑褐色沉淀。可见，热和氧是加速矿物绝缘油老化的主要因素。除此之外，油从空气中吸收水分、承受日光照射也会使其电气性能降低。

（2）预防矿物绝缘油老化的主要措施

预防矿物绝缘油老化的主要措施有加强散热以降低油温、用氮气或薄膜使油与空气隔绝、添加抗氧化剂和采用热虹吸过滤器使油再生等。为保证充油电气设备的安全运行，必须经常对矿物绝缘油的性能进行检查与测定，如检查油的温升、油面高度、油的闪点、酸值、击穿强度和介质损耗角正切值等。在运行中一旦发现矿物绝缘油不符合标准，需立刻对其进行净化和再生处理。需要补充油时，所补充油的密度、凝固点、黏度、闪点等主要物理性能和化学性能应与原有的油相同或相近；同时，还必须进行混合试验，以保证混合后矿物绝缘油的性能合格。运行中变压器油的质量标准见附表 1。

2．常用矿物绝缘油的净化方法

矿物绝缘油的净化处理就是指通过沉降、过滤等简单的物理方法除去油中的杂质，使矿物绝缘油的耐压值、水分含量、介损因数等指标达到使用要求。

对于颜色、透明度、酸值等指标未超过允许值，仅被水分、纤维、油泥等杂质污染的油品，可采用压力过滤法、电净化法、真空法、离心分离法等方法进行净化。现简要介绍常用的压力过滤法和电净化法。

（1）压力过滤法

压力过滤法是指利用油泵压滤机强迫油品通过具有吸附和过滤作用的滤纸或其他滤料，除去油品中的水分和其他杂质的过滤方法。压力过滤法的应用比较普遍。

（2）电净化法

电净化法是指用电压在 10~40 kV 或 50 kV 以上的直流电场电离油品中的水分、纤维、油泥等杂质的过滤方法。电离生成的阳离子很容易被负电极与容器壁桶组成的静电场所牵制、吸附，而中性分子构成的纯净油质则不受此影响。

§1—5　绝缘浸渍材料

学习目标

熟悉常用绝缘树脂、绝缘漆、绝缘胶、熔敷绝缘粉等产品的特性及用途，并能正确选用。

想一想

漆在人们日常生产、生活中的应用极广，图 1–29 所示为常用的木器漆和电工绝缘漆产品。漆主要有哪些用途？

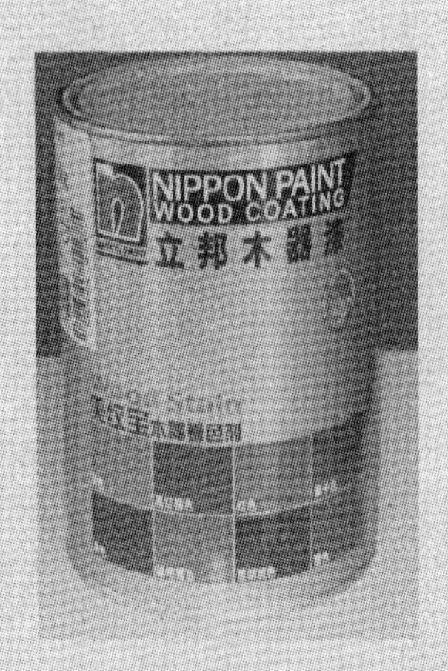

图 1–29　木器漆和电工绝缘漆

绝缘浸渍材料是以绝缘树脂为基础，能在一定的条件下固化成绝缘膜或绝缘整体的流体绝缘材料。常用的绝缘浸渍材料主要有绝缘树脂、绝缘漆、绝缘胶和熔敷绝缘粉等。

一、绝缘树脂

树脂是对具有可塑性高分子化合物的统称，一般是遇热变软的无定形固体或半固体。树脂是制造塑料的主要原料，也用于制作涂料、黏合剂、绝缘材料等。绝缘树脂主要用于配制绝缘漆、绝缘胶、熔敷绝缘粉等绝缘材料；用于制作云母、层压、塑料制品和电工金属零部件等材料的黏合剂；用于制造电缆、电线的外包绝缘或电器开关、无线电元件等的铸型绝缘结构。图 1–30 所示为用环氧树脂封装的发光二极管。

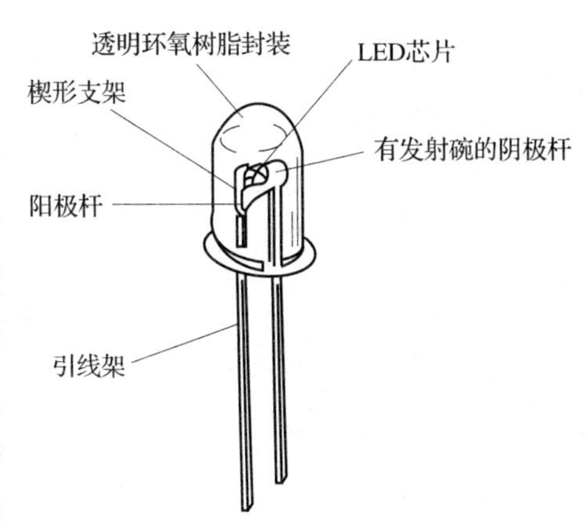

图 1–30　用环氧树脂封装的发光二极管

树脂按来源分为天然树脂和合成树脂；按加工特点分为热塑性树脂和热固性树脂。

1．天然树脂和合成树脂

（1）天然树脂

天然树脂是一种用动物或植物的分泌物加工而成的无定形有机物，如虫胶、松香等。

1）虫胶是一种用昆虫分泌的胶汁凝成物为原料加工而成的天然树脂，具有黏着力强、对紫外线稳定和电绝缘性能良好等特点，兼有热塑性和热固性，能溶于醇和碱，耐油、耐酸，对人无毒、无刺激，可用于制作清漆、胶黏剂、绝缘材料和模铸材料等。如用虫胶配制虫胶酒精溶液、制作云母制品的胶黏剂、配制半导体漆等。

2）松香是一种用松树的分泌物（松脂）为原料加工而成的天然树脂，如图 1–31 所示。松香具有增黏、乳化、软化、防潮、防腐、绝缘等优良性能，能溶于乙醇、丙酮、汽油和矿物油等溶剂，适用于制作油漆、复合胶等。例如，用松香（35%）与光亮油（65%）配制成的绝缘油在电缆上用作保护膜，起绝缘和耐热作用；松香、电木以及其他人造树脂相混合用于制作绝缘清漆。

（2）合成树脂

合成树脂是一类人工合成的高分子量聚合物，是一种兼备或超过天然树脂固有特性的树脂。它是塑料的主要成分，也是制造合成纤维、涂料、胶黏剂、绝缘材料等的基础原料，具有优良的电气性能、力学性能和耐热性能。

合成树脂种类繁多，主要有酚醛树脂、环氧树脂、聚酯树脂、苯胺甲醛树脂、有机硅树脂等。其中，聚乙烯（PE）、聚氯乙烯（PVC）、聚苯乙烯（PS）、聚丙烯（PP）和丙烯腈－丁二烯－苯乙烯（ABS）树脂为五大通用树脂，应用最为广泛。

图 1–32 所示为合成树脂的应用。常见合成树脂产品的名称、种类和主要用途见表 1–5。

图 1–31 松香

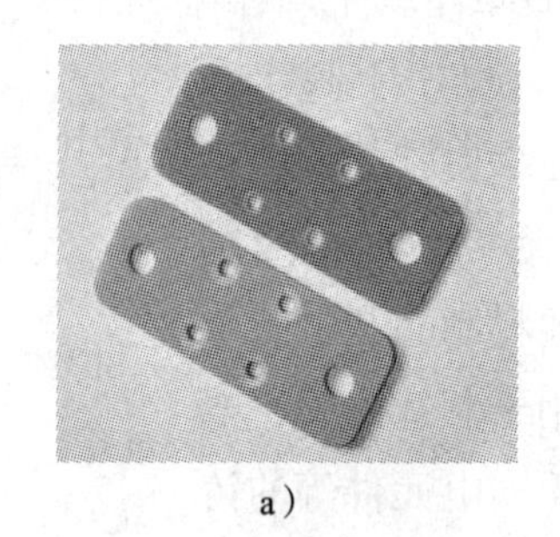

a）

b）

图 1–32 合成树脂的应用

a）酚醛树脂绝缘片 b）环氧树脂绝缘子

表 1–5 常见合成树脂产品的名称、种类和主要用途

名称	种类	主要用途
酚醛树脂	热固性	用于制造各种塑料粉、层压卷制品、瓷漆和浸渍漆，还可以配制耐高温的绝缘漆和弹性胶等
	热塑性	
三聚氰胺甲醛树脂		用于制造耐电弧塑料、浸渍漆、覆盖漆以及作为灭电弧层压制品的胶黏剂和涂层
聚酯树脂	制作绝缘薄膜	用于中小型电机、电容器及无线电装置中的绝缘
	供浇注用	浇注后具有较好的弹性和强度
	醇酸树脂	用于配制浸渍漆、覆盖漆、漆包线漆及柔软云母制品的胶黏剂
环氧树脂	双酚 A 型	用于浇注绝缘、玻璃层压制品的胶黏剂以及配制漆包线漆、浸渍漆和覆盖漆
	线型酚醛	在电压为 18 kV 以上大容量电机和高压电机中作为定子绕组的浸渍胶和黏合剂
	酚醛脂环族	用于高压线圈绝缘、户外绝缘子等以及配制浸渍漆、胶黏剂和灌注胶
有机硅树脂		用于配制不同温度下的浸渍漆、覆盖漆和胶黏剂
聚酰亚胺树脂		用于耐高温的漆包线、玻璃漆布、玻璃层压制品、印制电路板等绝缘材料；用作电气线路的防护涂层以及特殊用途的导电膜和涂层

续表

名称	种类	主要用途
聚乙烯	通用	用于高压电缆（电压可达 220 kV）、同轴电缆、射频电缆、海底通信电缆、电视电缆、市内电话电缆和高脉冲电缆等；制成薄膜、乳液漆及弹性体等材料，用于抗化学腐蚀的电气设备
	交联	用于特种电缆，如耐燃和充气、充油的电缆，以及水下和海底电力电缆等
芳香聚酰胺树脂		用于高温浸渍漆、漆包线漆、玻璃漆布、玻璃布板、薄膜等绝缘制品以及耐热等级为 180 及以上等级的电机和电器
聚氯乙烯		用于电线电缆的外包绝缘和保护层，以及用来制造绝缘板、管、棒、薄膜等。用聚氯乙烯配制成的漆可用来涂覆电气元件
聚苯乙烯		用于无线电绝缘零件、电容器的面板和薄膜绝缘，配制附着力要求不高的覆盖漆等
聚丙烯	改性	用于制作各种电器部件及电线电缆和其他电器产品的绝缘材料
丙烯腈–丁二烯–苯乙烯	改性	用于制作各种电器部件及外壳

有的树脂可溶于溶剂。溶剂是一种可以溶解固体、液体或气体溶质的液体。溶剂通常拥有比较低的沸点且容易挥发，不能对溶质产生化学反应。常见溶剂见表 1–6。

表 1–6　常见溶剂

名称	种类	溶剂
天然树脂	虫胶	酒精、碱和硼酸
	松香	酒精、汽油、苯、松节油、植物油、丙酮、矿物油
热塑性酚醛树脂		酒精
三聚氰胺甲醛树脂		水

2. 热塑性树脂和热固性树脂

（1）热塑性树脂

热塑性树脂是指可以反复加热、冷却，性能仍然保持不变的树脂，主要有聚丙烯、聚碳酸酯（PC）、尼龙（NYLON）、聚醚醚酮（PEEK）、聚醚砜（PES）等。热塑性树脂的韧性好、损伤容限大、介电常数良好，尤其具有良好的可循环回收、可重复利用和不污染环境等特性。热塑性树脂的优点是加工成型简便，具有较好的力学性能，但耐热性和刚性较差。

（2）热固性树脂

热固性树脂是指树脂加热后产生化学变化，逐渐硬化成型，再受热既不软化，又不能溶解的一种树脂，主要有不饱和聚酯、乙烯基酯、环氧、酚醛、双马来酰亚胺

（BMI）、聚酰亚胺树脂等，玻璃钢一般用这类树脂。在固化后，热固性树脂的刚性大、硬度高、耐温高、不易燃、制品尺寸稳定性好，但性脆。热固性树脂的优点是耐热性高，受压不易变形，但力学性能较差。

二、绝缘漆

绝缘漆是以绝缘树脂为漆基，与溶剂、稀释剂、填料、颜料等辅助材料混合而成的，能在一定条件下固化成绝缘硬膜或整体的绝缘材料。漆基是指用来成膜的物质，在常温下其黏度很大或呈固态。溶剂和稀释剂均用来溶解漆基，调合漆基的黏度和固体含量，在漆的成膜和固化过程中逐渐挥发，但某些活性稀释剂因参与漆基成膜的化学反应而成为漆基的组成部分。

在绝缘漆中，溶剂是一种可以溶化固体或液体使之成为溶液的液体。溶剂通常拥有比较低的沸点，容易挥发，不能对溶质产生化学反应，且无色、透明。按化学组成，溶剂分为有机溶剂和无机溶剂，其中有机溶剂的应用最为广泛。所谓有机溶剂，是指能溶解一些不溶于水的物质（如树脂、橡胶、染料等）的一类有机化合物，其特点是在常温常压下呈液态，具有较大的挥发性。在溶解过程中，溶质与溶剂的性质均无改变。油漆稀释剂是一种为了降低树脂黏度，改善其工艺性能而加入的与树脂混溶性良好的液体溶剂，分为活性稀释剂和非活性稀释剂两种。稀释剂实际上是比树脂便宜的有机溶剂，通常与溶剂配合使用，以降低浸渍漆的成本及挥发物的毒性。

绝缘漆的种类较多，通常按用途分为浸渍漆、漆包线漆、覆盖漆、硅钢片漆和防电晕漆等。

1．浸渍漆

浸渍漆又称为绕组浸渍漆，主要用于浸渍电机或其他电器的线圈和绝缘零部件，以填充绝缘结构的间隙和微孔。浸渍漆固化后，能在浸渍物表面形成连续、平整的漆膜，并使线圈等黏结成一个结实的整体，从而提高了绝缘结构的耐潮性、导热性、击穿强度、力学性能和防护性能。图 1–33 所示为用浸渍漆浸渍的小型电动机的转子。除此之外，制造绝缘漆布和漆纸的漆也属于浸渍漆。

（1）电气设备对浸渍漆的基本要求

1）黏度低，流动性好，固体含量高，便于渗透和填充被浸渍物。

2）固化快，干燥性能好，黏结力强，有弹性，固化后能承受电机运转时的振动和冲击。

3）化学稳定性好，耐潮、耐热、耐油；对导体和其他材料具有良好的相容性。

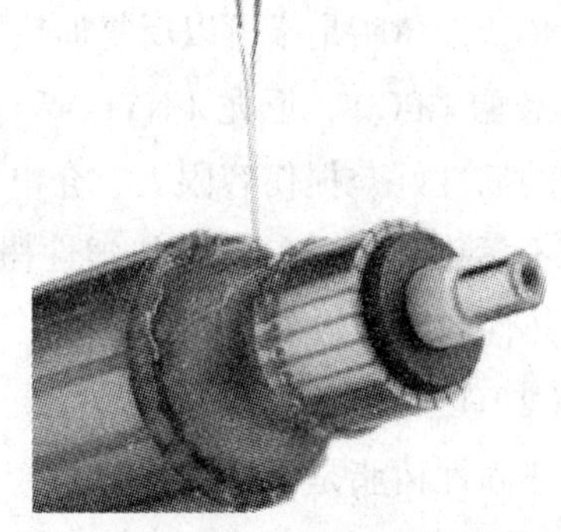

图 1–33　用浸渍漆浸渍的小型电动机的转子

4）具有较好的电气性能。

（2）浸渍漆的种类

按基本组成中有无挥发性惰性溶剂，浸渍漆分为有溶剂浸渍漆和无溶剂浸渍漆两大类。

1）有溶剂浸渍漆。有溶剂浸渍漆是目前仍大量使用的一类浸渍漆，由漆基、干燥剂和溶剂组成，其主要原料是油、树脂和有机溶剂等。常用的漆基有沥青、干性油和树脂类。常用的溶剂有醇、酚、酮、酰胺类和石油。

①有溶剂浸渍漆的特点。有溶剂浸渍漆具有渗透性好、储存期长、使用方便、成本低等优点，但其浸渍和烘焙的时间长、固化速度慢。溶剂挥发后可能形成气隙，同时易造成环境污染和浪费，且易燃、不安全。

有溶剂浸渍漆的品种很多，但以醇酸类漆和环氧类漆的应用最为广泛。常用有溶剂浸渍漆的名称、型号、耐热等级、特性及用途见表 1–7。

表 1–7 常用有溶剂浸渍漆的名称、型号、耐热等级、特性及用途

名称	型号	耐热等级	特性及用途
沥青漆	1010	105（A）	耐潮性好，用于浸渍不要求耐油的电机、电器线圈
油改性醇酸漆	1030	130（B）	耐油性和弹性好，用于浸渍在油中工作的线圈和绝缘零部件
三聚氰胺醇酸漆	1032	130（B）	耐热性、耐油性、内层干燥性较好，强度高，且耐电弧，用于浸渍在湿热环境中使用的线圈
环氧酯漆	1033	130（B）	耐潮性、内层干燥性好，强度高，黏结力强，用于浸渍在湿热环境中使用的线圈
聚酯浸渍漆	155	155（F）	耐热性、电气性能较好，黏结力强，用于浸渍 155（F）级电机、电器线圈
有机硅浸渍漆	1053	180（H）	耐热性、电气性能较好，但烘焙温度较高，用于浸渍 180（H）级电机、电器线圈和绝缘零部件

②使用有溶剂浸渍漆时的注意事项

a. 有溶剂浸渍漆在使用中应注意烘焙的温度和时间以及两者之间的关系，一般的工艺过程采用多次浸渍、烘焙和逐步升温的方式，以避免溶剂挥发过快而使漆膜形成针孔或气孔。

b. 烘焙温度一般应与漆的工作温度相同，或者高出浸渍漆工作温度 20℃，也可采用其他先进的浸渍方法，以缩短时间，提高绝缘结构性能。

c. 选择溶剂时，应对溶剂的溶解能力、挥发速度、毒性大小以及浸渍漆对导线或其他材料的相容性进行综合考虑。不同漆基配用的溶剂也各不相同，常用有机溶剂的名称及适用范围见表 1–8。

2）无溶剂浸渍漆。无溶剂浸渍漆又称为无溶剂树脂，由合成树脂、固化剂和稀释剂等组成。

表 1–8　常用有机溶剂的名称及适用范围

名称	适用范围
汽油、煤油、松节油	油性漆、沥青漆和醇酸漆等
苯、甲苯、二甲苯	沥青漆、聚酯漆、聚氨酯漆、醇酸漆、环氧树脂漆和有机硅漆等
丙酮	环氧树脂漆和醇酸漆等
乙醇	酚醛漆和环氧树脂漆等
丁醇	聚酯漆、聚氨酯漆、环氧树脂漆和有机硅漆等
甲酚	聚酯漆和聚氨酯漆等
糠醛	聚乙烯醇缩醛漆
乙二醇乙醚、二甲基甲酰胺、二甲基乙酰胺	聚酰亚胺漆

①无溶剂浸渍漆的特点。无溶剂浸渍漆中不含挥发性惰性溶剂，其优点是固化速度快，绝缘整体性好，在浸渍过程中的挥发物少，减少了对环境的污染，黏度随温度的变化快，流动性和渗透性好。由于挥发物少，使绝缘层内无气隙，内层干燥性好，可以提高导线间的黏结强度和导热性，减少浸渍次数，缩短烘焙时间，有利于节能，便于实现机械化和自动化浸渍工艺，但价格较高。

常用的无溶剂浸渍漆主要有环氧型、聚酯型和环氧聚酯型三类。环氧型漆与聚酯型漆相比，前者的黏结力大，收缩率小，漆膜的电气性能和力学性能较好，耐潮性、耐霉性也较好；但漆的储存稳定性和漆膜的韧性不及后者。环氧聚酯型漆的性能介于两者之间。常用无溶剂浸渍漆的名称、型号、耐热等级、特性及用途见表 1–9。

表 1–9　常用无溶剂浸渍漆的名称、型号、耐热等级、特性及用途

名称	型号	耐热等级	特性及用途
环氧无溶剂漆	111	130（B）	黏度低，固化快，击穿强度高，用于滴浸小型低压电机、电器线圈
	9101	130（B）	黏度低，固化较快，体积电阻高，储存稳定性好，用于整浸中型高压电机、电器线圈
环氧聚酯快干无溶剂漆	1034	130（B）	挥发物较少，固化快，但耐霉性较差，用于滴浸小型低压电机、电器线圈
环氧聚酯酚醛无溶剂漆	5152–2	130（B）	黏度低，击穿强度高，储存稳定性好，用于沉浸小型电机、电器线圈
环氧聚酯无溶剂漆	EIU	155（F）	黏度低，挥发物较少，击穿强度高，储存稳定性好，用于沉浸小型 155（F）级电机、电器线圈
聚丁二烯环氧聚酯无溶剂漆	—	130（B）	黏度较低，挥发物较少，固化较快，储存稳定性好，用于沉浸小型低压电机、电器线圈
不饱和聚酯无溶剂漆	319–2	155（F）	黏度较低，电气性能较好，储存稳定性好，用于沉浸小型 155（F）级电机、电器线圈

②无溶剂浸渍漆的浸渍方法。无溶剂浸渍漆可采用沉浸、整浸、滴浸等方法浸渍。不同的浸渍工艺对无溶剂浸渍漆的特性要求有不同的侧重点。

a. 沉浸法。沉浸法浸渍设备比较简单，无溶剂浸渍漆与有溶剂浸渍漆均适用，但要求漆的储存期长，固化快，以减少漆在滴干和烘焙过程中的流失量。

b. 整浸法。整浸法是将嵌好线的电机绕组的整台定子进行真空压力浸渍和旋转烘焙、固化，减少了绕组绝缘在嵌线时受损的可能性，并能提高生产效率。整浸法多用于中型高压电机整体浸渍，绝缘整体性好，可提高绝缘结构的导热性、耐潮性和电气性能。采用整浸法浸渍工艺时，要求无溶剂浸渍漆的储存期长，挥发物少，电气性能好，尤其是介质损耗角正切值要小。

c. 滴浸法。滴浸法适用于批量生产的微型和小型电机绕组的浸渍，浸渍处理的周期短，漆的流失量小，填充能力强，绝缘整体性好，浸渍设备紧凑、灵活，适用于组织自动化生产线。滴浸法要求漆固化快，挥发物少。

③无溶剂浸渍漆稀释剂。在无溶剂环氧树脂漆中，虽然采用了低分子量的液态环氧树脂作为基料，但黏度仍很高，不能满足施工的需要，因此，必须加入适量的稀释剂。无溶剂环氧树脂的稀释剂有活性和非活性两种。其中，活性稀释剂是一种低分子、低黏度、能参与交联固化成膜的环氧化物，常用的有丁醇、异辛醇、甲酚、烷基酚、聚丙二醇等，它们具有稀释能力强、挥发性小等特点，使用范围较广。常用的非活性稀释剂有松节油、糠醇、煤焦油等。

2. 漆包线漆

漆包线漆主要用于导线的涂覆绝缘。例如，涂覆在裸铜线、裸铝线、裸合金线及玻璃丝包线等的外面，以达到导体与外部绝缘的目的。图 1–34 所示为漆包电磁线。漆包线漆又称为电磁线漆，主要用作电机、电器等绕组电磁线的涂覆绝缘。

a）

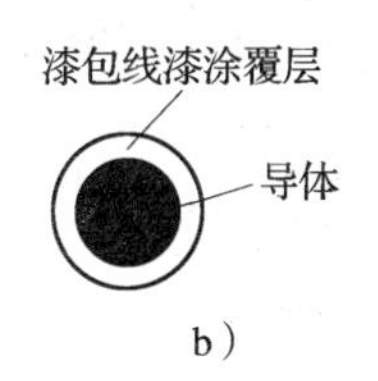

b）

图 1–34　漆包电磁线

a）漆包圆铜线　b）结构

漆包线漆具有良好的涂覆性，与浸渍漆有良好的相容性，漆膜附着力强，柔软而富有耐挠曲性，有一定的耐磨性和弹性，表面光滑，有足够的电气性能、耐热性和耐溶剂性，对导体无腐蚀作用。漆包线漆的种类很多，常用的品种主要有油性漆、缩醛漆、聚氨酯漆、环氧漆、聚酯漆、聚酯亚胺漆、聚酰亚胺漆、聚酰胺酰亚胺漆、醇酸漆、硅有机漆等。我国聚酯漆包线漆用量最大，其次是聚氨酯漆包线漆，聚酯亚胺和聚酰胺酰亚胺等耐热漆包线漆的用量正在迅速增加。常用漆包线漆的名称、型号、耐热等级、特性及用途见表1-10。常用玻璃丝包线漆的名称、型号、耐热等级、特性及用途见表1-11。

表1-10　常用漆包线漆的名称、型号、耐热等级、特性及用途

名称	型号	耐热等级	特性及用途
油性漆包线漆	1712	105（A）	耐油性和电绝缘性能良好，用于涂制线径为0.08~0.2 mm的漆包线
缩醛自黏性漆包线漆	1715	105（A）	黏结性良好，用于涂制复合漆包线
聚酯漆包线漆	1730	130（B）	具有良好的电气性能，高的强度、耐磨性、耐热冲击性和耐溶剂性，广泛用于涂制高强度漆包线
聚氨酯漆包线漆	9170	130（B）	具有良好的直焊性、耐溶剂性、耐湿性和高频特性，用于涂制仪器仪表和家用电器用漆包线
改性聚酯漆包线漆	1740	155（F）	具有优异的机电性能，用于涂制温度指数为155℃的漆包线
聚酰亚胺漆包线漆	9172	180（H）	耐高温、耐冷媒和耐辐射性优异，强度较高，适于作为外涂层涂制复合漆包线，用于耐高温电机和冰箱压缩机的电动机
聚酯亚胺漆包线漆	9175	180（H）	强度高，承受热态过载能力好，耐溶剂性优异，用于涂制155（F）级、180（H）级漆包线和复合漆包线
聚酰胺酰亚胺漆包线漆	1760	180（H）及以上	力学性能好，强度高，耐热性能佳，具有高的软化击穿值，用于涂制耐高温、耐冷媒的复合漆包线

表1-11　常用玻璃丝包线漆的名称、型号、耐热等级、特性及用途

名称	型号	耐热等级	特性及用途
聚酯玻璃丝包线漆	1089	155（F）	机电性能优良，具有干燥性（低温），用于155（F）级玻璃丝包线的黏合
改性玻璃丝包线漆	1055A	155（F）	有良好的介电性和黏结力，干燥时间短，用于155（F）级玻璃丝包线的黏合
改性聚酯玻璃丝包线漆	1079	180（H）	由耐热聚酯配以溶剂、固化剂组成；有优良的电气性能，良好的附着力、防潮性，固化时间短；漆膜坚韧，伸缩性好，用于玻璃丝包线
二苯醚玻璃丝包线漆	1051	180（H）	有良好的电气性能，良好的附着力、防潮性，耐热性能优良，固化时间短；漆膜光滑、坚韧，柔性好，强度高，用于亚胺膜、玻璃丝绕包复合电磁线

3. 覆盖漆

覆盖漆具有干燥快、附着力强、漆膜坚硬、强度高及耐潮、耐油、耐腐蚀等特点，主要用于涂覆经浸渍处理的线圈和绝缘零部件，在其表面形成厚度均匀的绝缘漆膜保护层，提高线圈与绝缘零部件表面的绝缘强度，以防机械损伤以及防止受大气、润滑油、化工材料等的侵蚀。图 1–35 所示为用覆盖漆涂覆的电机绕组。

图 1–35 用覆盖漆涂覆的电机绕组

（1）覆盖漆的分类

1）按树脂类型分类。覆盖漆按漆基的树脂类型分为醇酸漆、环氧漆和有机硅漆。其中，环氧漆比醇酸漆具有更好的耐潮性、耐霉性、内层干燥性和附着力，以及漆膜硬度更高等优点，故广泛用于湿热地区电机及其他电气设备零部件表面的涂覆。有机硅漆耐热性好，可作为 180（H）级电机及其他电器的覆盖漆。

2）按是否含有填料或颜料分类。覆盖漆按是否含有填料或颜料分为清漆和瓷漆。不含填料或颜料的称为清漆，否则称为瓷漆。同一树脂的瓷漆比清漆的漆膜硬度高，导热、耐热和耐电弧性好，但其他电气性能稍差。瓷漆多用于线圈和金属表面的涂覆，清漆多用于绝缘零部件表面和电器内表面的涂覆。

3）按干燥方式分类。覆盖漆按干燥方式分为晾干漆和烘干漆。同一树脂的晾干漆比烘干漆性能差，储存不稳定，仅适用于大型设备和不宜烘焙部件的涂覆。

（2）使用覆盖漆时的注意事项

使用覆盖漆时应严格控制漆的黏度，注意搅拌均匀，保证通风，控制烘焙温度及保持环境清洁，否则将影响漆膜的干燥和表面质量。由于瓷漆中含有填料和颜料，在储存时易发生沉淀、黏度不均匀或变色等现象，因此，在调漆和使用瓷漆前要充分搅拌，使之均匀。

常用覆盖漆的名称、型号、耐热等级、特性及用途见表 1–12。

表 1-12　常用覆盖漆的名称、型号、耐热等级、特性及用途

名称	型号	耐热等级	特性及用途
晾干醇酸漆	1231	130（B）	晾干或低温干燥。漆膜具有较好的弹性、电气性能、耐气候性和耐油性，主要用于覆盖电器或绝缘零部件
晾干醇酸灰瓷漆	1321	130（B）	晾干或低温干燥。漆膜具有硬度较高、耐电弧性和耐油性好等特点，主要用于覆盖电机、电器线圈及绝缘零部件的表面修饰
醇酸灰瓷漆	1320	130（B）	烘焙干燥。漆膜坚硬，具有强度高、耐电弧性和耐油性好等特点，主要用于覆盖电机、电器线圈
晾干环氧酯漆	9120	130（B）	晾干或低温干燥。漆膜干燥快，附着力大，有弹性，具有耐潮性、耐油性和耐气候性好等特点，主要用于覆盖电器或绝缘零部件，可用于湿热地区
环氧酯灰瓷漆	163	130（B）	烘焙干燥。漆膜硬度高，具有耐潮性、耐霉性、耐油性好等特点，主要用于覆盖电机、电器线圈，可用于湿热地区
晾干环氧酯灰瓷漆	164	130（B）	晾干或低温干燥。漆膜坚硬，具有耐潮性、耐霉性、耐油性好等特点，主要用于覆盖电机、电器线圈及绝缘零部件的表面修饰，可用于湿热地区
环氧聚酯铁红瓷漆	6341	130（B）	烘焙干燥。漆膜附着力强，具有耐潮性、耐霉性、耐油性好等特点，主要用于覆盖电机、电器线圈，可用于湿热地区
晾干有机硅红瓷漆	167	180（H）	晾干或低温干燥。漆膜热寿命长，电气性能好，主要用于覆盖耐高温电机、电器线圈及绝缘零部件的表面修饰
有机硅红瓷漆	1350	180（H）	烘焙干燥。漆膜热寿命、电气性能比晾干有机硅红瓷漆好，且硬度高、耐油。其用途与晾干有机硅红瓷漆相同

4. 硅钢片漆

硅钢片漆主要用于对硅钢片表面进行涂覆，以增强硅钢片间的绝缘性能，降低铁芯的涡流损耗，提高硅钢片的防锈和耐腐蚀能力。图 1-36 所示为用硅钢片漆涂覆的硅钢片。

硅钢片漆的漆膜具有坚硬、光滑、附着力强、厚度均匀、涂覆层薄等特点，同时还具有良好的耐油性、耐潮性和电气性能。常用硅钢片漆的名称、型号、耐热等级、特性及用途见表 1-13。

图 1-36　用硅钢片漆涂覆的硅钢片

表 1-13 常用硅钢片漆的名称、型号、耐热等级、特性及用途

名称	型号	耐热等级	特性及用途
油性漆	1611、1612	105（A）	在 450~550℃下干燥快，漆膜厚度均匀、坚硬、耐油，用于涂覆一般用途的小型电机、电器用硅钢片
醇酸漆	9161、5364	130（B）	在 300~350℃下干燥快，漆膜有较好的耐热性和耐电弧性，用于涂覆一般用途的小型电机、电器用硅钢片，但不宜涂覆用磷酸盐处理的硅钢片
二甲苯改性醇酸漆	9163	130（B）、155（F）	高温烘干漆，其高温烘焙不起泡，无边缘增厚现象，漆膜具有耐高温、电绝缘性能好、黏结力强等特点，用于 130（B）级和 155（F）级电机、电器用硅钢片间的绝缘漆层
环氧酚醛漆	H52-1、114、E-9	155（F）	附着力强，在 200~350℃下干燥快，漆膜有较好的耐热性、耐潮性、耐腐蚀性和电气性能，用于涂覆大型电机、电器用硅钢片
有机硅漆	947S、W35-1	180（H）	漆膜耐热性和电气性能优良，用于涂覆高温电机、电器用硅钢片，但不宜涂覆用磷酸盐处理的硅钢片
聚酰胺酰亚胺漆	D061、PAI-Q	180（H）	涂覆工艺性和干燥性好，漆膜附着力强，耐热性能好，耐溶剂性优越，用于涂覆高温电机、电器用的各种硅钢片

5. 防电晕漆

防电晕漆一般由绝缘清漆和炭黑、石墨、碳化硅等非金属导体粉末混合而成，有时还加有其他填料。防电晕漆具有表面电阻率稳定、附着力强、耐磨性好、干燥速度快、耐储存等特点，主要用作高压线圈防电晕涂层。常用防电晕漆的名称、型号、耐热等级、特性及用途见表 1-14。

表 1-14 常用防电晕漆的名称、型号、耐热等级、特性及用途

名称	型号	耐热等级	特性及用途
醇酸防电晕漆	1233、1234	130（B）	漆膜较坚硬、耐油，可在室温下干燥
环氧防电晕漆	1235	130（B）	漆膜附着力强、坚硬，可在室温下固化

按电阻率大小，防电晕漆可分为低电阻漆和高电阻漆两大类。低电阻漆用于大型高压电机槽部涂层；高电阻漆用于大型高压电机线圈的端部涂层，也可以单独涂在线圈表面，或涂在石棉带、玻璃布带上再包扎在线圈外层，或涂在玻璃布带上与主绝缘一次成型。

三、绝缘胶

绝缘胶具有耐热、导热、电气性能优异等特点，对被浇注结构的适形性和整体性好，浇注工艺简单，容易实现自动化生产。在电气设备中，绝缘胶广泛应用于浸渍、灌注和涂覆含有纤维材料的工件以及需要防潮密封的电工零件，如浇注电缆接头、接线盒

和套管，干式变压器、20 kV 及以下的电流互感器、10 kV 及以下的电压互感器、户内与户外绝缘子，密封电子元件和零部件等。图 1–37 所示为用绝缘胶浇注密封电子元件。

图 1–37　用绝缘胶浇注密封电子元件

绝缘胶与无溶剂浸渍漆相似，但黏度较大，一般加有填料。因为胶中不含挥发性溶剂，凝固后不会残留因溶剂挥发而存在的孔隙，所以绝缘防潮效果要比绝缘漆好。在电气工程中对绝缘胶的基本要求是：浇灌时的流动性和适形性好，凝固迅速，整体性好，收缩率小，不变形，具有高的介电性能和防潮、导热能力。

绝缘胶可分为灌注胶、浇注胶、包封胶等类型。有时也将灌注胶和浇注胶统称为浇注胶。浇注胶是由树脂、填料、固化剂或催化剂组成的黏稠混合物，按用途分为电器浇注胶和电缆浇注胶。

1. 电器浇注胶

电器浇注胶由浇注胶用树脂、环氧树脂固化剂和添加剂配制而成。

（1）浇注胶用树脂

浇注胶用树脂具有黏度小、流动性好、成型后收缩率小、挥发物少、固化快、低压成型好等特点以及良好的电气性能、力学性能和化学稳定性。浇注胶用可聚合树脂主要有环氧树脂、聚氨酯、不饱和聚酯（或醇酸树脂）和有机硅等。其中，环氧树酯能最大限度地满足浇注胶的性能要求，是应用最广的浇注胶用树脂；其次是聚氨酯。不饱和聚酯用于不要求环氧树脂和聚氨酯那样优异性能的场合；有机硅用于电子领域和要求高温性能的场合。

浇注胶用环氧树脂的名称、型号及特性见表 1–15。

表 1–15　浇注胶用环氧树脂的名称、型号及特性

名称	型号	特性
双酚 A 型环氧树脂	E–51（618）	黏度低，黏合力强，使用方便
脂环族环氧树脂	R–122（6207）	耐热性好，固化物热变形温度为 300℃，用适当固化剂配合时黏度低
环氧化聚丁二烯树脂	V–17（2000）	耐热性好

（2）环氧树脂固化剂

环氧树脂固化剂是与环氧树脂发生化学反应，形成网状立体聚合物，把复合材料包络在网状体之中。图 1–38 所示为环氧树脂 E–44（6101）和固化剂——聚酰胺树脂（低分子 650）。

图 1–38 环氧树脂 E–44（6101）和聚酰胺树脂（低分子 650）

固化剂和固化条件对电器浇注胶的性能影响非常大，一般要求固化剂的固化温度低、固化物的耐热性和韧性良好、有足够的电气性能和力学性能以及毒性小、固化工艺简单等。常用环氧树脂固化剂有酸酐类和胺类，其名称、型号及特性见表 1–16。

表 1–16 常用环氧树脂固化剂的名称、型号及特性

类型	名称	型号	特性
酸酐类固化剂	邻苯二甲酸酐	PA	固化物的电气性能好，固化时释放的热量少，但易升华，固化时间长
	顺丁烯二甲酸酐	MA	固化物的电气性能好，但力学性能差，易升华，刺激性大
	四氢化苯二甲酸酐异构体混合物	70	固化物的耐热性能好，使用方便
胺类固化剂	间苯二胺	MPD	固化物的耐热性能和电气性能较好，化学稳定性好，毒性小，可用于小型、大型零部件的灌注和浸渍
	聚酰胺树脂	650	固化物的耐热冲击性好，无毒，可在室温下固化，固化时释放的热量少
	硼胺络合物	595	固化物的耐热性能好，配胶后，胶的储存期长

1）酸酐类固化剂具有较好的电气性能、力学性能及耐热性能，其毒性小，固化时挥发物少，不会产生应力开裂现象，特别是液体酸酐性能更优，使用方便，应用广泛。

2）胺类固化剂固化速度快，但其毒性大，胶的使用寿命短，固化物易产生应力开裂现象，实际应用时应进行适当的技术处理。硼胺络合物是一种广泛应用的潜伏性固化剂，可延长胶的使用寿命。

（3）常用添加剂

1）增塑剂。在胶中添加适量的增塑剂可以降低脆性，提高抗弯强度和抗冲击强

度。常用的增塑剂有聚酯树脂，一般用量为15%~20%。

2）填充剂。在胶中加入填充剂可以减小固化物的收缩率，提高其导热性和浇注件的形状稳定性，并能提高其耐热性、耐腐蚀性和强度，降低生产成本。石英粉是较理想的填充剂。

（4）电器浇注胶的配制

电器浇注胶的配方和固化工艺应根据结构、外形尺寸、技术条件和使用环境来定。浇注一般户内或工作温度不高的电器时，可用双酚A型环氧树脂或聚酯树脂。浇注户外或在高温下工作的电器时，可用脂环族环氧树脂或用几种环氧树脂混合配胶，同时采用酸酐或芳香族固化剂固化。

（5）浇注的工艺要求

配制浇注胶时应充分搅拌均匀并尽可能消除气泡。注意：在浇注前模具要预热，浇注过程中要注意排气并及时补满胶料。同时，根据浇注产品的大小、几何形状复杂程度规定固化和脱模时间。其中，固化成型可采用分阶段升温的工艺，保证其均匀固化，避免应力开裂，减少胶的流失。脱模后浇注物要保温，使其缓慢冷却。

（6）浇注胶的种类和性能

常用的浇注胶主要有环氧类、聚氨酯类、不饱和聚酯类和有机硅类等。其中，我国以环氧类为主，其他的用得较少。

1）环氧类浇注胶的综合性能最好，介电性能优异，对多数材料表面的黏结力高，固化收缩率低，具有良好的耐热性、耐化学性和耐潮性等。脂环族环氧胶还具有优异的耐电弧性、高热变形温度和良好的耐气候性。环氧类浇注胶可以通过改变化学组分形成无限种类的可能组合，性能也随之变化，以此可用来满足特定用途的要求，被广泛用于变压器、断路器、开关柜、高压套管、电动机、发电机、线圈、电容器、电子模块和电缆等产品的浇注、灌封、包封和密封绝缘。

电机用浇注胶的品种、型号、耐热等级、特点和用途见表1–17。

表1–17　电机用浇注胶的品种、型号、耐热等级、特点和用途

产品名称	型号	耐热等级	特点和用途
环氧灌注胶	9180	130（B）	固化后具有较高的黏结力和力学强度，用于大汽轮发电机定子端部的灌封，起固定和支撑作用
环氧灌注胶	9181	130（B）	性能同9180型，用于大型汽轮发电机定子端部的灌封，起固定和支撑作用
环氧灌封胶	B183	130（B）	耐冷热冲击不开裂，高温迅速固化，用于大中型电机、特种电机和干式变压器的灌封绝缘
环氧浇注树脂	J–1840	155（F）	固化速度快，黏结力强，收缩率小，耐开裂性好，适用于铁芯绕组的整体化浇注及其他线包的浇注绝缘

2）聚氨酯类浇注胶具有优异的韧性、耐磨性和化学性，但不耐氯溶剂，如二氯甲烷可将聚氨酯从部件上剥下。另外，聚氨酯类浇注胶在潮湿环境下会发生水解。经改良后，该类胶可用于低压产品的浇注、灌封和密封绝缘等场合。

3）不饱和聚酯类浇注胶的成本低，但收缩率大，在潮湿环境下会发生水解，主要性能比环氧类浇注胶和聚氨酯类浇注胶差，可用于高压汞灯和荧光灯镇流器及小型电源变压器等的灌封绝缘。

4）有机硅类浇注胶有室温固化型和热固化型两种。其使用温度范围宽（-65~265℃），在该温度范围内电气性能很稳定，使用寿命长，为其他包封胶的100倍，但成本较高，可用于电子器件的灌注和包封绝缘，以及要求高温性能的场合。

2. 电缆浇注胶

电缆浇注胶又称为热塑性胶，可多次加热软化，但耐溶剂能力差。常用的电缆浇注胶主要有松香脂型、沥青型和环氧树脂型三类。图1-39所示为用电缆浇注胶浇注电缆接头。

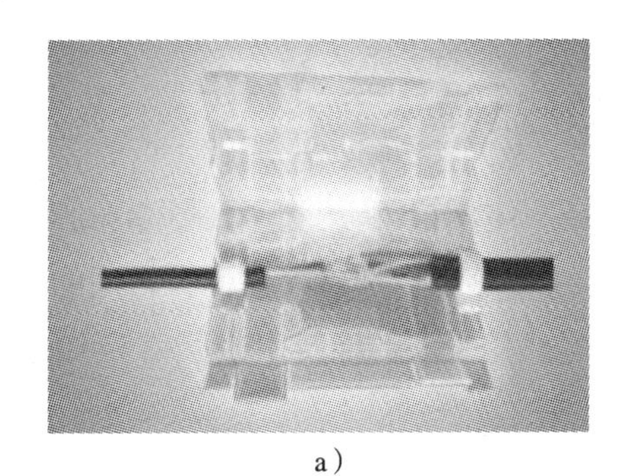
a）

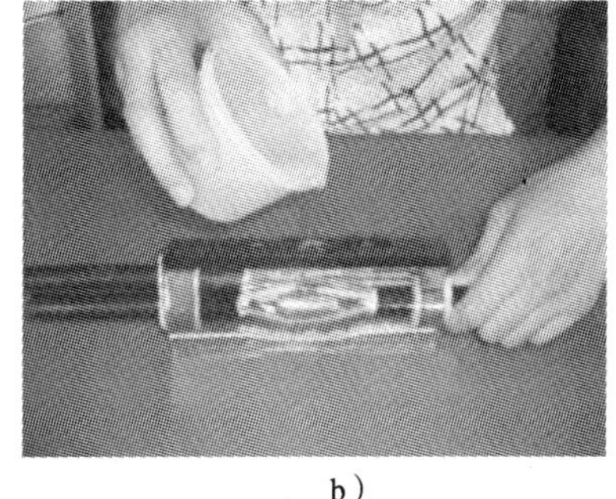
b）

图1-39 用电缆浇注胶浇注电缆接头

a）固定 b）浇注

工程上经常应用的电缆浇注胶实际上是松香脂、沥青、环氧树脂等与其他绝缘油或填充剂混合配制而成的。例如，黄电缆胶是由甘油和松香脂溶化后加变压器油熬制而成的；1811号黑电缆胶是由石油、沥青和变压器油熬制而成的；1812号黑电缆胶是由石油、沥青熬制而成的。常用电缆浇注胶的名称、型号、特性及用途见表1-18。

表1-18 常用电缆浇注胶的名称、型号、特性及用途

名称	型号	特性及用途
黄电缆胶	1810	电气性能好，抗冻裂性好，适用于浇注10 kV以上电缆接线盒和终端盒
黑电缆胶	1811	耐潮性好，适用于浇注10 kV以下电缆接线盒和终端盒
环氧电缆胶	—	密封性好，电气性能和力学性能好，适用于浇注户内10 kV以下电缆终端盒。用它浇注的终端盒结构简单，体积较小

四、熔敷绝缘粉

熔敷绝缘粉是由合成树脂、固化剂、填料、增塑剂、颜料等配制而成的一种粉末状绝缘材料。在高于树脂熔点的温度下，它能均匀地涂覆在零部件的表面，经烘干后能形成厚度均匀、光滑平整、黏合紧密的绝缘涂层。图 1–40 所示为用熔敷绝缘粉涂覆的电机零件。

图 1–40　用熔敷绝缘粉涂覆的电机零件

熔敷绝缘粉所用的树脂主要有环氧树脂、不饱和聚酯树脂、聚氨酯树脂。熔敷绝缘粉有热塑性和热固性两大类，电工用熔敷绝缘粉多数是热固性的，常用的主要有环氧熔敷粉。常用熔敷绝缘粉的名称、型号、耐热等级、特性及用途见表 1–19。

表 1–19　常用熔敷绝缘粉的名称、型号、耐热等级、特性及用途

名称	型号	耐热等级	特性及用途
高温环氧粉	CZ1530	130（B）	涂层坚硬、光亮，耐潮和耐腐蚀，用于不需弯曲的工件绝缘，中、小型电机槽绝缘及电器零部件表面密封、防腐涂覆
高温弹性环氧粉	CZ1531–1	130（B）	涂层柔软性较好，用于需要挠曲的工件绝缘或电机转子铜排绝缘
低温环氧粉	CZ1532	130（B）	涂层坚硬，固化温度较低，用于小型变压器、电阻、电容、线圈等电子元件绝缘涂覆
聚酯粉	174	155（F）	涂层薄，弹性好，耐热性较好，用于微电机槽绝缘或其他绝缘涂覆
聚酯改性弹性环氧粉	176	130（B）	涂层弹性好，无冷脆性，用于电机转子铜排或线圈的绝缘涂覆

熔敷绝缘粉涂层具有导热性好、耐潮、耐腐蚀等特性，并可进行切削加工。熔敷工艺简便，效率高，易于实现机械化生产，适用于低电压电机的槽绝缘、绕组端部绝缘及作为零部件的防腐涂覆材料。

§1—6 绝缘纤维制品

学习目标

1. 熟悉常用绝缘纸品的特点及用途，并能正确选用。
2. 熟悉常用绝缘纤维织品的特点及用途，并能正确选用。

想一想

造纸是我国古代四大发明之一，图 1–41 所示为古代造纸工作的场景，主要用树皮、破布、麻头等作为原料，制造成适合书写的植物纤维纸。除了植物纤维之外，你还见过什么纤维材料？

图 1–41 造纸

绝缘纤维制品是指由植物纤维、玻璃纤维和合成纤维所制成的绝缘纸品和绝缘纤维织品等绝缘材料。

植物纤维是由植物的种子、果实、茎、叶等得到的纤维，如从亚麻、黄麻、罗布麻等植物韧皮得到的纤维，它具有一定的力学强度和介电性能，但容易吸潮并且耐热性能较差。图 1–42 所示为麻纤维。

玻璃纤维是一种由玻璃制成的无机纤维。在电气工程中，主要使用无碱玻璃纤维（即不含钾、钠氧化物），它具有耐高温、不燃、耐腐蚀、抗拉强度高、电绝缘性好和隔热、隔音性好等特点，但硬脆，柔性较差，伸长率小，同时对人体皮肤有刺激。图 1–43 所示为玻璃纤维。

图 1–42　麻纤维

图 1–43　玻璃纤维

合成纤维是对用合成高分子化合物为原料而制得的化学纤维的统称，它兼备上述两种材料的优点，具有良好的耐热性、耐腐蚀性，抗张力强度高，介电性能好，吸湿性小。

一、绝缘纸品

绝缘纸品主要是指电工用绝缘纸和绝缘纸板、钢纸板等成型纸绝缘件。绝缘纸品具有价格低廉，物理性能、化学性能、耐老化性能良好等特点，是电缆、电机、变压器、电力电容器等产品的关键材料，也是层压制品、复合制品、云母制品等绝缘材料的基材和补强材料。

通常把单位质量小于 225 g/m^2 的绝缘纸品称为绝缘纸，把单位质量大于 225 g/m^2 的绝缘纸品称为绝缘纸板。图 1–44 所示为绝缘纸和绝缘纸板。

a）

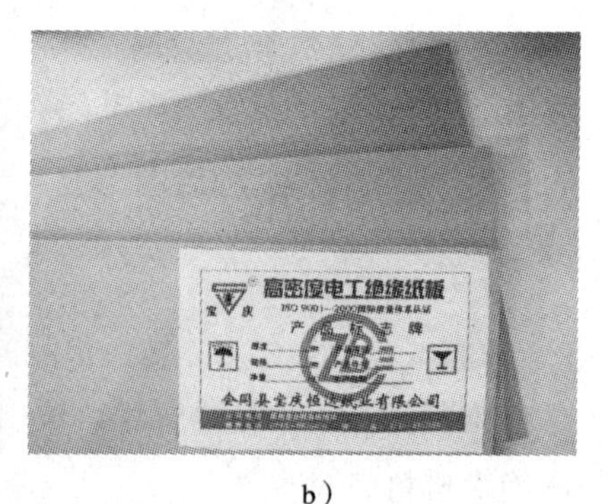

b）

图 1–44　绝缘纸和绝缘纸板

a）绝缘纸　b）绝缘纸板

1. 绝缘纸

在电气工程中，常用的绝缘纸主要有植物纤维纸、合成纤维纸和聚丙烯薄膜木纤维复合纸等。

（1）植物纤维纸

植物纤维纸是以木材、棉花等为原料，由未漂白硫酸盐木浆（或漂白硫酸盐木浆、棉浆）制成，按用途分为电力电缆纸、通信电缆绝缘纸、电话纸、电容器纸和卷绕纸等。

1）电力电缆纸。电力电缆纸由未漂白木材纤维加工而成，是生产油纸绝缘的关键材料。它的力学性能、电气性能好，纵向拉伸强度大，击穿强度可达 60 kV/mm，介质损耗角正切值小，耐油性好，油纸绝缘耐热温度为 95℃。常用电力电缆纸的品种、型号及用途见表 1–20。

表 1–20 常用电力电缆纸的品种、型号及用途

品种	型号	用途
低压电缆纸	DLZ–080、DLZ–130、DLZ–170、DLZ–200	主要用作 35 kV 及以下的电力电缆、控制电缆和通信电缆的绝缘
高压电缆纸	GDL–045、GDL–075、GDL–125、GDL–175	主要用作 100~330 kV 的高压电力电缆
超高压电缆纸	CDL–010、CDL–045、CDL–075、CDL–125、CDL–175、CDL–225	主要用作 500 kV 的高压电力电缆
电缆皱纹纸	TZ–30、HZ	主要用作 110 kV 及以上电力电缆附件，如各种接线盒绝缘
半导电皱纹纸	ZBL–120	主要用作电力电缆附件屏蔽

2）通信电缆绝缘纸和电话纸。通信电缆绝缘纸的介电常数小，主要用于通信电缆绝缘，型号有 TLZ–100、TLZ–120、TLZ–170。电话纸主要用于电信电缆绝缘，也可作为云母箔的补强材料用于电机绝缘。其颜色有本色、红、蓝、绿四种，便于识别线芯，型号有 DH–50、DH–75。

3）电容器纸。电容器纸由未漂白硫酸盐纸浆加工而成，具有紧度大、厚度薄而均匀、电气强度高、介电常数大等特点。按使用情况将电容器纸分为 A、B 两类。其中，A 类主要用作电容器的极间介质，B 类主要用作电力电容器的极间介质。近年来，随着聚丙烯薄膜、聚酯薄膜和其他塑料薄膜在电力电容器和电子电容器中的应用，电容器纸的用量逐渐减少。

4）卷绕纸。卷绕纸主要用于电力变压器油纸绝缘和制造绝缘管、绝缘筒等，还可用于包缠电器和无线电零部件。

（2）合成纤维纸

合成纤维纸是用合成树脂制成浆状物或纤维后，再用抄纸的方法或非织布制造的方法制造而成。按纤维类别的不同，合成纤维纸可分为以下几种：

1）聚酯纤维纸。聚酯（PET，俗称涤纶）纤维纸又称为聚酯纤维无纺布，具有优异的浸渍性、良好的力学性能和耐热性、低的吸潮性和介质损耗，广泛用于制造柔软复合材料、预浸渍材料、电缆和电机的包扎材料，以及用作层压制品和云母制品的补强材料。例如，聚酯纤维纸与聚酯薄膜组合成复合制品，可用于130（B）级电机槽绝缘。

2）耐高温合成纤维纸。耐高温合成纤维纸主要有聚酰胺（PA，俗称尼龙）纤维纸、芳香族聚砜酰胺（PSA，俗称芳砜纶或芳纶）纤维纸和聚恶二唑（POD）纤维纸等。它们常与聚酯薄膜、聚酰亚胺薄膜组合成复合制品，主要用于155（F）级、180（H）级电机槽绝缘，导线的换位绝缘，变压器的层间绝缘和匝间绝缘。图1–45所示为将芳纶纤维纸用于变压器的层间绝缘。

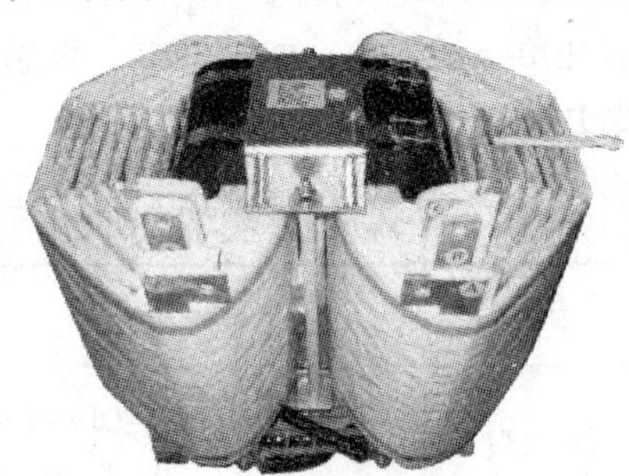

图1–45　将芳纶纤维纸用于变压器的层间绝缘

3）金属化纸和半导电纸。金属化纸由电缆纸或电话纸与金属膜黏合，或在电容器纸上真空喷涂一层金属制成。半导电纸是一种由渗有胶体炭粒的电缆纸浆抄成的纸。金属化电缆纸、金属化电话纸和半导电纸可用作电力电缆、通信电缆、橡胶绝缘船用电缆等的屏蔽层，金属化电容器纸可用作直流电容器极板和极间绝缘。图1–46所示为将半导电纸用作电力电缆屏蔽层。

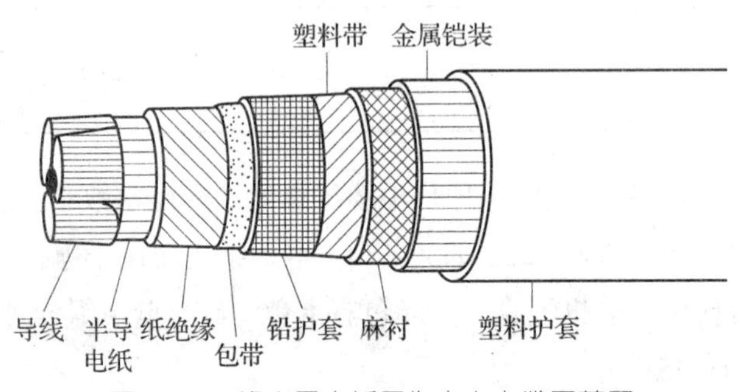

图1–46　将半导电纸用作电力电缆屏蔽层

（3）聚丙烯薄膜木纤维复合纸（PPLP）

聚丙烯薄膜木纤维复合纸是以聚丙烯薄膜、木浆纤维纸为基材，以聚丙烯树脂挤出料为黏合剂，经挤压复合而成。复合纸兼有纤维纸的浸渍特性和薄膜的电气性能、力学性能的优点，是高压充油电缆的新型绝缘材料。

2. 绝缘纸板

绝缘纸板有植物纤维绝缘纸板和合成纤维绝缘纸板两大类。常用绝缘纸板的品种、厚度规格和特点见表1–21。

（1）植物纤维绝缘纸板

植物纤维绝缘纸板由木质纤维或掺有适量棉纤维的混合纸浆制成。其中，掺有棉

表 1-21 常用绝缘纸板的品种、厚度规格和特点

品种	厚度规格（mm）	特点
50/50 型绝缘纸板	0.1~0.5	具有良好的耐弯曲性和耐热性
100/00 型绝缘纸板	0.1~0.5	薄型板，又称为青壳纸或黄壳纸，具有良好的力学强度和绝缘性能
	0.8~3.0	厚型板，热压板，幅面宽，紧度大，力学强度好，压缩系数小，介电强度高
993 型 Nomex 聚芳酰胺纤维纸板	1.0~6.0	中密度板，具有良好的硬度和适形性、较好的浸渍性
994 型 Nomex 聚芳酰胺纤维纸板	1.0~9.6	高密度板，具有良好的抗压能力、较好的油浸性和良好的综合性能

纤维的绝缘纸板的力学性能和吸油性较好。植物纤维绝缘纸板可在空气中或温度不高于 90℃的变压器油中作绝缘材料和保护材料。根据原材料成分分配比的不同，常用绝缘纸板主要有 50/50 型和 100/00 型两种（分子表示木质纤维的含量，分母表示棉纤维的含量）。

50/50 型绝缘纸板具有良好的耐弯曲性和耐热性，适用于电机及其他电器的绝缘和保护材料，也用于耐振绝缘零部件等。

100/00 型绝缘纸板表示不掺棉纤维（即用 100% 的木质纤维制造），有薄型和厚型两种。薄型纸板通常称为青壳纸或黄壳纸，可与聚酯薄膜制成复合制品，可用作 120（E）级电机槽绝缘，也可单独作为绕线绝缘保护层。厚型纸板可制作某些绝缘零件和作为保护层用。

（2）合成纤维绝缘纸板

合成纤维绝缘纸板主要是聚芳酰胺纤维纸板，主要用作变压器的绝缘件。

3. 钢纸板

钢纸板是由无胶棉纤维纸用氯化锌溶液处理后，多层叠合成规定厚度，经漂洗、干燥和热压而成的一种绝缘纸板。电工用钢纸板的氯化锌含量（质量分数）应小于 0.05%。国产钢纸板制品主要有钢纸板、钢纸管和钢纸棒等。钢纸板密度小，力学强度高，绝缘性能和灭弧性能优异，机械加工性能好，但因容易吸潮而使板的电气性能下降，此外，钢纸板还容易受到稀酸和浓碱的腐蚀。在电气工程中，钢纸板和钢纸管主要用作低压电机的垫片、线圈架、电刷架和换向器环，以及断路器和避雷器的灭弧材料。

（1）硬钢纸板

硬钢纸板通称为反白板，其结构紧密，有良好的机械加工性能，适用于制作小型低压电机槽楔、电器的绝缘结构零部件。

（2）钢纸管

钢纸管又称为反白管，具有良好的机械加工性能，在100℃以下长期工作，其外形和理化性能无明显变化，且吸油性小，灭弧性强，适用于熔断器、避雷器的管芯和电机用线路套管。

（3）玻璃钢复合钢纸管

玻璃钢复合钢纸管又称为高压消弧管，其灭弧性能优越，电气性能好，力学强度高；耐热、耐寒、耐潮、耐日光照射，可用作10~110 kV熔断器和避雷器的消弧管。图1–47所示为玻璃钢复合钢纸管及其应用。其中，图1–47a所示为玻璃钢复合钢纸管，图1–47b所示为用玻璃钢复合钢纸管作为熔丝管的高压限流熔断器。

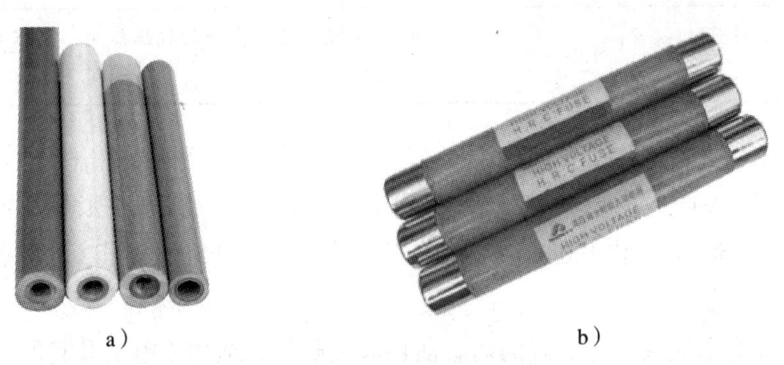

a）　　　　b）

图1–47　玻璃钢复合钢纸管及其应用

a）玻璃钢复合钢纸管　b）用玻璃钢复合钢纸管作为熔丝管的高压限流熔断器

二、绝缘纤维织品

纤维织品由纤维编织而成，有纱、绳、管、带和布等不同形式，直接或经绝缘漆浸渍制成浸渍纤维制品，可用作电机和电器的线圈绝缘、端部绑扎固定绝缘及接线端的包扎绝缘。电工用绝缘纤维织品主要包括天然纤维织品、无机纤维织品和合成纤维织品等。在生产实践中，合成纤维材料和无机纤维材料及其浸渍制品应用最广；天然纤维材料及其浸渍制品由于性能和资源上的限制，除在非用不可的场合外，已很少使用。由于热收缩管和压敏黏带的使用更加方便，现已大量替代纤维材料及其浸渍制品用于接线端的包扎绝缘。

1. 天然纤维织品

（1）纱（或丝）

纱（或丝）有棉纱、麻纱、桑蚕丝等。绝缘棉纱主要用作纱包线及其他电线电缆的绝缘、护层（护套）和填充，但目前已较少使用。电缆用的麻纱、麻线，是以洋麻、黄麻为主要原料制成，可用作电缆的外护层和填充料。桑蚕丝主要用作丝包绕组线、丝包漆包线和某些软线的绕包绝缘层等。

（2）绝缘纺

绝缘纺原指由桑蚕丝编织的天然丝绸，主要用作油性漆绸的基材。近年开始采用锦纶纺和涤纶纺等合成丝绸，虽然它们质地稍硬，收缩率也较绝缘纺的大，但价格较便宜。

（3）棉布和棉布带

棉布由棉线按平纹或斜纹法编织而成，主要用作绝缘层压制品和绝缘漆布的底材。棉布带由棉纱以平纹或斜纹编织而成，未浸漆的斜织布和细布带可用作线圈整形或浸胶过程中的临时包扎。

棉纤维由于耐热性差、易吸潮，已逐步被玻璃纤维和合成纤维制品所取代。

2. 玻璃纤维制品

无机纤维包括玻璃纤维、碳纤维、石英纤维、陶瓷纤维等。玻璃纤维根据玻璃中碱含量的多少分为无碱玻璃纤维（E）、中碱玻璃纤维（C）和高碱玻璃纤维（A）。其中，无碱玻璃纤维的化学稳定性、电绝缘性能和强度都很好，其制品应用较广，可用作电绝缘材料和复合电缆支架。常用的无碱玻璃纤维制品主要有无碱玻璃纤维纱、无碱玻璃纤维带、无碱玻璃纤维布和无碱玻璃纤维绳等。

（1）无碱玻璃纤维纱

无碱玻璃纤维纱的电气性能好，适用于玻璃丝包线和安装线的绝缘。

（2）无碱玻璃纤维带

无碱玻璃纤维带用无碱玻璃纤维纱编织而成，使用时可经过预浸渍或直接绕包绝缘，适用于电机、电器的绑扎和绝缘材料。图 1-48 所示为无碱无蜡玻璃纤维带，它可用于干式变压器、电抗器和电炉等，具有良好的浸润性和电气性能。

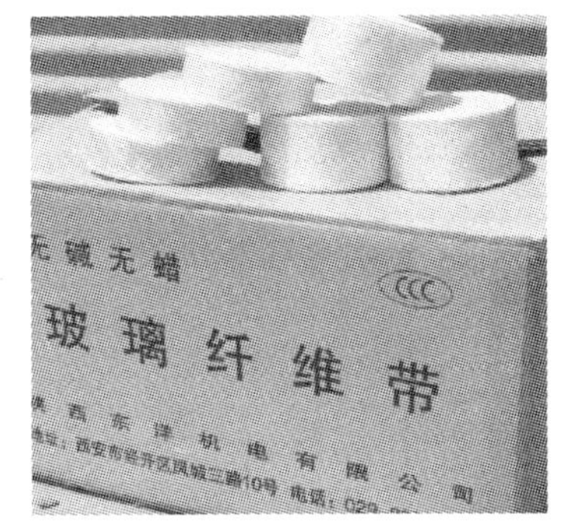

图 1-48 无碱无蜡玻璃纤维带

（3）无碱玻璃纤维布

无碱玻璃纤维布用无碱玻璃纤维纱编织而成，可用作玻璃漆布和层压制品的底材、云母制品和玻璃钢制品的增强材料。

（4）无碱玻璃纤维绳

无碱玻璃纤维绳是用含碱量低于 0.8% 的无碱玻璃纤维并捻而成的。无碱玻璃绳具有较好的耐热性、绝缘性及较高的抗拉强度和极低的伸长率，适用于电器、仪表等的绕组或阻丝芯子绝缘及保温材料。

3. 合成纤维制品

合成纤维除了具有化学纤维的强度高、质量轻、易洗快干、弹性好、不怕霉蛀等一般优越性能外，不同品种的合成纤维还具有各自独特的某些性能，如聚苯咪唑纤维耐高温、聚四氟乙烯纤维耐高温腐蚀、聚对苯二甲酰对苯二胺纤维强度高、聚酰亚胺纤维耐辐射等。常用的合成纤维制品主要有合成纤维丝、合成纤维带和合成纤维绳等。

（1）合成纤维丝

在电气工程中常用的合成纤维丝有聚酰胺 6 纤维丝和聚酯纤维丝等。

1）聚酰胺 6 纤维丝。聚酰胺 6 纤维丝又称为尼龙 6 或锦纶，具有抗拉强度高、弹性好、耐磨、耐腐蚀、耐霉、不怕虫蛀、着色好等特点，但耐光、耐热性较差，易变形。聚酰胺 6 纤维丝主要用于电线的绕包及编织绝缘。

2）聚酯纤维丝。聚酯纤维丝又称为涤纶，具有耐光性和耐热性比聚酰胺 6 纤维丝好，耐霉、耐酸蚀、不怕虫蛀等特点，但抗拉强度比聚酰胺 6 纤维丝稍差，密度较大，主要用于电线电缆的绝缘。

（2）合成纤维带

合成纤维带有聚酯纤维带、聚酯纤维（经向）与玻璃纤维（纬向）交织带两种。这两种合成纤维带的耐热性比棉布带高，延伸率比玻璃布带大，具有良好的收缩性和韧性。它能将线圈紧密地绑扎在一起，线圈外观光滑、平整，主要用作电机线圈的绑扎。

（3）合成纤维绳

合成纤维绳主要指涤纶护套玻璃丝绳，简称为涤玻绳（或涤沦绳），如图 1–49 所示。合成纤维绳具有耐热性好、强度高等特点，可用作 130（B）级电机线圈的端部绑扎。图 1–50 所示为电机线圈的端部绑扎。

图 1–49　合成纤维绳

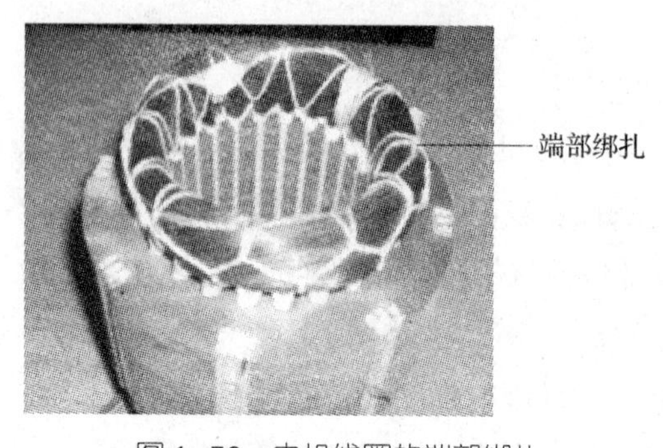

图 1–50　电机线圈的端部绑扎

§1—7　浸渍纤维制品和电工层压制品 

学习目标

1. 熟悉常用浸渍纤维制品的特性及用途，并能正确选用。
2. 熟悉常用电工层压制品的特性及用途，并能正确选用。

想一想

油纸伞采用油纸制作伞面，是我国一种传统的雨伞类型，所用油纸一般为经桐油浸渍的皮棉纸，用桐油浸渍皮棉纸的目的是什么？

一、浸渍纤维制品

电气设备中一般不直接使用天然或合成纤维制品，这是因为布、带等天然纤维制品的表面不够光洁，有细毛，微细孔多，易吸潮，耐热性差；合成纤维制品的表面往往吸附着水或带有润滑剂。因此，纤维制品在使用前一定要进行浸渍处理或脱脂加工，以减小其吸潮性，提高其耐热性和工作温度，增大其柔软性、弹性、介电性和力学强度。

浸渍纤维制品是以绝缘纤维制品为底材，浸以相应的绝缘漆、绝缘胶等绝缘浸渍材料制成的。浸渍纤维制品一般用棉布、棉纤维管、薄绸、玻璃纤维、玻璃布及玻璃纤维管以及玻璃纤维和合成纤维交织物等作为底材。浸渍用的绝缘漆主要有油性漆、醇酸漆、聚氨酯漆、环氧树脂漆、有机硅漆和聚酰亚胺漆等。由于绝缘浸渍材料填充了绝缘纤维材料的空隙和毛孔，并在纤维制品的表面形成一层光滑薄膜，所以浸渍纤维制品具有较好的力学性能、电气性能、耐潮性和柔软性，以及不同的耐热等级和防霉、防电晕、防辐射等特殊性能。常用的浸渍纤维制品有绝缘漆布（绸）、绝缘漆管和绑扎带三类。

1. 绝缘漆布

（1）绝缘漆布的品种、型号、特性及用途

绝缘漆布是以棉布、玻璃布、纺绸等不同的底材浸以相应的绝缘漆，经烘干制成的柔软绝缘材料。漆布按底材不同，可分为棉漆布、漆绸、玻璃漆布、漆布箔、玻璃坯布等。图 1–51 所示为醇酸玻璃漆布。醇酸玻璃

图 1–51　醇酸玻璃漆布

漆布是以无碱玻璃布为底材，并用醇酸三聚氰胺漆浸渍，经烘干加工而成的。

常用漆布的名称、型号、耐热等级、特性及用途见表1–22。

表1–22 常用漆布的名称、型号、耐热等级、特性及用途

名称	型号	耐热等级	特性及用途
油性漆布（黄漆布）	2010	105（A）	柔软性好，但不耐油，可用于一般电机、电器的衬垫或线圈绝缘
	2012		耐油性好，可用于有变压器油或汽油气侵蚀环境中工作的电机、电器的衬垫或线圈绝缘
油性漆绸（黄漆绸）	2210	105（A）	具有良好的电气性能和柔软性，可用于电机、电器的薄层衬垫或线圈绝缘
	2212		具有良好的电气性能和柔软性，耐油性好，可用于处于变压器油或汽油气侵蚀环境中工作的电机、电器的薄层衬垫或线圈绝缘
油性玻璃漆布（黄玻璃漆布）	2412	120（E）	耐热性比2010、2012好，也耐油，可用于一般电机、电器的衬垫或线圈绝缘，以及在油中工作的变压器、电器的线圈绝缘
沥青醇酸玻璃漆布	2430	130（B）	耐潮性好，但耐苯和变压器油性能差，可用于一般电机、电器的衬垫或线圈绝缘
醇酸玻璃漆布	2432	130（B）	耐油性较好，并有一定的防霉性能，可用于油浸变压器、油断路器等的线圈绝缘
环氧玻璃漆布	2433	130（B）	具有良好的耐湿热性、电气性能及力学性能，耐化学药品性好，可用于化工用电机、电器的槽绝缘、衬垫和线圈绝缘
有机硅玻璃漆布	2450	180（H）	具有较好的耐热性，良好的柔软性，耐霉性、耐油性和耐寒性好，可用于180（H）级特种电器的线圈绝缘
硅橡胶玻璃漆布	2550	180（H）	具有良好的柔软性、耐寒性和较好的耐热性，可用于特种用途的低压电器端部绝缘和导线绝缘
聚酰亚胺玻璃漆布	2560	200及以上（C）	耐热性很好，有良好的电气性能，耐溶剂和耐辐照性较好，但较脆，可用于工作温度在200℃以上的电机槽间绝缘、端部衬垫绝缘及电器的线圈和衬垫绝缘
有机硅防电晕玻璃漆布	2650	180（H）	具有稳定的低电阻率，耐热性好，可用于高压电机定子线圈防电晕材料

（2）使用漆布时的注意事项

1）对于用经线、纬线垂直编织的漆布，在使用时可平行于经线或与经线呈45°（±2°）角切成带子。平行剪切的延伸率较小，适用于包绕截面积相同、形状规则的线棒、绕组等。斜切的延伸率较大，包绕时应紧贴被包物，减少褶皱和气囊，但不要用力过大，以免损伤漆布的漆膜。

2）玻璃漆布一般按45°（±2°）角斜切，以增加其延伸率。使用时要严防180°折

叠和对已包绕绝缘件的撞击，以免造成机械损伤，影响其性能。

3）用漆布组成的绝缘结构一般要进行浸渍处理，使用时要注意漆布与浸渍漆的相容性。如浸渍漆选择不当，则在浸渍处理过程中会发生漆布表面漆膜膨胀或脱落的现象。常用有溶剂浸渍漆与漆布的相容性见附表 2。

2. 绝缘漆管

绝缘漆管又称为绝缘套管，是用棉纱编织套管、玻璃纤维套管等作为底材，浸以相应的绝缘漆经烘干制成。常用绝缘漆管的名称、型号、耐热等级、特性及用途见表 1–23。

表 1–23 常用绝缘漆管的名称、型号、耐热等级、特性及用途

名称	型号	耐热等级	特性及用途
油性漆管	2710	105（A）	具有良好的电气性能和弹性，但耐热性、耐潮性和耐霉性差，可用于电机、电器和仪表等设备的引出线和连接线绝缘
油性玻璃漆管	2714	120（E）	
聚氨酯涤纶漆管	—	120（E）	具有优良的弹性和一定的电气性能与力学性能，适用于电机、电器和仪表等设备的引出线和连接线绝缘
醇酸玻璃漆管	2730	130（B）	具有良好的电气性能和力学性能，耐油性和耐热性好，但弹性稍差，可代替油性漆管用于电机、电器和仪表等设备的引出线和连接线绝缘
聚氯乙烯玻璃漆管	2731	130（B）	具有优良的弹性和一定的电气性能、力学性能及耐化学性，适用于电机、电器和仪表等设备的引出线和连接线绝缘
有机硅玻璃漆管	2750	180（H）	具有较好的耐热性、耐潮性和良好的电气性能，适用于 180（H）级电机、电器等设备的引出线和连接线绝缘
硅橡胶玻璃丝管	2751	180（H）	具有优良的弹性、耐热性和耐寒性，电气性能和力学性能良好，适用于在 –60~180℃工作的电机、电器和仪表等设备的引出线和连接线绝缘

图 1–52 所示为无碱玻璃纤维套管。它具有较好的电气绝缘性、耐热性、耐腐蚀性、抗老化性和散热性等特性，以及优良的柔软性（在 –50℃低温也能保持其柔软性）和弹性，耐曲折。

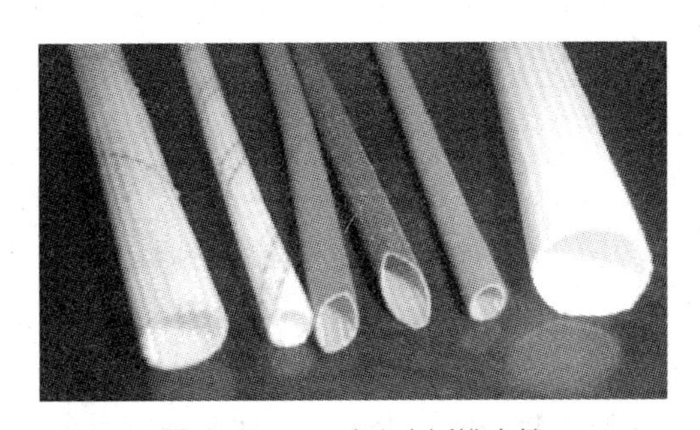

图 1–52 无碱玻璃纤维套管

3．绑扎带

绑扎带又称为无纬带、上胶带，是用硅烷处理的长玻璃纤维经整纱并浸以热固性树脂制成的半固化带状材料。绑扎带按所用树脂种类分为聚酯型、环氧型、聚芳烷基酚醚型和聚氨酰亚胺型等种类。绑扎带主要用于绑扎变压器铁芯和代替无磁性合金钢丝、钢带等金属材料绑扎电机转子。图 1–53 所示为绑扎带及其应用。

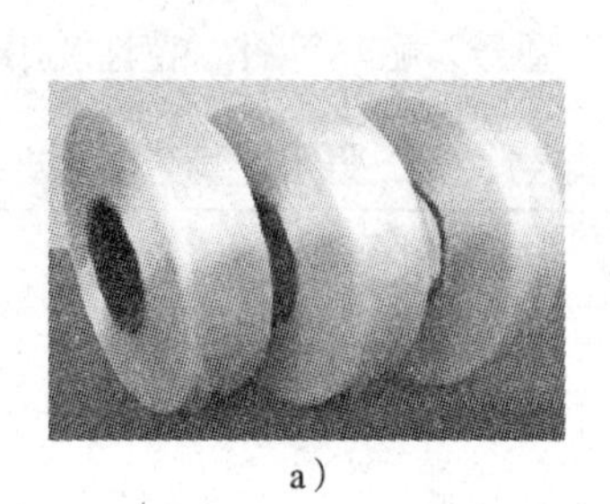

a）

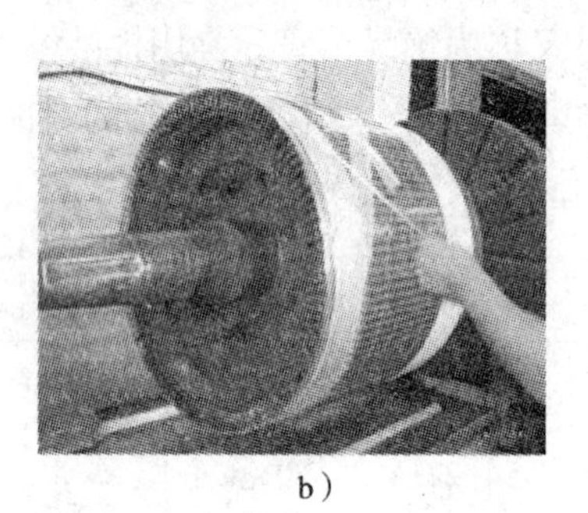

b）

图 1–53　绑扎带及其应用

a）绑扎带　b）用绑扎带缠绕电机转子

二、电工层压制品

电工层压制品是用纸、布等纤维制品作为底材，浸（或涂）以不同的胶黏剂，经热压（或卷制）而成的层状结构的绝缘材料，一般都具有优良的电气性能、力学性能和耐热、耐油、耐霉、耐电弧、防电晕等特性，广泛应用于各用电机、高低压电器、电子设备中，起绝缘、固定和支撑作用。

1．底材和胶黏剂

电工层压制品的性能取决于底材种类和胶黏剂的性质及成型工艺。常用电工层压制品底材的名称、特点及用途见表 1–24。常用胶黏剂有酚醛树脂、环氧酚醛树脂、三聚氰胺树脂、聚二苯醚树脂、有机硅树脂和聚酰亚胺树脂等。我国生产的层压制品主要以环氧树脂和酚醛树脂为黏合剂，以纸或无碱玻璃布为底材。

表 1–24　常用电工层压制品底材的名称、特点及用途

名称	特点及用途
木质纤维纸	浸渍性好，适用于压制层压纸板、棒及卷制层压纸管（筒）和电容套管芯等
棉纤维纸	力学性能好，富有延伸性，适用于压制冷冲剪纸板
棉布	黏合强度高，耐磨和易于机械加工，但耐热性、电气性能和力学性能不如无碱玻璃布层压制品，电气性能和高频性能不如纤维纸层压制品，在电工产品中使用较少
无碱玻璃布	具有耐高温，电气性能、力学性能和化学稳定性好等特点。虽然浸渍性差，与胶黏剂的黏结力小，但经过表面处理，可提高制品的黏结强度与抗剪性能，常用作耐热等级为 130（B）、155（F）、180（H）的层压制品的底材

电工用层压制品因其对耐热等级、力学性能和电气性能、耐电弧性能等的要求不同，所选用的胶黏剂和胶含量也不相同。例如，用环氧酚醛树脂制成的玻璃布层压制品具有优良的电气性能和力学性能，热变形温度较高；用有机硅树脂和聚二苯醚树脂制成的玻璃布层压制品具有很高的热态力学性能、电气性能和热变形温度。

2. 常用的电工层压制品

常用的电工层压制品有层压板、覆铜箔层压板、层压管（筒）、层压棒、胶纸电容式套管芯等。

（1）层压板

层压板按底材分为层压纸板、层压布板和层压玻璃布板三大类；按黏合剂分为酚醛、环氧、不饱和聚酯、三聚氰胺、改性二苯醚、有机硅和聚酰亚胺等层压板。层压板主要用于制作各种绝缘件和结构件。

1）层压纸板由绝缘纸浸以合成树脂胶经热压而成，如酚醛层压纸板是以木浆或棉浆纤维纸为底材，以酚醛树脂为黏合剂制成的。电工用层压纸板具有良好的介电性能、力学性能及机械加工性能，常用作电工设备中各种绝缘结构的零部件。常用层压纸板的名称、型号、耐热等级、特性及用途见表 1–25。

表 1–25 常用层压纸板的名称、型号、耐热等级、特性及用途

名称	型号	耐热等级	特性及用途
酚醛层压纸板	3020	120（E）	电气性能好、耐油性好，适用于电工设备的绝缘结构件，可在变压器油中使用
	3022	120（E）	具有较好的耐潮性，适用于潮湿条件下工作的电工设备的绝缘结构件
	PFCP3	120（E）	电气性能和力学性能较好，正常温度下介电强度高，适用于对力学性能要求较高的电机、电器的绝缘结构件，可在变压器油中使用
	PFCP4	120（E）	高湿环境下介电性能稳定，适用于电子、电器设备中的绝缘结构件
环氧酚醛层压纸板	9309	120（E）	介损因数小，介电强度高于同类纸质层压板，耐油性好，适用于电机、电器的绝缘结构件，可在变压器油中使用

酚醛层压纸板也称为胶木板或电木板，具有绝缘、不产生静电、耐磨及耐高温等特性，且价格便宜，容易进行机械加工，常用作较低耐热等级和电压等级不高的电工电子产品的绝缘结构件。图 1–54 所示为用酚醛层压纸板制作的绝缘结构件。三聚氰胺层压纸板的耐电弧性优异；环氧酚醛层压纸板具有较好的力学性能，在潮湿环境下介电性能较稳定。

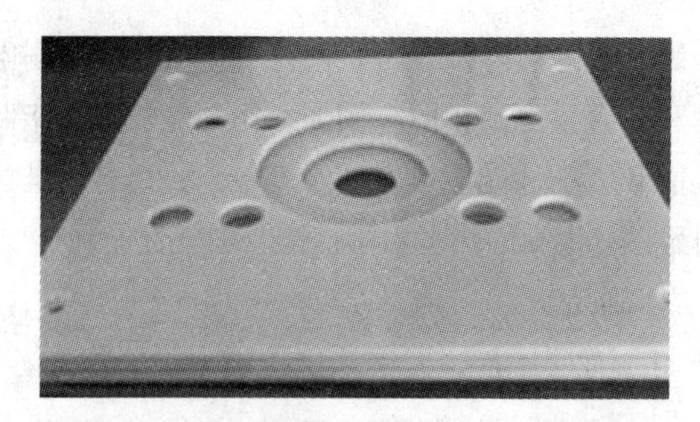

图 1-54　用酚醛层压纸板制作的绝缘结构件

2）层压布板由棉布浸以合成树脂胶经热压而成。电工用层压布板主要有酚醛层压布板，它以粗棉布或细棉布为底材。酚醛层压布板的黏结强度和冲击强度比酚醛层压纸板高，机械加工性能比层压纸板和层压玻璃布板好，耐磨损，耐化学试剂，密度小，在电气工程中主要用于制作电气设备的绝缘结构件。常用酚醛层压布板的型号、耐热等级、特性及用途见表 1-26。

表 1-26　常用酚醛层压布板的型号、耐热等级、特性及用途

型号	耐热等级	特性及用途
3025	120（E）	力学性能好，适用于电工设备中的绝缘结构件，可在变压器油中使用
3027	120（E）	电气性能好，适用于电动机等电气设备中的绝缘结构件，可在变压器油中使用
PFCC2	120（E）	电气性能好，适用于电气、机械设备
PFCC1	120（E）	力学性能和电气性能好，适用于电气、机械设备
尼龙布板	120（E）	冲击强度高，高湿环境下绝缘性好，适用于电子和高频设备

3）层压玻璃布板以无碱玻璃纤维布为底材，黏合剂有酚醛、环氧酚醛、环氧、三聚氰胺、不饱和聚酯、有机硅和聚酰亚胺等。常用层压玻璃布板的名称、型号、耐热等级、特性及用途见表 1-27。

表 1-27　常用层压玻璃布板的名称、型号、耐热等级、特性及用途

名称	型号	耐热等级	特性及用途
酚醛层压玻璃布板	3230	130（B）	力学性能、耐水性和耐热性好，但黏合强度低，适用于电工设备中的绝缘结构件，可在变压器油中使用
环氧酚醛层压玻璃布板	3240	155（F）	力学强度高，耐热性和耐水性较好，浸水后的电气性能稳定，适用于电机、电器的绝缘结构件
有机硅环氧层压玻璃布板	3250	180（H）	力学强度高，电气性能和耐热性能优良，适用于 180（H）级电机、电器的绝缘结构件

续表

名称	型号	耐热等级	特性及用途
改性二苯醚层压玻璃布板	9331	180（H）	具有较好的防电晕性、耐热性和力学性能，适用于180（H）级电机、电器的绝缘结构件
聚氨酯酰亚胺玻璃布板	—	180（H）	具有优良的力学性能和电气性能，耐热、耐辐照，适用于180（H）级电机、电器的绝缘结构件
聚酰亚胺层压玻璃布板	—	180（H）	具有优良的耐热性能，耐辐照，适用于180（H）级电机、电器的绝缘结构件

在电气工程中，环氧酚醛层压玻璃布板和高强度环氧层压玻璃布板的应用最广，其力学性能和电气性能优异，常用作高压电器和高压电机的绝缘结构件。改性二苯醚、有机硅和聚氨酯酰亚胺等耐高温层压玻璃布板适用于高耐热等级的场合。三聚氰胺层压玻璃布板是层压板中最硬的，其力学强度高、燃烧速率低、耐电弧性好，特别适合用于船舶电器。不饱和聚酯层压玻璃布板的耐漏电起痕性和耐电弧性好，成本低，适用于制作开关、变压器、旋转电动机、空调器和电视机等的绝缘结构件。

（2）覆铜箔层压板

覆铜箔层压板简称为层压板，是一种单面或双面覆有铜箔的层压板，常用的主要有刚性覆铜箔层压板、挠性覆铜箔层压板和多层印制电路板等。

1）刚性覆铜箔层压板主要有酚醛纸覆铜箔层压板、环氧纸覆铜箔层压板和环氧玻璃布覆铜箔层压板等。常用刚性覆铜箔层压板的名称、型号、耐热等级、特性及用途见表1–28。

表1–28 常用刚性覆铜箔层压板的名称、型号、耐热等级、特性及用途

名称	型号	耐热等级	特性及用途
酚醛纸覆铜箔层压板	3420（双面）、3421（单面）	120（E）	具有高抗剥强度，较好的力学性能、电气性能和机械加工性能，适用于无线电、电子设备和其他设备中的印制电路板
环氧酚醛玻璃布覆铜箔层压板	3440（双面）、3441（单面）	155（F）	具有较高的抗剥强度，较好的力学性能、电气性能和耐水性能，适用于工作温度较高的无线电、电子设备和其他设备中的印制电路板

刚性覆铜箔层压板具有良好的力学性能、介电性能和较高的抗剥强度，主要用作无线电、电子设备和其他设备中的印制电路板。图1–55所示为用覆铜箔层压板加工而成的印制电路板。

2）挠性覆铜箔层压板用挠性基材单面或双面覆以铜箔制成，具有轻、薄和可挠

性等特点。我国挠性覆铜箔层压板的主要品种有挠性聚酰亚胺覆铜箔层压板、挠性聚酯薄膜覆铜箔层压板等。其中，挠性聚酰亚胺覆铜箔层压板主要用于高级电子产品和要求高耐焊接温度的场合；挠性聚酯薄膜覆铜箔层压板的价格较便宜，主要用于汽车、电话和台式计算机等产品的内部布线，但其软化温度较低（230~240℃），不耐焊。

3）多层印制电路板由电路芯板和固化片多层迭合、热压而成，是一种高密度电路板，如 40 层印制电路板的厚度仅 1 cm。常用的多层印制电路板是 4~8 层环氧多层印制电路板，若要求更高性能的，可选用聚酰亚胺多层印制电路板。

（3）层压管（筒）

层压管（筒）按底材不同分为纸、布和玻璃布三类。层压管可以加工成各种螺纹形式的绝缘结构件，如图 1–56 所示。常用层压管的名称、型号、耐热等级、特性及用途见表 1–29。

图 1–55　用覆铜箔层压板加工而成的印制电路板

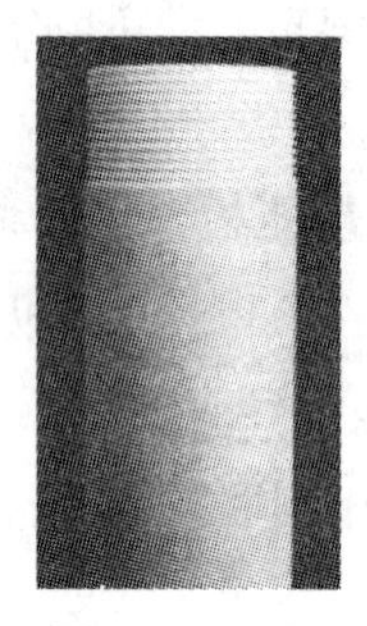

图 1–56　用层压管加工而成的绝缘结构件

表 1–29　常用层压管的名称、型号、耐热等级、特性及用途

名称	型号	耐热等级	特性及用途
酚醛层压纸管	3520	120（E）	电气性能好，适用于电机、电器的绝缘结构件，可在变压器油中使用
	3523	120（E）	具有良好的机械加工性能，适用于电机、电器的绝缘结构件，可在变压器油中使用
酚醛层压布管	3526	120（E）	具有较高的强度和一定的电气性能，适用于电机、电器的绝缘结构件，可在变压器油中使用
环氧酚醛层压玻璃布管	3640	155（F）	具有较好的电气性能和力学性能，耐潮性和耐热性较好，适用于电机、电器的绝缘结构件，可在潮湿环境或变压器油中使用
	3641	130（B）	电气性能和力学性能好，吸水性小，适用于电气设备的绝缘结构件
有机硅层压玻璃布管	3650	180（H）	具有良好的耐热性和耐潮性，适用于 180（H）级电机、电器的绝缘结构件

（4）层压棒

图 1–57 酚醛层压布棒

层压棒按底材不同分为纸、布和玻璃布三类。图 1–57 所示为酚醛层压布棒。常用层压棒的名称、型号、耐热等级、特性及用途见表 1–30。

（5）胶纸电容式套管芯

胶纸电容式套管是由单面涂胶绝缘卷绕纸每隔一定卷绕厚度夹入一层铝箔电极，经加热、加压卷制和加工浸渍处理制成的，具有力学强度高、耐电晕性比油纸套管好等特点，主要用于 35 kV 及以上电气设备的高压套管，如 9711、9712、9716、9717 和 9718 用于 35 kV 高压油断路器的接线套管；9713、9714 用于 35 kV 六氟化硫断路器；9719（DW8–35）、9720（DW6–35）、9722–1（DW12–35）用于户外高压多油开关高压引线与箱体间的绝缘。

表 1–30 常用层压棒的名称、型号、耐热等级、特性及用途

名称	型号	耐热等级	特性及用途
酚醛层压纸棒	3720	120（E）	具有一定的电气性能和力学性能，适用于电机、电器及其他电工设备的绝缘结构件，可在变压器油中使用
酚醛层压布棒	3721	120（E）	具有较好的电气性能和力学性能，适用于电机、电器及其他电工设备的绝缘结构件，可在变压器油中使用
环氧酚醛层压玻璃布棒	3840	155（F）	具有良好的电气性能和力学性能，适用于电机、电器及其他电工设备的绝缘结构件，可在湿热地区或变压器油中使用
环氧层压玻璃布棒	3841	155（F）	具有良好的电气性能和力学性能，适用于电气设备的绝缘结构件，可在变压器油中使用

§1—8 电工用塑料和橡胶

学习目标

1. 熟悉常用电工用塑料的特性及用途，并能正确选用。
2. 熟悉常用电工用橡胶的特性及用途，并能正确选用。

想一想

在电气产品和电气工程中，时常用到塑料外壳、塑料骨架、塑料套管等绝缘部件，图 1–58 所示为电工用 PVC 塑料套管。塑料有哪些特性？

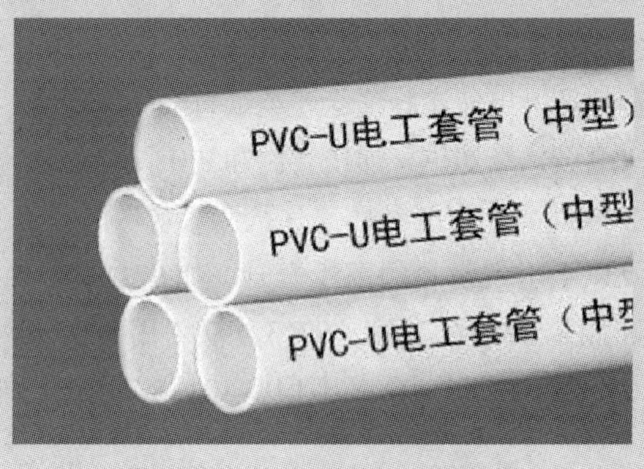

图 1–58　电工用 PVC 塑料套管

一、电工用塑料

电工用塑料是指由合成树脂、填料和各种添加剂（配合剂）等配制而成的粉状、粒状或纤维状高分子材料，具有质量轻、电气性能优良、有足够的硬度和强度、易于用模具加工成型等特点，广泛用于制造电气设备中的各种绝缘零部件或结构零部件，以及作为电线电缆的绝缘和护套材料。

合成树脂是塑料的主要成分，它决定了塑料制品的基本特性。

电工用塑料按照树脂的类型分为电工用热固性塑料和电工用热塑性塑料两大类。

1. 电工用热固性塑料

热固性塑料是由热固性树脂、填料及其他添加剂配制而成的。常用的填料主要有木粉、石粉、石棉纤维、玻璃纤维等，添加剂主要有固化剂、促进剂、润滑剂、颜料或染料等。热固性塑料在热压成型后变为不溶、不熔的固化物，是一种不可反复塑制的塑料，具有耐热性较好、受压不易变形等特点。电工用热固性塑料主要有酚醛塑料、氨基塑料、聚酯塑料、聚酰亚胺塑料和有机硅石棉塑料等，其中酚醛塑料应用较多。

（1）酚醛塑料

酚醛塑料俗称电木，以酚醛树脂或改性酚醛树脂为基材，由木粉、固化剂、颜料等组成，是一种硬而脆的热固性塑料。图 1–59 所示为用酚醛塑料制作的灯头外壳。

图 1–59　用酚醛塑料制作的灯头外壳

酚醛塑料具有质地坚硬、强度高、坚韧耐磨、表面光滑、尺寸稳定、耐腐蚀、电绝缘性能优异等特性，分为通用型、耐热型、电气型、无氨型、玻璃纤维增强型等品种。其中，通用型适用于制造低压电器、仪器和仪表等的绝缘结构件；耐热型适用于制造热继电器等耐热、耐水的低压电器的绝缘结构件；电气型适用于制造电信、无线电等高频下的绝缘结构件；无氨型适用于制造密闭型电器和仪表的绝缘结构件；玻璃纤维增强型适用于制造湿热地区使用的高强度电机、电器的绝缘结构件。常用酚醛塑料的名称、型号、耐热等级、特性及用途见表 1–31。

表 1–31 常用酚醛塑料的名称、型号、耐热等级、特性及用途

名称	型号	耐热等级	特性及用途
酚醛塑料	4010	105（A）	具有一定的电气性能和力学性能，但吸湿性较大，耐霉性差，适用于一般低压电动机、电器、仪器和仪表的绝缘结构件
	4013	105（A）	表面光泽性好，吸湿性小，耐霉性好，适用于湿热地区使用的低压电动机、电器、仪器和仪表的绝缘结构件
二甲苯改性酚醛塑料	—	105（A）	具有良好的耐潮性和耐霉性，适用于湿热地区使用的低压电动机、电器、仪器和仪表的绝缘结构件
丁腈橡胶改性酚醛塑料	4511	105（A）	抗冲击性好，耐潮性和耐霉性好，适用于耐振或湿热地区使用的低压电动机、电器、仪器和仪表的绝缘结构件
聚酰胺改性酚醛塑料	35–1	130（B）	具有较好的电气性能和尺寸稳定性，耐潮性和耐霉性好，适用于高压、高频和湿热地区使用的电动机、电器、仪器和仪表的绝缘结构件
酚醛玻璃纤维塑料	4330	130（B）	具有优良的电气性能和力学性能，热变形温度较高，耐潮性和耐霉性好，适用于湿热地区使用的电动机、电器的绝缘结构件
无氨酚醛塑料	17–1	105（A）	长期使用中无氨产生，适用于要求无氨产生的电器和仪表等的绝缘结构件
高频酚醛塑料	14–5	130（B）	具有优良的电气性能，强度高，收缩性小，耐潮性和耐霉性好，适用于高频电器、仪表和电信设备的绝缘结构件

（2）氨基塑料

电工用氨基塑料由三聚氰胺树脂或尿素树脂与纤维材料或其他填料加工制成，分为脲醛塑料和三聚氰胺塑料两大类。

1）脲醛塑料。脲醛塑料又称为氨基膜塑料、电玉粉，具有较好的力学性能和电气性能，但其吸湿性大，耐热性差，主要适用于制造低压电器、插头和插座、仪器

和仪表、照明器材等的绝缘结构件。图 1–60 所示为用脲醛塑料制作的插头和插座外壳。

2）三聚氰胺塑料。三聚氰胺塑料俗称密胺，在日常生活中应用较多，图 1–61 所示为密胺餐具。

图 1–60　用脲醛塑料制作的插头和插座外壳

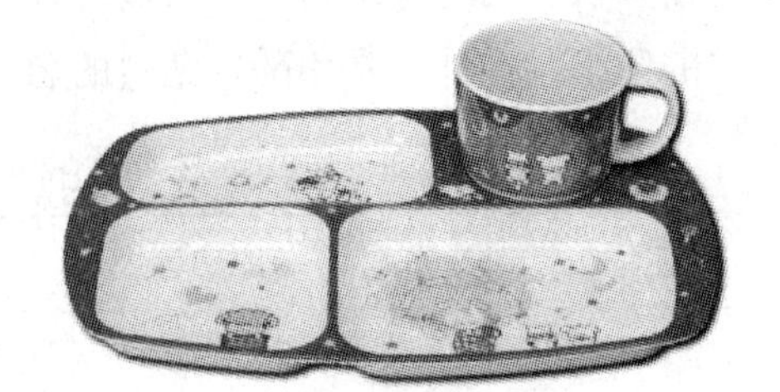

图 1–61　密胺餐具

以石棉、玻璃纤维为主要填料的三聚氰胺塑料具有优良的耐电弧性和耐漏电起痕性，无毒、无味，耐腐蚀，结构紧密，有较高的硬度和很强的耐用性，适用于制造防爆电机、电器、电动工具及高低压电器的绝缘结构件、耐电弧部件等。常用氨基塑料的名称、型号、耐热等级、特性及用途见表 1–32。

表 1–32　常用氨基塑料的名称、型号、耐热等级、特性及用途

名称		型号	耐热等级	特性及用途
脲醛塑料		212	105（A）	具有较好的力学性能和电气性能，色泽鲜艳，但吸湿性大，耐热性差，适用于照明器材、电话机、电工仪表等的零部件
三聚氰胺塑料	三聚氰胺甲醛玻璃纤维塑料	34	130（B）	具有较好的力学性能和较高的热变形温度，表面光泽和耐电弧性好，适用于防爆电动机、电器、电动工具的绝缘结构件及高压开关的耐电弧部件，可在湿热地区使用
	三聚氰胺甲醛石棉塑料	4220	130（B）	具有优良的耐电弧性，热变形温度高，但力学性能较差，适用于电气开关的灭弧罩和其他的耐电弧部件

（3）聚酯塑料

聚酯塑料在日常生活中应用较多，图 1–62 所示为聚酯塑料瓶。

图 1–62　聚酯塑料瓶

电工用聚酯塑料是由聚酯树脂与玻璃纤维或石棉制成的料团状塑料，具有优良的电气性能和耐霉性，以及成型工艺性好、尺寸稳定性好、耐热性好等特点，适用于湿热地区电机、电器、电信设备的绝缘结构件。常用聚酯塑料的名称、型号、耐热等级、特性及用途见表 1–33。

表 1–33 常用聚酯塑料的名称、型号、耐热等级、特性及用途

名称	型号	耐热等级	特性及用途
聚酯料团	L–200	130（B）	具有优良的电气性能和力学性能，热变形温度较高，耐霉性好，成型工艺性好，适用于湿热地区电动机、电器的绝缘结构件
邻苯二甲酸二丙烯酯塑料	D–200	130（B）	具有优良的电气性能，耐潮性、耐霉性和耐化学药品性好，尺寸稳定，成型工艺性好，适用于湿热地区电动机、电器和电信设备等的绝缘结构件

（4）聚酰亚胺塑料和有机硅石棉塑料

聚酰亚胺塑料由聚酰亚胺树脂与玻璃纤维制成，有机硅石棉塑料由有机硅树脂与石墨、硬化剂等材料制成，它们都属于耐高温塑料，其名称、型号、耐热等级、特性及用途见表 1–34。图 1–63 所示为用聚酰亚胺塑料制造的绝缘结构件。

表 1–34 常用耐高温塑料的名称、型号、耐热等级、特性及用途

名称	型号	耐热等级	特性及用途
聚酰亚胺塑料	—	180（H）	具有较好的耐热性、良好的电气性能和力学性能，耐辐射性、耐腐蚀性和耐磨损性优良，但成型温度高，时间长，适用于耐高温、高强度的电动机、电器的绝缘结构件
有机硅石棉塑料	4250	180（H）	具有较好的耐热性和耐电弧性，但力学性能差，成型时间长，适用于耐高温和防爆电动机、电器的绝缘结构件

2. 电工用热塑性塑料

热塑性塑料是由热塑性树脂、填料及添加剂经混溶加工而成的，在热压或热挤出成型后，其树脂分子结构不变，物理性能、化学性能不发生明显变化，仍具有可溶和可熔性，可以多次反复成型。热塑性塑料具有随温度升高而变软、随温度降低而变硬的特点。电工用热塑性塑料主要有电工用热塑性硬塑料和电工用热塑性软塑料。

图 1–63 用聚酰亚胺塑料制造的绝缘结构件

（1）电工用热塑性硬塑料

电工用热塑性硬塑料具有刚度高、力学性能优异、制品尺寸稳定性好等特点，适合制造各种电气和机械零部件。常用电工用热塑性硬塑料的名称、特性及用途见表 1–35。

表 1-35　常用电工用热塑性硬塑料的名称、特性及用途

名称	特性	用途
聚苯乙烯塑料	无色透明体。电气性、透光性和着色性能优良，耐矿物油，耐有机酸、碱、盐及低级醇等。质脆，易燃，在某些烃类、酮类中会软化或溶解，制品易产生应力开裂。用丁苯橡胶、聚甲基丙烯酸甲酯或丙烯腈改性，可提高其抗冲击强度	用于制作各种仪表外壳、罩盖、绝缘垫圈、线圈骨架、绝缘套管、引线管、指示灯罩、电池盒及开关等
丙烯腈-丁二烯-苯乙烯塑料	象牙色不透明体。有较高的表面硬度，易于成型和进行机械加工，可在表面镀金属。耐热和耐寒性较差，接触冰醋酸、醇类等化学药品或某些植物油时易产生应力开裂。调整其成分配比，可制成高抗冲击型、中抗冲击型和耐热型塑料。改变单体或加入其他单体和添加剂、填料等，可制成耐寒、耐燃、耐气候等不同特性的塑料	用于制作各种仪表外壳、支架、小型电动机外壳、接线板、电动工具外壳等
聚甲基丙烯酸甲酯（PMMA）塑料	俗称有机玻璃，为无色透明体。透光性优异，可透过92%以上的阳光和73.5%的紫外线。耐气候性好，电气性能优良，易于成型和进行机械加工。质脆，耐磨性、耐热性差，可溶于丙酮、氯仿等有机溶剂	用于制作仪表的一般结构件、绝缘零件、读数透镜及电器外壳、罩盖、接线柱等
聚酰胺1010塑料	白色半透明体。在常温下具有较高的强度、冲击韧度，良好的耐磨性、自润滑性和较好的电气性能。有一定的阻燃性，对多数化学药品稳定，有较好的耐油、耐有机溶剂性。吸水性较小，尺寸较稳定，耐寒性好。热变形温度较低，刚度低，抗蠕变性较差（在应力影响下固体材料缓慢、永久性的移动或者变形称为蠕变）	用于制作方轴绝缘套、插座、线圈骨架、接线板等。玻璃纤维增强型可制作电刷架。电缆工业中常用作航空电线电缆护层
聚碳酸酯塑料	无色或微黄色透明体。具有优良的电气性能、力学性能，抗冲击和抗蠕变性能优异，抗弯强度较高，耐热性和耐寒性较好，吸水性小，尺寸稳定，能耐油。部分溶于芳香烃、酮和酯，耐磨性较差，易产生应力开裂	用于制作电器、仪表中的接线板、支架、线圈骨架和端子板等
聚砜（PSF）塑料	琥珀色透明体。有突出的抗冲击强度，抗弯强度较高，耐热性和耐寒性较好，电气性能优良，可在150℃的高温下长期使用。成型温度高，耐溶剂性差，易被酮类、卤代烃等极性溶剂腐蚀	用于制作电刷架、集电环绝缘、电动机槽楔、高压开关座、接线板、接线柱、线圈骨架等
聚甲醛（POM）塑料	呈乳白色。耐电弧性好，在较宽的温度范围（-40~100℃）内其力学性能和外形尺寸几乎不变，抗疲劳强度和抗蠕变性好，在常温下几乎不溶于任何有机溶剂。但其耐气候性差，受热易分解，成型收缩率较大	用于制作绝缘垫圈骨架、电器壳体、配电盘等
聚苯醚（PPO）塑料	呈淡黄色或白色。电气性能优良，强度高，抗蠕变性好。使用温度范围宽，可在-127~121℃温度范围内长期使用。耐浓酸、碱、盐的水溶液，具有优异的耐水性。有应力开裂现象，抗疲劳强度偏低，加工成型较困难	用于制作电子装置零件、高频印制电路板及机械传动件等

（2）电工用热塑性软塑料

电工用热塑性软塑料可用作各种电线电缆的绝缘层和外护套，主要包括聚乙烯、聚氯乙烯、聚丙烯、氟塑料、氯化聚醚和聚酰胺等。其中，聚乙烯和聚氯乙烯应用最广泛。常用电线电缆热塑性塑料见表 1-36。

表 1-36 常用电线电缆热塑性塑料

类别	牌号	名称	用途
聚乙烯塑料	4205	低密度可交联聚乙烯塑料	适用于制造 35 kV 及以下电力电缆的绝缘层
	4206-1	辐照交联架空电缆用黑色聚乙烯塑料	适用于制造 10 kV 及以下架空电缆的绝缘层
	低密度 PE 架空绝缘塑料	耐气候性黑色低密度聚乙烯架空绝缘塑料	适用于制造 1 kV 及以下城网架空电缆的绝缘层或其他类似场合
	高密度 PE 架空绝缘塑料	耐气候性黑色高密度聚乙烯架空绝缘塑料	适用于制造 10 kV 及以下城网电力电缆的绝缘层
	PE-HG	黑色高密度聚乙烯绝缘塑料	适用于制造海底电缆、光纤电缆、电力通信电缆、矿缆和户外架线的外护套
	PE-HN	黑色耐环境低密度聚乙烯护套塑料	适用于制造通信电缆、控制电缆、信号电缆的护层
聚氯乙烯塑料	H-70	70℃护层级聚氯乙烯塑料	适用于制造 450/750 V 及以下电线电缆的护层
	HR-70	70℃柔软护层级软聚氯乙烯塑料	适用于制造 450/750 V 及以下柔软电线电缆的护层
	J-105	105℃绝缘级软聚氯乙烯塑料	适用于制造 450/750 V 及以下耐热电线电缆的绝缘层
	$5320F_1$	阻燃绝缘型软聚氯乙烯塑料	适用于制造 500 V 及以下室内布线、家用电器及仪表安装线、插头线等的绝缘层
聚丙烯塑料	—	聚丙烯电缆绝缘塑料	适用于制造油矿测井电缆及其他特种要求电线电缆的绝缘
氟塑料	F-46	聚全氟乙丙烯树脂塑料（氟塑料 -46）	适用于制造高温、高频下使用的电子设备传输线、计算机内部连接线、航空及特种用途安装电线、油泵电缆和潜油电机绕组线的绝缘层
	F-40	乙烯 - 四氟乙烯共聚物（氟塑料 -40）	适用于制造宇航工业及其他特殊环境中使用的电线电缆的绝缘层
	PEA	四氟乙烯 - 全氟烷基乙烯基醚共聚物	适用于制造外径大、长度长的架空高温电线、同轴电缆、石油勘探电缆的绝缘层
尼龙 1010 塑料	—	—	适用于制造电线电缆的护套
交联聚乙烯塑料	YPJ-10	交联型半导电屏蔽料	适用于 10 kV 电缆线芯和绝缘屏蔽
	YPB-35	可剥离型半导电屏蔽料	适用于 35 kV 电缆线芯屏蔽
	YPS-35	热塑型半导电屏蔽料	适用于 35 kV 电缆线芯屏蔽

1）聚乙烯塑料。聚乙烯是乙烯经聚合制得的一种热塑性树脂，具有优异的电气性能、耐寒性能、耐化学性能和耐潮性能，在室温下耐溶剂性较好，但软化温度较低，其长期工作温度应不高于70℃。它主要用作通信电缆、电力电缆的绝缘和保护层材料。聚乙烯用于电力电缆，其电压等级可达225 kV。图1–64所示为聚乙烯绝缘聚乙烯护套市内通信电缆。

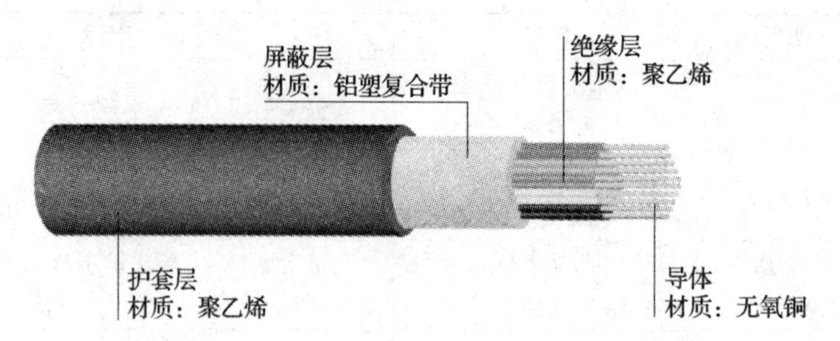

图1–64　聚乙烯绝缘聚乙烯护套市内通信电缆

通过改性，聚乙烯可制成泡沫聚乙烯和交联聚乙烯（XLPE）等材料。泡沫聚乙烯可用作通信电缆绝缘，图1–65所示为物理发泡聚乙烯绝缘同轴电缆。交联聚乙烯可用作电力电缆绝缘，图1–66所示为交联聚乙烯绝缘电力电缆。由于交联聚乙烯的工作温度比聚乙烯高，并有良好的耐辐射特性和抗过载电流能力，其用量日益增加。

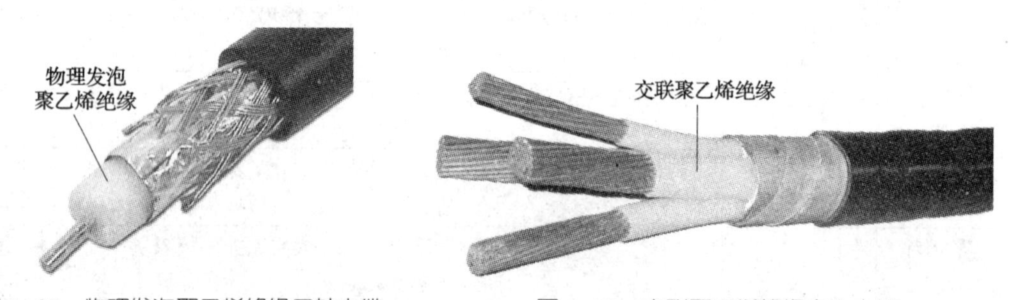

图1–65　物理发泡聚乙烯绝缘同轴电缆

图1–66　交联聚乙烯绝缘电力电缆

2）聚氯乙烯塑料。聚氯乙烯是由氯乙烯聚合而成的热塑性树脂，具有优越的力学性能和良好的电气性能，对酸、碱和有机化学药品较稳定，且具有耐潮、耐电晕、不延燃、成本低、加工方便等优点。其使用时温度不能超过60℃，在低温下会变硬。聚氯乙烯塑料分为软质聚氯乙烯塑料和硬质聚氯乙烯塑料。

①软质聚氯乙烯塑料。软质聚氯乙烯塑料既能用作电线电缆的绝缘和护套，又能用作电缆金属护套的外护层，可防止金属被腐蚀。图1–67所示为铜芯聚氯乙烯绝缘聚氯乙烯护套电话线。聚氯乙烯用作绝缘时，其电压等级为10 kV。交联聚氯乙烯可以用作计算机连接线的绝缘等。

②硬质聚氯乙烯塑料。硬质聚氯乙烯塑料一般制成管材和板材。

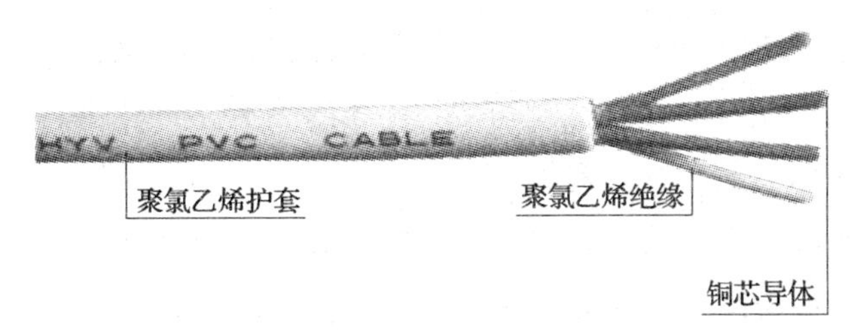

图 1–67 铜芯聚氯乙烯绝缘聚氯乙烯护套电话线

3）聚丙烯塑料。聚丙烯又称为丙纶，是由丙烯聚合而得到的一种热塑性树脂。它无毒、无味，密度小，强度、刚度、硬度、耐热性均优于低密度聚乙烯，可在 100℃左右使用，具有良好的电气性能和高频绝缘性，且不受湿度影响，但低温时变脆，不耐磨，易老化，常见的酸、碱等有机溶剂对它几乎不起作用。聚丙烯适用于制作一般机械零件、耐腐蚀零件和绝缘零件，是电线电缆的优良绝缘材料。图 1–68 所示为铜芯聚丙烯绝缘聚氯乙烯护套电话线。

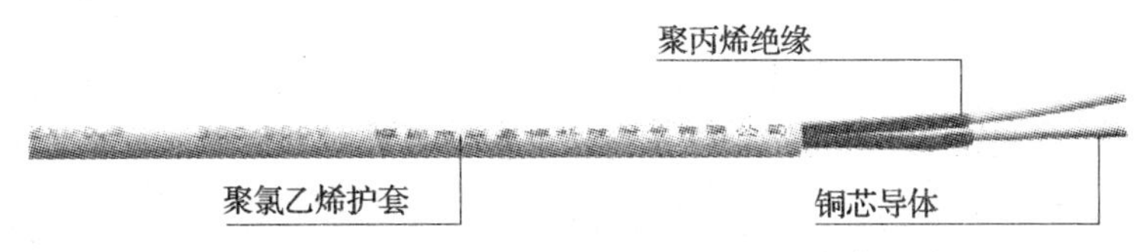

图 1–68 铜芯聚丙烯绝缘聚氯乙烯护套电话线

在高温下，聚丙烯可直接与溶剂、极性物质或强氧化性气体接触，具有较好的抗环境应力开裂性能，其绝缘层的厚度可以较薄。由于聚丙烯柔韧、耐磨性能好，可用作电缆的护层。纯净的聚丙烯可用作高频电缆绝缘。此外，经改性后制成的泡沫聚丙烯可用于制作电信电缆绝缘。

4）氟塑料。氟塑料是部分或全部氢被氟取代的链烷烃聚合物，具有良好的耐热性、耐磨性、耐化学性、耐辐射性等特点，可用于制作耐辐射、耐高温的电缆绝缘。

氟塑料的品种较多，其中，聚四氟乙烯（PTFE，俗称 F4）的产量和用量最大，具有优良的耐腐蚀和耐热性能，几乎适用于所有腐蚀性介质，有优良的电气性能、抗黏性和低摩擦因数，但加工困难。聚全氟乙丙烯（FEP，俗称 F46）是一种高性能的材料，为四氟乙烯和六氟丙烯的共聚物，耐腐蚀性极好，与 F4 大致相同，几乎适用于所有腐蚀性介质。聚全氟乙丙烯的抗冲击性、抗蠕变性、介电性能均优良，易于加工成型。图 1–69 所示为氟塑料绝缘硅橡胶护套耐高温电缆，聚全氟乙丙烯常用于制作绝缘和护套。

图 1–69 氟塑料绝缘硅橡胶护套耐高温电缆

5）氯化聚醚（CPT）塑料。氯化聚醚塑料是以氯化聚醚树脂为基料制得的加工性很好的热塑性塑料，是一种综合性能均衡且优秀的热塑性防腐蚀工程塑料，具有抗拉强度高、吸水性极低、透气性小等特点；同时，还具有良好的阻燃性、耐磨性和电气性能，其耐油和耐溶剂性仅次于氟塑料，对酸和碱极为稳定，长期工作温度为120℃。氯化聚醚塑料的抗冲击性差，容易开裂，伸长率低。

氯化聚醚塑料电线电缆制品可在石油原油和变压器油中长期使用。氯化聚醚塑料在一般电气工程中可用作有特殊要求的电器、仪表的绝缘结构件和机械传动件。

6）聚酰胺塑料。电缆工业常用的有聚酰胺1010、聚酰胺66等，主要用于制作航空电线的护套层，可以提高绝缘电线的耐磨性。此外，聚酰胺还具有阻燃性。

二、电工用橡胶

橡胶是一种具有可逆变形的高弹性聚合物材料，抗冲击，具有耐寒、耐热的特点和较大的伸长率。橡胶制品在日常生产、生活中应用较多，如橡胶轮胎、橡胶防护垫圈、橡胶密封件、橡胶鞋、橡胶电线和电缆等。图1–70所示为橡胶线插头。橡胶按来源不同分为天然橡胶和合成橡胶两种。

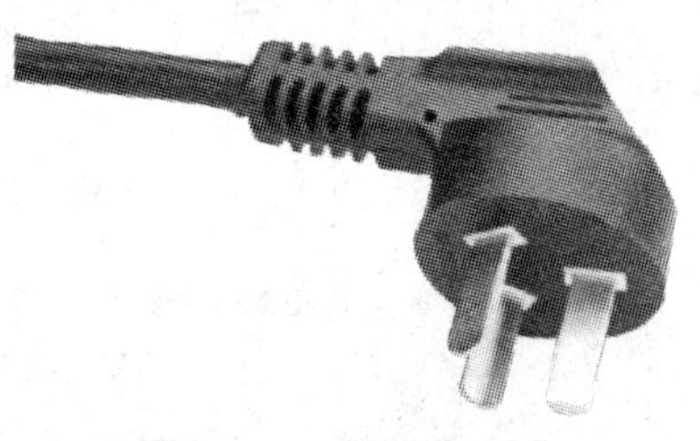

图1–70　橡胶线插头

1．天然橡胶

天然橡胶是从橡胶树或橡胶草中取得胶质后经加工而成的，其主要成分是聚异戊二烯，属于非极性橡胶。非极性橡胶是指分子链中不带有极性基因的橡胶，如天然橡胶、丁苯橡胶、丁基橡胶等。天然橡胶的抗拉强度、抗撕裂性、回弹性及工艺加工性比多数合成橡胶好，但其耐热老化和耐大气老化性能较差，不耐臭氧，不耐油，不耐有机溶剂，易燃。天然橡胶又称为生橡胶或生胶，通常只有经过硫化作用形成硫化橡胶后才能使用。

硫化就是将加有适量硫化剂的生橡胶，根据橡胶的品种在130~250℃下加热，使橡胶的化学分子结构发生化学变化，变成富有弹性、抗冲击，能耐寒、耐热，以及在加热时不再软化变形的橡胶成型制品。

硫化橡胶又称为熟橡胶，它克服了生橡胶因温度上升而变软、发黏的缺点，具有不溶、不熔的性质，并且力学性能也有所提高。天然橡胶的长期使用温度为60~65℃，工作电压等级可达6 kV，适用于制作柔软性、弯曲性和弹性要求较高的电线电缆的绝缘层和护套，在电器、开关、仪表和无线电装置中用作弹性垫片、套管等绝缘结构件及隔油、密封的材料。此外，熟橡胶还用来制造绝缘胶鞋、防护手套等。

天然橡胶不能用于直接接触矿物油或有机溶剂的场合，也不宜用于户外。图1–71所示为绝缘胶鞋。

天然橡胶用作电线电缆的绝缘时，铜导体中的铜离子会促进天然橡胶的热老化，致使橡胶发黏和铜导体变黑。因此，将天然橡胶用于工作温度较高的电线时，如耐高温电动机、电器的引接线等，铜导体应镀锡或加其他隔离层。铝导体对天然橡胶的热老化影响很小。

2. 合成橡胶

由于天然橡胶产量有限，且不能满足耐油、耐高温、耐燃等场合的使用要求，因此，在工程中逐渐被合成橡胶所取代。合成橡胶又称为人工橡胶，是指具有类似天然橡胶性质的高分子聚合物。合成橡胶有极性合成橡胶和非极性合成橡胶之分。极性合成橡胶是指分子链中含有极性基因的橡胶，如氯丁橡胶、丁腈橡胶等。

（1）极性合成橡胶

极性合成橡胶主要用作电线电缆的外护层材料，图 1–72 所示为氯丁橡胶护套电缆。常用极性合成橡胶的名称、特性及用途见表 1–37。

图 1–71　绝缘胶鞋

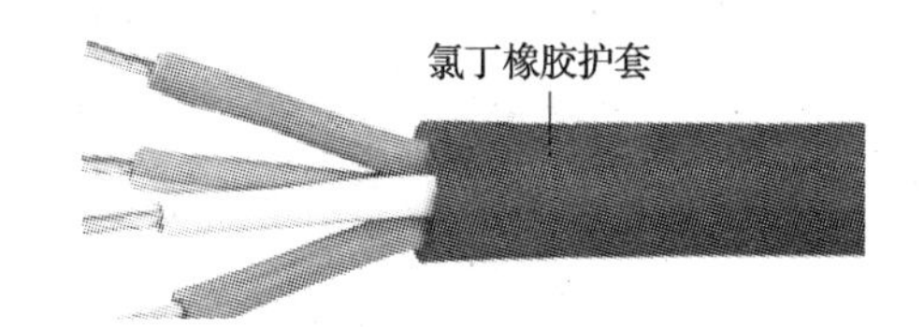

图 1–72　氯丁橡胶护套电缆

表 1–37　常用极性合成橡胶的名称、特性及用途

名称	特性	用途
氯丁橡胶	力学性能与天然橡胶相近，具有良好的阻燃性、耐油性、耐溶剂性和优良的耐大气老化性、耐臭氧性等特性。电气性能较差，绝缘电阻低	用作电线电缆的护套材料，特别适用于煤矿电缆、船用电缆和航空电缆的绝缘材料，可长期用于户外，并可在与矿物油直接接触的场合使用
丁腈橡胶	具有优良的耐油性、耐溶剂性，耐热性、耐磨性较好。耐气候性差，不适用于户外	用于油矿电缆护套和电机、电器的引接线绝缘，但不适用于户外。与聚氯乙烯制成的复合材料具有阻燃性，可用作油矿电缆、电力电缆等的护套

续表

名称	特性	用途
氯磺化聚乙烯	电气性能、耐大气老化性、耐热老化性、耐臭氧性和耐化学药品性等都比氯丁橡胶好。耐稀硫酸、稀苛性钠溶液和强氧化剂的性能更为优越。抗拉强度较高，耐磨性能优良，阻燃性和耐电晕性良好，但耐寒性较差	用作船用电缆、电力机车和内燃机车用电缆及电焊机电缆的护层材料，还可用于高压电机和155（F）级电机的引接线及电压等级2 kV以下电线的绝缘。可与油类物质接触，并可长期用于户外
氯化聚乙烯	性能与氯磺化聚乙烯相似，其抗撕裂性较优，但回弹性差。流动性好，容易加工；有优良的耐大气老化性、耐臭氧性和耐电晕性；耐油性、耐热性、耐溶剂性、耐酸碱性、阻燃性、弹性和抗拉强度及基本电性尚可，与聚乙烯及聚氯乙烯有良好的相容性	主要用作矿用电缆、电力电缆、控制电缆、航空电缆、汽车点火线和电焊机电缆的护套材料，可用于户外。与聚乙烯制成的复合材料用作电力电缆、照明线、电机及电器引接线的绝缘材料
氯醚橡胶	具有优良的耐臭氧性和耐老化性，长期工作温度为105~120℃。耐油性和耐有机溶剂性极好，还有良好的抗弯曲疲劳性能。但密度较大，低温柔软性差，加工性不良	主要用作耐热、耐油电缆的护套材料，特别是油井电缆的护套材料
氟橡胶	耐臭氧性能和耐大气老化性能很好，但在高温下力学性能下降幅度较大，耐寒性差，对高温水蒸气不够稳定。电缆工业主要用26型氟橡胶，它具有很高的耐热性和优良的耐油性、耐有机溶剂性及耐化学药品性，其热稳定性超过硅橡胶	主要用作特种电线电缆的护套材料和特种电缆附件的垫圈或镶嵌零件，还适用于高温及有机溶剂、化学药品侵蚀的场合

（2）非极性合成橡胶

非极性合成橡胶主要用于电线电缆的绝缘，常用非极性合成橡胶的名称、特性及用途见表1–38。图1–73所示为硅橡胶绝缘安装线。

表1–38　常用非极性合成橡胶的名称、特性及用途

名称	特性	用途
丁苯橡胶	在干燥状态下，其电气性能与天然橡胶接近，耐热性比天然橡胶稍好。电缆工业主要用冷丁苯橡胶，其抗拉强度、抗弯曲开裂、耐磨损性都比热丁苯橡胶好，加工比较简便，但弹性和耐寒性较差	用作电缆绝缘材料，一般与天然橡胶1:1混合使用，可用作电压等级为6 kV电缆的绝缘材料
丁基橡胶	对氧和臭氧的作用相当稳定，耐热性、耐大气老化性、耐电晕性及其他电气性能优于天然橡胶和丁苯橡胶；透气性小，耐油性、耐化学药品性和耐霉性较好。硫化困难，强度低，弹性小，不耐矿物油	用作船用电缆、电力电缆、控制电缆和高压电机引接线的绝缘材料，电压等级可达35 kV，可用于户外。但这种电线电缆不宜与矿物油和溶剂直接接触

续表

<table>
<tr><th colspan="2">名称</th><th>特性</th><th>用途</th></tr>
<tr><td colspan="2">乙丙橡胶</td><td>容易硫化，电气性能优良，耐大气老化性、耐臭氧性和耐热老化性优于丁基橡胶和氯丁橡胶，耐溶剂性和耐化学药品性与丁基橡胶相似。在高电场强度下有持久的抗电晕性。但其力学性能较差，用作绝缘时需加护套</td><td>用作高压电力电缆、控制电缆、电焊机电缆、船用电缆、电机引接线、点火线和日用电缆等的绝缘，也可用作电缆的连接盒和终端盒的绝缘</td></tr>
<tr><td rowspan="2">硅橡胶</td><td>加热硫化硅橡胶</td><td rowspan="2">耐热性和耐寒性优于一般橡胶，但拉伸强度低。在150℃以上高温时的力学性能优于其他橡胶，电气性能随温度和频率变化较小，耐电弧性和散热性好。耐油性和耐溶剂性较差。加热硫化硅橡胶的抗拉强度和耐热性比室温硫化硅橡胶好</td><td>用于船舶控制电缆、电力电缆和航空电线的绝缘以及用于155（F）~180（H）级电机、电器的引接线绝缘</td></tr>
<tr><td>室温硫化硅橡胶</td><td>用作绝缘、密封、包覆、胶黏和保护材料</td></tr>
</table>

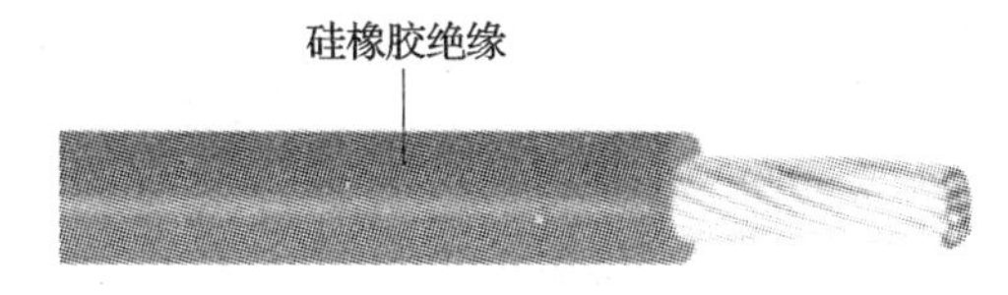

图 1–73　硅橡胶绝缘安装线

目前，许多新型的合成热塑性树脂和弹性塑料正在逐步取代橡胶在电工中的应用，如用抗潮、可塑、柔软性好的聚氯乙烯作为安装线、船用电缆、电力电缆等的绝缘层和护套，用介电常数和介质损耗值低、体积电阻值高的聚乙烯作为野外电话线、高频电缆的绝缘层等。

§1—9　电工用薄膜及其复合制品、黏带

学习目标

1. 熟悉常用电工用薄膜、薄膜复合制品的特性及用途，并能正确选用。

2. 熟悉电工用黏带的特性及用途，并能正确选用。

想一想

在日常生产、生活中常用到薄膜制品，如保鲜膜（图 1–74）、塑料薄膜袋等。薄膜制品在电工产品和电气工程领域有什么应用？

图 1–74　保鲜膜的应用

一、电工用薄膜

电工用薄膜一般是指由不同特性的高分子聚合物制成的、厚度为 0.006 ~ 0.5 mm 的塑料薄膜。电工用薄膜具有膜薄、柔软、耐潮、电气性能和力学性能好等特点，主要用作电机和电器的线圈、电线和电缆的绕包绝缘及电容器的介质材料等。常用的电工用薄膜主要有聚丙烯薄膜、聚酯薄膜、聚酰亚胺薄膜、氟塑料薄膜、聚萘酯薄膜、芳香族聚酰胺薄膜、聚苯乙烯薄膜及聚乙烯薄膜等。其中，聚丙烯薄膜、聚酯薄膜、聚酰亚胺薄膜应用最广。

1．聚丙烯薄膜

聚丙烯薄膜的密度小，质量轻，可拉伸成厚度为 0.006 mm 或更薄的材料。它具有较好的电气性能、力学性能和化学稳定性，除浓硫酸、浓硝酸外，其他化学药品对其不起作用。

聚丙烯薄膜主要用作电容器的介质材料，也可用作电缆的绕包材料、变压器的层间和相间绝缘材料。与电容纸相比，它的介质损耗角正切值小，击穿强度比电容器纸高出近 10 倍，但浸渍性能较差。用它与电容器纸组合作为介质的电力电容器比纸介质的电力电容器体积小、质量轻，并可提高电容量。

2．聚酯薄膜

聚酯薄膜具有很高的拉伸强度和可挠性、良好的介电性能和耐溶剂性，但易醇解和水解，耐碱性和耐电晕性差，使用温度一般为 –20 ~ 150℃，为 120（E）~ 130（B）级绝缘材料，分两种类型：

（1）1 型

一般用途电工聚酯薄膜，广泛用作低压电机的相绝缘、槽绝缘和槽楔，变压器的壁垒绝缘和层间绝缘，挠性印制电路板和扁型电缆的基材，电线电缆的绕包绝缘，以及柔软复合材料、云母带和黏带等的补强材料。

（2）2 型

电容器介质用聚酯薄膜，主要用作电容器的介质材料。

3. 聚酰亚胺薄膜

聚酰亚胺薄膜是一种高性能的电工用塑料薄膜，可在 -260~350℃温度范围内使用，具有高的拉伸强度、抗蠕变性和耐磨性，良好的介电性能，优异的耐辐照性能和耐紫外线性能，但其介电强度随温度升高而显著下降，不耐碱和强酸，吸湿率是电工用薄膜中最高的。

聚酰亚胺薄膜价格昂贵，主要用于只有聚酰亚胺薄膜才能满足其特定性能要求的场合。例如，普通型聚酰亚胺薄膜通过和聚芳酰胺纤维纸或其他耐热绝缘纸复合，制成 180（H）级柔软复合材料，可用作牵引电动机、矿山电机和其他耐高温电机的对地绝缘和相间绝缘；通过金属化处理，可用作电容器的介质材料和屏蔽材料；通过涂覆处理，可制成压敏黏带或 2 型（即热封型）聚酰亚胺薄膜；也可直接用作特种电线电缆的绕包绝缘和航空电气设备的绝缘材料，以提高瞬间过载能力。

此外，热封型聚酰亚胺薄膜可用作电磁线的绕包绝缘，广泛用于牵引电动机、深井油泵电动机、冶金电动机和高压电机等。尺寸稳定型聚酰亚胺薄膜适于作为挠性印制电路板基材。

4. 氟塑料薄膜

氟塑料薄膜具有很宽的使用温度、优异的介电性能和突出的耐化学性，但价格高，主要用于特殊性能要求的场合。例如，用作高温电线电缆的绕包绝缘、特种电机线圈的相间和对地绝缘，电容器的介质材料，挠性印制电路板和扁型电缆基材，压敏黏带底材和高温脱模带。图 1–75 所示为聚四氟乙烯薄膜绕包绝缘线示意图。

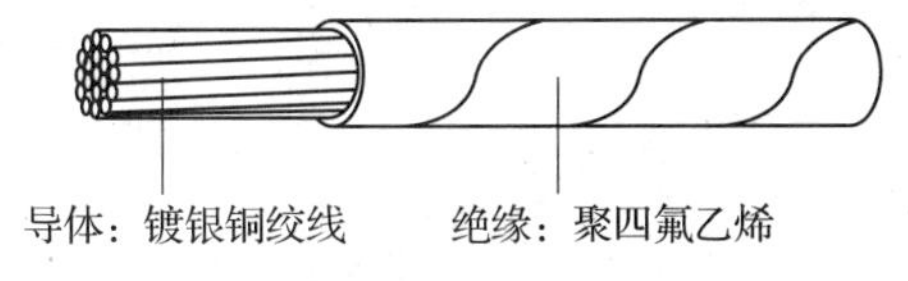

图 1–75 聚四氟乙烯薄膜绕包绝缘线示意图

在氟塑料薄膜中，聚四氟乙烯薄膜的应用最广。聚四氟乙烯薄膜具有很高的耐热性和耐寒性，使用温度为 -267~160℃，电气性能和化学稳定性优良，但其加工困难，主要用作电机、电器、仪器仪表的元件绝缘材料，如线圈和衬垫绝缘材料，电容器的介质材料，电磁线、引出线、耐热导线的绕包绝缘材料等。

5. 聚萘酯薄膜

聚萘酯薄膜的耐热性比聚酯薄膜好，弹性模数高，断裂伸长率小，在高温下易水解，但水解速度比聚酯薄膜慢，耐酸、碱和芳香胺比聚酯薄膜好，气候适应性优良。聚萘酯薄膜主要用作 155（F）级电机的槽绝缘、导线绕包绝缘和线圈端部绝缘等。

6. 芳香族聚酰胺薄膜

芳香族聚酰胺薄膜的耐溶剂性好，熔点高，并具有一定的电气性能和力学性能，耐变压器油性好，在 80℃的变压器油中浸 1 000 h，薄膜只有轻度的卷曲，但耐潮性稍差。芳香族聚酰胺薄膜主要用作 155（F）级、180（H）级电机的槽绝缘材料。

7. 聚苯乙烯薄膜

聚苯乙烯薄膜是一种非极性电介质，有良好的电气性能，介质损耗角正切值小，而且在很宽的温度、频率范围内变化不大，但耐热性、柔软性差，较脆，抗冲击强度和抗撕裂强度低。聚苯乙烯薄膜一般用作高频电信电缆绝缘和电容器介质。

8. 聚乙烯薄膜

聚乙烯薄膜具有较好的电气性能，但力学性能和耐热性能较差，长期工作温度为 70℃。聚乙烯薄膜可用作电信电缆、低压线圈等绝缘材料和电力电缆的护套材料。

二、电工用薄膜复合制品

电工用薄膜复合制品是在薄膜的一面或两面黏合纤维材料而制成的一种复合材料。图 1–76 所示为 DMD 聚酯薄膜、聚酯纤维无纺布柔软复合材料。它是在一层聚酯薄膜（M）两侧粘贴聚酯纤维非织布（D）制成的三层柔软复合材料（DMD）。纤维材料的主要作用是加强薄膜的力学性能，提高抗撕裂强度和表面挺度。电工用薄膜复合制品适用于中、小型电机槽绝缘，电机、电器线圈端部绝缘及相间绝缘。

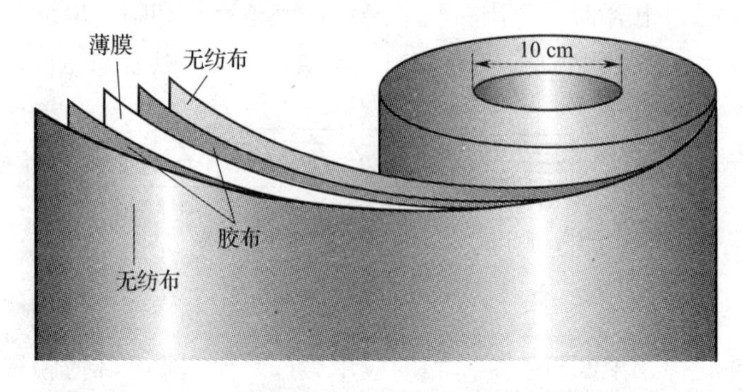

图 1–76　DMD 聚酯薄膜、聚酯纤维无纺布柔软复合材料

电工用薄膜复合制品主要有聚酯薄膜绝缘纸复合箔、聚酯薄膜玻璃漆布复合箔、聚酯薄膜聚酯纤维纸复合箔、聚酯薄膜芳香族聚酰胺纤维纸复合箔及聚酰亚胺薄膜芳

香族聚酰胺纤维纸复合箔等。常用电工用绝缘薄膜复合制品的名称、型号、耐热等级和用途见表 1–39。

表 1–39 常用电工用绝缘薄膜复合制品的名称、型号、耐热等级和用途

名称	型号	耐热等级	用途
聚酯薄膜绝缘纸复合箔	6520	120（E）	用于 120（E）级电动机槽绝缘、端部层间绝缘
聚酯薄膜玻璃漆布复合箔	6530	130（B）	用于 130（B）级电动机槽绝缘、端部层间绝缘、匝间绝缘和衬垫绝缘。可用于湿热地区
聚酯薄膜聚酯纤维纸复合箔	6630（DMD）	130（B）	用于 130（B）级电动机槽绝缘、端部层间绝缘、匝间绝缘和衬垫绝缘。可用于湿热地区
聚酯薄膜芳香族聚酰胺纤维纸复合箔	6640（NMN）	155（F）	用于 155（F）级电动机槽绝缘、端部层间绝缘、匝间绝缘和衬垫绝缘
聚酰亚胺薄膜芳香族聚酰胺纤维纸复合箔	6650（NHN）	180（H）	用于 180（H）级电动机槽绝缘、端部层间绝缘、匝间绝缘和衬垫绝缘

三、电工用黏带

电工用黏带有薄膜黏带、织物黏带和无底材黏带三种，其绝缘工艺性好，使用方便，适用于电机、电器的线圈绝缘和包扎固定及电线接头的包扎绝缘等。

1. 薄膜黏带

薄膜黏带是在薄膜的一面或两面涂以胶黏剂，经烘焙、切带而制成的。薄膜黏带所用胶黏剂的耐热性应与薄膜材料相匹配。常用电工用薄膜黏带的名称、特性及用途见表 1–40。

图 1–77 所示为聚氯乙烯薄膜黏带。

表 1–40 常用电工用薄膜黏带的名称、特性及用途

名称	特性及用途
聚乙烯薄膜黏带	柔软性好，黏结力较强，但耐热性差，可用于一般电线接头的包扎绝缘
聚乙烯薄膜纸黏带	包扎服帖，使用方便，可代替绝缘黑胶布作为电线接头的包扎绝缘
聚氯乙烯薄膜黏带	又称为电工绝缘胶带，较柔软，黏结力强，但耐热性差，可用于供电电压为 500~6 000 V 电线接头的包扎绝缘
聚酯薄膜黏带	耐热性较好，强度高，可用作半导体元件密封绝缘和电动机线圈绝缘
聚酰亚胺薄膜黏带（用聚酰胺酰亚胺树脂胶黏剂）	电气性能和力学性能较好，耐热性优良，但成型温度较高（180~200℃），可用于 180（H）级电动机线圈绝缘和槽绝缘
聚酰亚胺薄膜黏带（用 F_{46} 树脂胶黏剂）	电气性能和力学性能较好，耐热性优良，但成型温度更高（300℃以上），可用于 180（H）级和 200 及以上（C）级电动机、潜油电动机线圈绝缘和槽绝缘

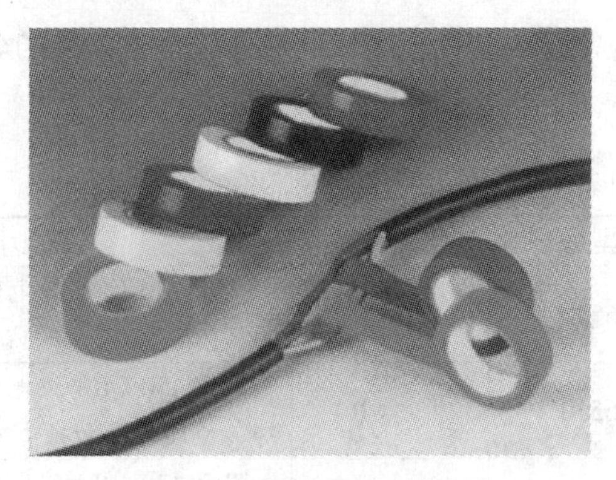

图 1–77　聚氯乙烯薄膜黏带

2. 织物黏带

织物黏带是以无碱玻璃布或棉布为底料，涂以胶黏剂，经烘焙、切带而制成的。常用电工用织物黏带的名称、特性及用途见表 1–41。

表 1–41　常用电工用织物黏带的名称、特性及用途

名称	特性及用途
绝缘黑胶布	具有黏性佳、绝缘性优等特点，适用于 380 V 以下、温度在 –40~70℃条件下电线接头及终端的绝缘包扎
环氧玻璃黏带	具有较好的电气性能和力学性能，可用作变压器铁芯的绑扎材料，属 130（B）级绝缘
有机硅玻璃黏带	有较好的耐热性、耐寒性和耐潮性及电气性能、力学性能，可用作 180（H）级电动机、电器的线圈绝缘和导线的连接绝缘
硅橡胶玻璃黏带	有较好的耐热性、耐寒性和耐潮性及电气性能、力学性能，柔性也较好，可用作 180（H）级电动机、电器的线圈绝缘和导线的连接绝缘

图 1–78 所示为绝缘黑胶布。

图 1–78　绝缘黑胶布

3. 无底材黏带

无底材黏带是由硅橡胶或丁基橡胶和填料、硫化剂等经混炼、挤压而成的。常用电工用无底材黏带的名称、组成、特性及用途见表 1–42。

表 1–42 常用电工用无底材黏带的名称、组成、特性及用途

名称	组成	特性及用途
自黏性硅橡胶三角带	硅橡胶、填料、硫化剂等	具有耐热、耐潮、抗振动、耐化学腐蚀等特性，但抗拉强度较低，适合用半叠包法制作高压电动机线圈绝缘，但需注意保持胶带清洁，才能确保黏结牢固
自黏性丁基橡胶带	丁基橡胶、薄膜隔离材料等	有硫化型和非硫化型两种。胶带弹性好，伸缩性大，包扎紧密性好，主要用于电力电缆连接和端头包扎绝缘

图 1–79 所示为自黏性硅橡胶带。

图 1–79 自黏性硅橡胶带

§1—10 电工用云母、石棉、陶瓷、玻璃及其制品

学习目标

熟悉常用电工用云母、石棉、陶瓷、玻璃制品的特性及用途，并能正确选用。

想一想

图 1–80 所示为电熨斗和电熨斗云母板。云母板在电熨斗中起什么作用？

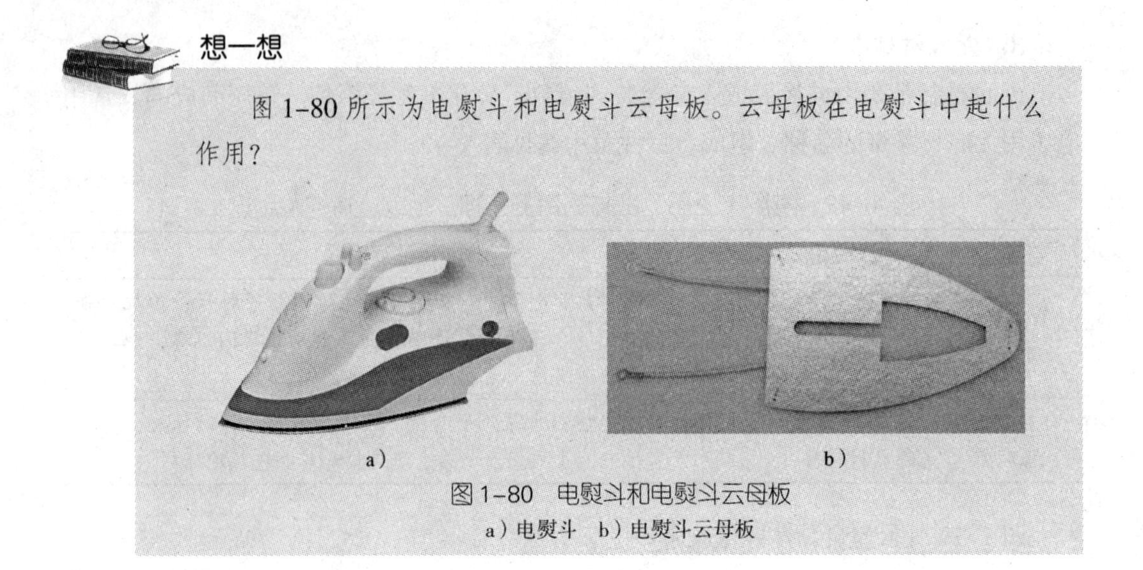

图 1–80　电熨斗和电熨斗云母板

a）电熨斗　b）电熨斗云母板

一、云母及其制品

云母是一种耐高温绝缘材料。在电气设备中，云母及其制品被广泛用作高压电机、直流电机、电热设备和防火电缆等的绝缘材料及电子元器件的电介质材料。在图 1–80 所示的电熨斗中，云母板除起到耐高温和绝缘作用外，同时具有支撑发热丝的作用。

1. 云母

云母分为天然云母、合成云母和粉云母。

（1）天然云母

天然云母是对层状结构铝硅酸盐造岩矿物的总称，图 1–81 所示为天然白云母。天然云母的种类很多，在电工绝缘材料领域主要用白云母和金云母，其中白云母用量最大。白云母和金云母都具有良好的电气性能和力学性能，耐热性好，化学稳定性和耐电晕性好。两者相比，白云母的电气性能比金云母好，但金云母更柔软一些，其耐热性能也比白云母好。

天然云母易剥离，可加工成厚度为 0.01~0.03 mm 的柔软且富有弹性的薄片，图 1–82 所示为天然白云母薄片。云母片的级别、用途及磁铁矿、褐铁矿斑点占比见表 1–43。

图 1–81　天然白云母

图 1–82　天然白云母薄片

表 1-43 云母片的级别、用途及磁铁矿、褐铁矿斑点占比

级别	磁铁矿、褐铁矿的斑点占云母片的总面积（%）	用途
特级	—	用于高压大型电机主绝缘和标准电容器、电子管绝缘
甲级	10	用于电压不高的中型电机主绝缘和一般电器绝缘
乙级	25	用于低压电机、电器绝缘
丙级	50	用于低压电机、电器绝缘

（2）合成云母

合成云母又称为氟金云母，是用化工原料经高温熔融冷却析晶制得的。合成云母是天然金云母的模拟物，它的许多性能都优于天然云母，如耐温高达 1 200℃以上，在高温条件下，合成氟金云母的体积电阻率比天然云母高 1 000 倍。合成云母具有电绝缘性好、高温下真空放气极低、耐酸和碱、透明、可分剥及富有弹性等特点，是电机、电器、电子、航空等现代工业和高科技技术的重要非金属绝缘材料。

（3）粉云母

粉云母又称为粉云母纸，它是将云母碎料在 750~800℃下煅烧后，经酸处理、制浆、抄纸等工艺程序制成的。粉云母纸厚度均匀，由它制成的制品厚度均匀，电气性能稳定，成本低。粉云母纸有 501、502、503 和 504 等型号。其中 501、503 型渗透性好，适合制作云母带和软云母板。502 和 504 型含有 0.1% 以下的白明胶，渗透性稍差，但强度较高，适合制作硬质云母板。

2. 云母制品

云母制品由云母、胶黏剂和补强材料组成。胶黏剂主要有沥青漆、虫胶漆、醇酸漆、环氧树脂漆、有机硅漆和磷酸胺水溶液等。补强材料主要有云母带纸、电话纸、绸和无碱玻璃布。常用云母制品主要有云母带、云母板、云母箔、云母管和云母玻璃等。

（1）云母带

云母带是由胶黏剂黏合云母薄片或粉云母纸与补强材料，经烘干、分切制成的带状绝缘材料。云母带在室温下具有良好的柔软性和可挠性；在冷、热态下同样具有较好的力学性能与电气性能；耐电晕性好，并可连续包绕电机绕组，另外还可以作为耐火电线电缆的绝缘。图 1-83 所示为耐火电线。常用云母带的名称、型号、耐热等级、特性及用途见表 1-44。

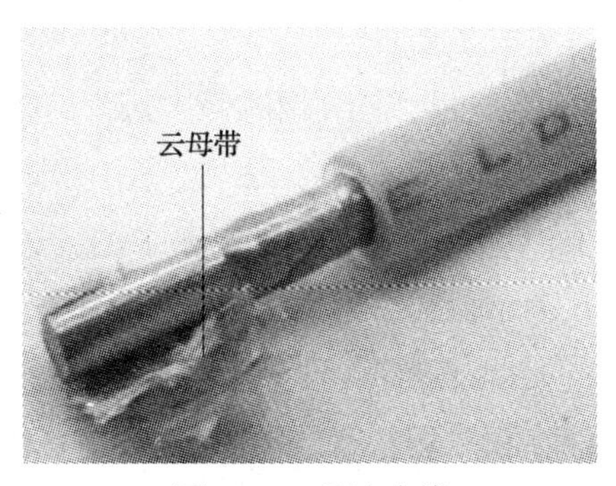

图 1-83 耐火电线

表 1–44　常用云母带的名称、型号、耐热等级、特性及用途

名称	型号	耐热等级	特性及用途
沥青绸云母带	5032	105（A）~ 120（E）	柔软性、防潮性和介电性能好，储存期较长，但绝缘厚度偏差大，耐热性差，适用于高压电机主绝缘
沥青玻璃云母带	5034	120（E）	
醇酸纸云母带	5430	130（B）	柔软性、耐热性较好，防潮性较差，适用于直流电机电枢绕组和低压电机绕组的绕包绝缘
醇酸玻璃云母带	5343	130（B）	
有机硅玻璃云母带	5450	180（H）	柔软性、耐热性好，电气性能、力学性能好，适用于 180（H）级电机绝缘

粉云母带厚度均匀、柔软，电气性能和力学性能良好。使用粉云母带时，应根据不同胶黏剂的胶化时间不同确定其成型工艺。当胶黏剂的胶化温度在（200 ± 2）℃的情况下，时间为 1 ~ 3 min 时，成型温度为 160 ~ 170℃，模压时间为 3 ~ 6 h，液压时间为 7 ~ 10 h。增加绝缘厚度，成型时间要适当延长。常用粉云母带的名称、型号、耐热等级、特性及用途见表 1–45。

表 1–45　常用粉云母带的名称、型号、耐热等级、特性及用途

名称	型号	耐热等级	特性及用途
环氧玻璃粉云母带	5438–1	130（B）	常态下柔软，固化后电气性能和力学性能较好，适用于高压电机主绝缘
桐马环氧玻璃粉云母带	5440–1	155（F）	柔软性好，电气性能和力学性能好，综合性能优异，适用于 155（F）级电机、电器的绕组绝缘
环氧硼铵玻璃粉云母带	5444–1	155（F）	常态下柔软，储存期长，电气性能和力学性能优异，适用于 155（F）级大、中型高压电机定子绕组端部绝缘
钛改性环氧玻璃粉云母带	9541–1	130（B）	柔软性好，绕包工艺性好，但固化时间长，适用于液压成型的高压电机绕组主绝缘
有机硅玻璃粉云母带	5450–1	180（H）	柔软性、耐热性好，电气性能和力学性能好，适用于耐高温电机绕组绝缘

图 1–84 所示为桐马环氧玻璃粉云母带。

（2）云母板

云母板是由胶黏剂黏合云母片与补强材料，经烘干或烘焙热压而成的。根据使用要求，选用不同的材料组成，可以制成满足不同要求的云母板。图 1–85 所示为用云母板制作的零件。

图 1–84　桐马环氧玻璃粉云母带

1）柔性云母板。柔性云母板在室温下柔软，可弯曲。常用柔性云母板的名称、型号、耐热等级、特性及用途见表 1–46。

图 1–85 用云母板制作的零件

表 1–46 常用柔性云母板的名称、型号、耐热等级、特性及用途

名称	型号	耐热等级	特性及用途
醇酸纸柔软粉云母板	5130–1	130（B）	柔软性好，可用于电机的槽绝缘和线圈匝间绝缘
醇酸玻璃柔软云母板	5131	130（B）	强度高，可用于电机的槽绝缘和线圈匝间绝缘
沥青玻璃柔软云母板	5135	120（E）	柔软性好，可用于低压电机的槽绝缘和衬垫绝缘
二苯醚玻璃柔软云母板	5152	180（H）	耐热性良好，可用于电机的槽绝缘
有机硅柔软云母板	5150	180（H）	常态下柔软，具有良好的耐热性、介电性和耐潮性，可用于 180（H）级中、小型电机的槽绝缘和线圈匝间绝缘
有机硅玻璃柔软云母板	5151	180（H）	常态时柔软，强度高，可用于 180（H）级中、小型电机的槽绝缘和线圈匝间绝缘

2）塑性云母板。塑性云母板在室温下坚硬，加热后变软，可制成绝缘件。常用塑性云母板的名称、型号、耐热等级、特性及用途见表 1–47。

表 1–47 常用塑性云母板的名称、型号、耐热等级、特性及用途

名称	型号	耐热等级	特性及用途
虫胶塑性云母板	5231	130（B）	具有可塑性，适用于制造绝缘管、绝缘环等电机、电器的绝缘结构件
醇酸塑性云母板	5235	130（B）	具有可塑性，适用于制造绝缘管、绝缘环和其他绝缘件以及牵引电动机、起重电动机和转速较高的电机的绝缘结构件
二苯醚改性环氧塑性云母板	545	155（F）	具有良好的电气性能及加工工艺性，受热后可制成各种电机、电器的绝缘结构件
有机硅塑性云母板	5250	180（H）	具有可塑性，有较好的耐热性和介电性能，可制成 180（H）级电机、电器用不同形状的绝缘结构件

3）换向器云母板。换向器云母板的含胶量低，在室温下坚硬，压缩性小，厚度均匀。图 1-86 所示为换向器。换向器的铜片较厚，相邻铜片之间用云母板绝缘。常用换向器云母板的名称、型号、耐热等级及用途见表 1-48。

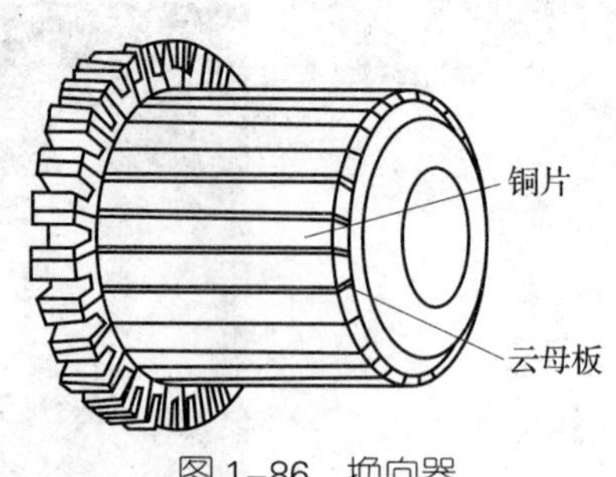

图 1-86　换向器

4）衬垫云母板。衬垫云母板的性能及特性与换向器云母板相近。常用衬垫云母板的名称、型号、耐热等级及用途见表 1-49。

表 1-48　常用换向器云母板的名称、型号、耐热等级及用途

名称	型号	耐热等级	用途
虫胶换向器金云母板	5535-2	130（B）	适用于一般直流电机换向器绝缘
环氧换向器粉云母板	5536-1	130（B）	适用于汽车电机和其他小型直流电机换向器绝缘
磷酸铵换向器金云母板	5560-2	180（H）	适用于耐高温电机换向器绝缘

表 1-49　常用衬垫云母板的名称、型号、耐热等级及用途

名称	型号	耐热等级	用途
醇酸衬垫云母板	5730	130（B）	适用于电机、电器衬垫绝缘
环氧衬垫粉云母板	5737-1	130（B）	
有机硅衬垫云母板	5755	180（H）	适用于耐高温电机、电器衬垫绝缘
有机硅衬垫金云母板	5755-2	180（H）	

（3）云母箔

云母箔是用热固性胶黏剂黏合云母或粉云母纸与补强材料，在低温、低压下经烘焙压制成的弹性板材。与云母板相比，云母箔厚度较薄，在室温下具有一定的弹性和柔软性，在一定的温度下具有可塑性，适用于电机、电器卷烘绝缘和磁极绝缘。云母箔的名称、型号、耐热等级、特性及用途见表 1-50。

表 1-50　云母箔的名称、型号、耐热等级、特性及用途

名称	型号	耐热等级	特性及用途
醇酸纸云母箔	5830	130（B）	具有可塑性，适用于电机、电器的卷烘绝缘、槽衬绝缘和磁极绝缘
醇酸玻璃云母箔	5832	130（B）	在一定温度下具有可塑性，适用于强度要求较高的电机、电器的卷烘绝缘和磁极绝缘
环氧玻璃云母箔	5836-1	130（B）	具有可塑性和较高的电气性能，适用于强度要求较高的电机、电器的卷烘绝缘和磁极绝缘
二苯醚环氧玻璃粉云母箔	9581-1	155（F）	具有可塑性，适用于 155（F）级电机、电器的卷烘绝缘

续表

名称	型号	耐热等级	特性及用途
环氧二苯醚薄膜粉云母箔	553	155（F）	厚度均匀，防潮性和电气性能优异，在一定温度下具有可塑性，适用于电机转子铜排的卷烘绝缘和磁极绝缘
改性二苯醚粉云母箔	552	180（H）	耐热性好，力学性能和电气性能优良，热态黏结力高，与铜的黏结性好，压制后整体性好，不易受潮，适用于电机的槽衬绝缘、绕组绝缘和电气设备的绝缘管及绝缘环
有机硅玻璃云母箔	5850	180（H）	具有可塑性、耐热性，适用于180（H）级电机的卷烘绝缘和磁极绝缘

（4）云母管

云母管的一般长度为300~500 mm，直径为6~300 mm，主要用作电机、电气设备中的电极、电棒或引出线绝缘和电极绝缘套管。

（5）云母玻璃

云母玻璃是由云母粉与低熔点硼铅玻璃粉混合后，经热熔模压成型的硬质板材。云母玻璃的耐热性和耐电弧性好，主要用作高压电器的耐电弧、耐高温绝缘材料，其质地坚硬，加工时要采用高速钢或砂轮刀具。

二、石棉及其制品

1. 石棉

石棉是对天然的纤维状硅酸盐类矿物质的总称。它具有高的柔韧性、耐热性、不燃性、绝缘性、耐磨性和耐酸碱性。吸湿性较大时，其电绝缘性不高。石棉的种类很多，在电工产品中主要使用温石棉。

温石棉的纤维柔软，用手易撕开，可抽出直径一般达0.04~0.05 mm的细丝，最细可达0.000 5 mm。图1-87所示为温石棉。石棉纤维强度好，柔韧，可用于纺纱、编绳、织布和造纸，还可用作电绝缘或热绝缘材料。

图1-87 温石棉

2. 石棉制品

石棉制品主要包括石棉纸、石棉纺织品、石棉水泥制品等。石棉粉尘或超细石棉纤维对人体有害，在生产过程中应严格控制其在空气中的浓度。

（1）石棉纸

石棉纸是由石棉纤维加入少量的玻璃纤维或有机纤维制成，具有柔软和不燃的特性，通常用树脂或漆浸渍后使用。常用的石棉纸有Ⅰ号石棉纸和Ⅱ号石棉纸。其中，Ⅰ号石棉纸能承受高压，主要用于大型电机磁极绕组的匝间绝缘；Ⅱ号石棉纸常用作仪表等低压电器的隔离电弧绝缘材料。

（2）石棉纺织品

石棉纺织品主要有石棉纱、线、带、布、管、绳等。石棉纱、线是石棉带、布、管和绳的原材料，也可用作电线电缆的绝缘和电热器的绝缘。石棉带主要用作电机绕组绕包绝缘材料。石棉布用作电热器热绝缘及层压塑料的底材。石棉绝缘套管主要用作热电偶的绝缘套管。石棉绳主要用于工作温度达130℃以上的电机、电器（如热电偶、电炉装置等）和耐高温引线等的包扎和密封。

（3）石棉水泥制品

石棉水泥制品具有抗弯曲性好、抗冲击强度高、耐热性好、抗电火花和电弧性能优良、耐腐蚀性好等特点。石棉水泥制品主要有石棉板和异形压制件，可用作开关的绝缘底座或灭弧罩及其他绝缘结构件。

三、电工用陶瓷及其制品

1. 电工用陶瓷

电工用陶瓷简称为电瓷，是一种以黏土、石英、长石等天然硅酸盐矿物为原料，经过粉碎、加工成型、烧结而成的多晶无机绝缘材料。它具有很好的耐辐射性、耐冷热急变性、化学稳定性和较高的强度，尤其是某些特种电瓷可在高温、高频下保持很小的介损因数，又可在某一温度下使介电系数特别高。因此，在电气工程中，电工用陶瓷用途广泛。图1–88所示为电瓷灯座。

2. 电工用陶瓷制品

电工用陶瓷制品按用途和性能分为装置陶瓷、电容器陶瓷和多孔陶瓷三种。

（1）装置陶瓷

装置陶瓷分为低频陶瓷和高频陶瓷两类。

1）低频陶瓷。低频陶瓷的主要品种有普通长石瓷、高硅质瓷和高铝质瓷等，通常在工频下使用，又称为工频瓷。它主要用于高、低压通信线路的绝缘子、绝缘套管和

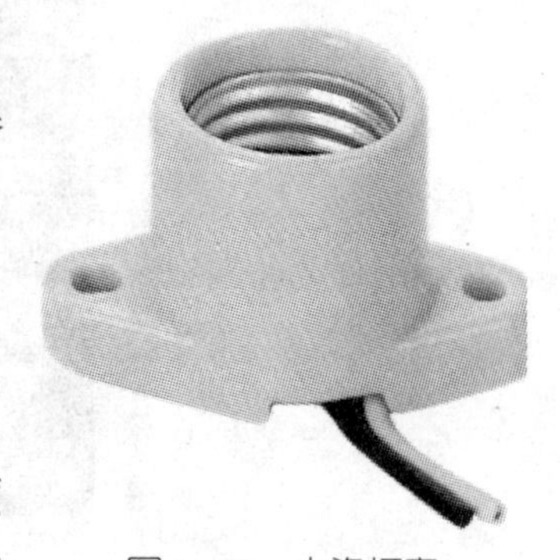

图1–88 电瓷灯座

夹板等零部件。

①长石瓷。长石瓷价格较低，容易制造，适用于制作一般瓷灯头、灯座、接线座、熔断器、绝缘子和绝缘套管，但强度较低。图 1–89 所示为常用低压（额定电压小于 1 000 V）瓷绝缘子。

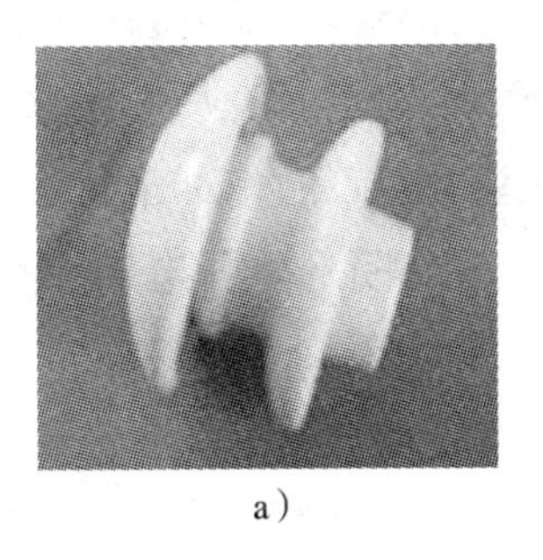
a)

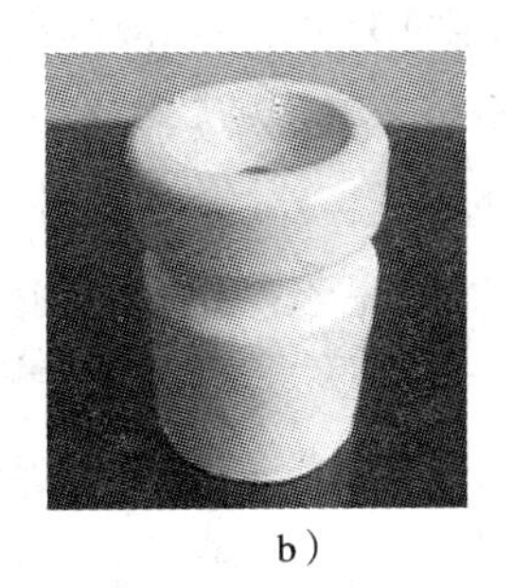
b)

图 1–89 常用低压瓷绝缘子

a）低压线路蝶式绝缘子 b）低压布线用鼓形瓷绝缘子

②高硅质瓷和高铝质瓷。高硅质瓷和高铝质瓷的强度高、耐热冲击性好，特别是高铝质瓷，适用于制作超高压输电线路用的高强度悬式绝缘子和高压配电绝缘子。图 1–90 所示为常用高压（额定电压大于或等于 1 000 V）瓷绝缘子。

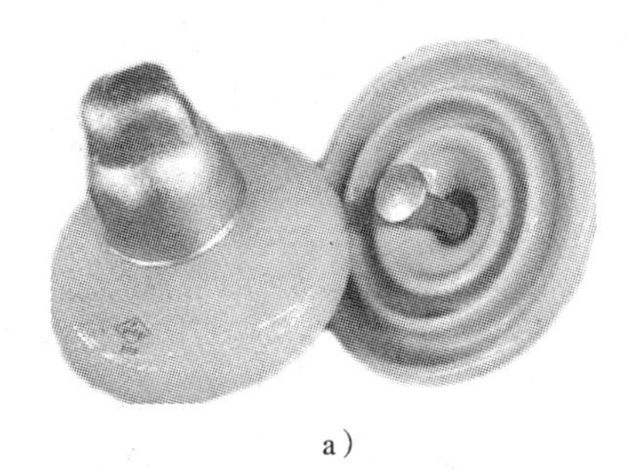
a)

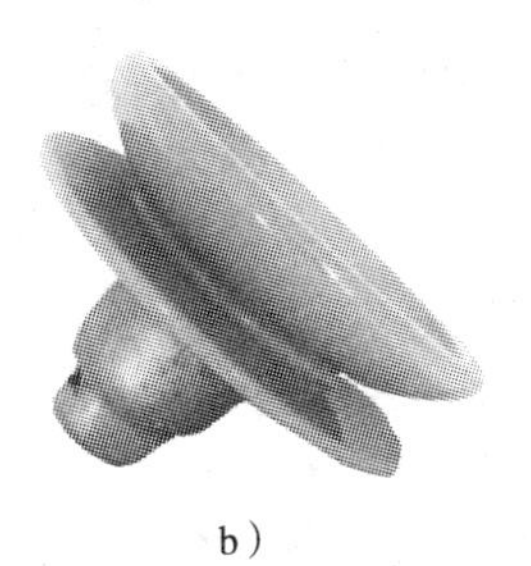
b)

图 1–90 常用高压瓷绝缘子

a）盘形 – 球形连接悬式瓷绝缘子 b）双层伞形防污悬式瓷绝缘子

2）高频陶瓷。高频陶瓷是指无线电和电子设备中用于高频的电绝缘结构件或电绝缘零部件的陶瓷制品。它具有介电常数小，介质损耗低，强度高，介电强度、绝缘电阻和热导率较高等特点。常用高频陶瓷主要有滑石瓷、镁橄榄石瓷、高铝瓷、氮化硼瓷和氧化铍瓷等。

①滑石瓷价格便宜，介损因数小，可用于高频绝缘子和线圈架等。

②镁橄榄石瓷的微波介质损耗小，高温绝缘电阻值大，表面光滑，适用于制作薄膜电阻芯体。

③高铝瓷的高温绝缘性能优异，高频特性好，强度高，硬度大，耐磨性和耐腐蚀性优良，大量用作电子管座、半导体封装和各种基片材料。图 1–91 所示为高铝瓷陶瓷基片。

④氮化硼瓷的高温绝缘电阻大，微波介质损耗小，可用作微波用散热板和高频绝缘材料。

⑤氧化铍瓷的电绝缘性和高频特性优异，导热性极好，适用于制作高频封装材料。

（2）电容器陶瓷

电容器陶瓷主要用作电容器介质，其主要品种有高钛氧瓷、钛酸镁瓷和钛酸钡瓷等。高钛氧瓷的相对介电常数约为 80，主要用作电容器介质。钛酸镁瓷的介电温度系数很低，可用作补偿电容器的介质。钛酸钡瓷常温下的相对介电常数为 1 000~3 000，它是一种铁电材料，经极化处理后可用作电致伸缩元件和压电元件。

（3）多孔陶瓷

多孔陶瓷是以刚玉砂、碳化硅、堇青石等优质原料为主料，经过成型和特殊高温烧结工艺制备的一种多孔性陶瓷材料。图 1–92 所示为多孔陶瓷材料，它具有耐高温、高压，抗酸、碱和有机介质腐蚀，良好的生物惰性，可控的孔结构及高的开口孔隙率，使用寿命长、产品再生性能好等优点。多孔陶瓷主要有堇青石瓷、锆英石瓷、碳化物瓷、氮化物瓷、硼化物瓷和硅化物瓷等。其中，堇青石瓷适用于制作电热器的散热板和断路器的灭弧片，锆英石瓷适用于制作断路器的灭弧片和绕线式电阻的芯体。

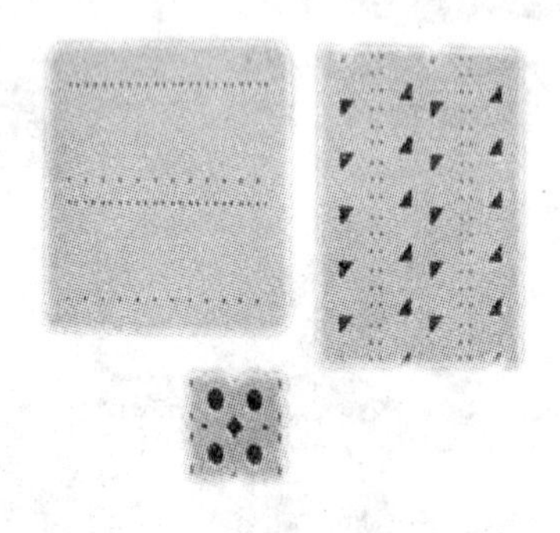

图 1–91　高铝瓷陶瓷基片

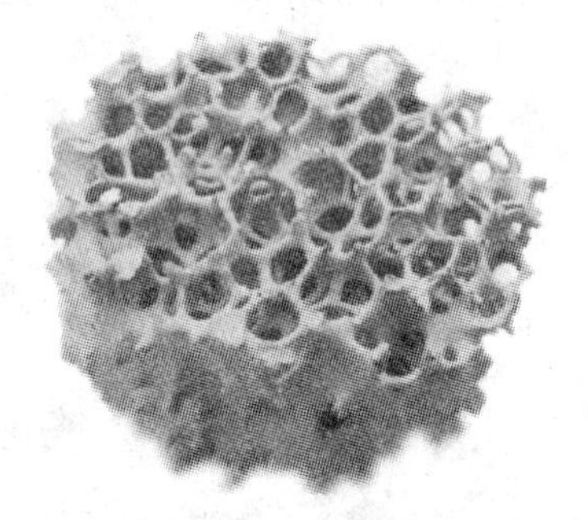

图 1–92　多孔陶瓷材料

四、电工用玻璃及其制品

1. 电工用玻璃

电工用玻璃一般是以石英砂、石灰石、纯碱等为主要原料，在高温下熔化、成型、冷却后制成，是硬而脆的透明物体。

玻璃的介电系数较大，纯净石英玻璃的介电系数约为 3.5，普通玻璃的介电系数可达 16。在常温下，玻璃具有极好的绝缘性能，其绝缘强度比陶瓷好，但随温度升高，其绝缘电阻明显下降。普通玻璃的导热系数不大，不易传热，也没有明显的熔点，它受热时可逐渐软化，约 1 700℃时熔化。当玻璃的各部位温差较大时，其极易破裂，对温度迅速上升的适应力远比对温度迅速下降的适应力要好，一般经不住温度的急剧变化。石英玻璃的导热系数较大，热膨胀系数小，所以其热性能比普通玻璃好得多。玻璃的抗压强度高于抗拉强度，抗弯强度更差，所以除玻璃纤维制品外，其余玻璃制品都硬脆、易裂。

2. 电工用玻璃制品

常用的电工用玻璃制品主要有绝缘子玻璃、电真空玻璃、玻璃陶瓷和低熔点玻璃等。

（1）绝缘子玻璃

绝缘子玻璃主要有高碱玻璃（含碱金属氧化物 >5%）、硼硅酸玻璃和铝镁玻璃。其中，硼硅酸玻璃和铝镁玻璃为低碱玻璃（含碱金属氧化物≤ 5%）。绝缘子玻璃的性能取决于玻璃的组成和热加工程序。图 1–93 所示为盘形悬式钢化玻璃绝缘子。

（2）电真空玻璃

电真空玻璃主要用于制造电真空器件、灯泡和灯管等，主要品种有硼硅酸盐玻璃、铝硅酸盐玻璃、钠玻璃和石英玻璃等。图 1–94 所示为电子管。

图 1–93 盘形悬式钢化玻璃绝缘子

图 1–94 电子管

（3）玻璃陶瓷

玻璃陶瓷又称为微晶玻璃，是一种经过高温熔化、成型、热处理而制成的晶相与玻璃相结合的复合材料，具有强度高、热膨胀性能可调、耐热冲击、耐化学腐蚀、低介电损耗等特性，广泛用于机械制造、光学、电子与微电子等领域。

玻璃陶瓷表面平滑，有玻璃光泽，抗折强度和硬度比普通陶瓷大，可像玻璃一样进行成型加工，制成大型的、厚的或薄的制品。图 1–95 所示为微晶玻璃电热膜，其通常用于制造电热器。

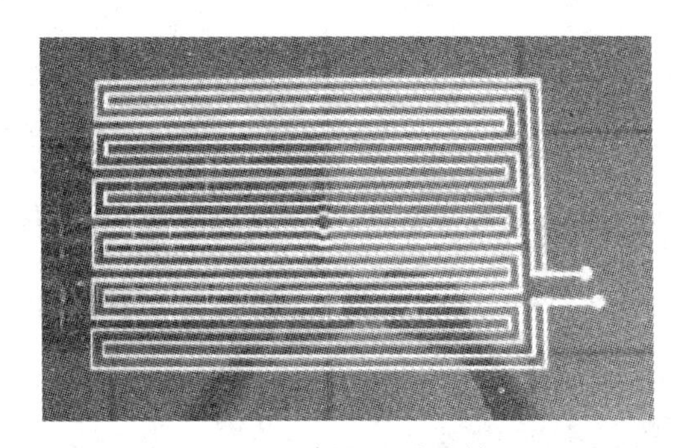

图 1–95 微晶玻璃电热膜

（4）低熔点玻璃

低熔点玻璃又称为玻璃焊药，可在较低的温度下焊接金属、陶瓷、玻璃，适用于制作电子和半导体器件的密封或焊封材料。图 1-96 所示为陶瓷双列直插式封装的 8086 处理器，用低熔点玻璃密封。

图 1-96　陶瓷双列直插式封装的 8086 处理器

第二章
普通导电材料

普通导电材料是指专门用于传导电流的金属材料，如铜、铝及其合金、电线电缆等。电线电缆是指用以传输电力、传递信息和实现电磁能量转换的一大类电工线材产品，一般分为裸电线与裸导体制品、电磁线、电气装备用电线电缆、电力电缆、通信电缆与光缆五大类型。

§2—1 导电金属

学习目标

熟悉常用铜及铜合金，铝及铝合金，金、银及银合金，复合导电金属产品的性能及用途，并会选用。

想一想

在日常生产、生活中，常用到铜导线和铝导线，却很少见到用金导线和铁导线，这是为什么？

导电金属应具有电导率高、力学强度好、不易氧化和腐蚀、容易加工和焊接等特性，同时还要价格便宜、资源丰富。在电工产品中，用量最多的导电金属是铜和铝，特殊场合也采用银、金、铂等贵重金属。常用导电金属的主要特性及用途见表 2–1，其性能参数见附表 3。

表 2-1　常用导电金属的主要特性及用途

名称	符号	主要特性	用途
银	Ag	有最好的导电、导热性，好的抗氧化性和焊接性，易压力加工	用于航空导线、耐高温导线、射频电缆等的导体和镀层以及瓷电容器极板导电浆等
铜	Cu	有好的导电、导热性，良好的耐腐蚀性和焊接性，易压力加工	用于电线电缆用导体以及母线和载流零件等。也可用作超导线材的基体，与超导材料组成复合超导线材
金	Au	抗氧化性特别好，导电性仅次于银和铜，易压力加工	用于电子材料等特殊用途
铝	Al	有良好的导电、导热、抗氧化和耐腐蚀性，密度小，易压力加工	用于电线电缆用导体和电缆护层、屏蔽层、载流零件等，以及高能电池的极板
钠	Na	熔点低，活性大，易与水作用，密度小，延展性好	可用作磁流体发电的载体等
钨	W	抗拉强度和硬度高，耐磨，熔点高，性脆，易高温氧化，需特殊加工	用于超高温导体、电焊机电极、电子管灯丝及电极电光源灯丝等
钼	Mo	有较高的抗拉强度和硬度，耐磨，熔点高，性脆，易高温氧化，需特殊加工	用于超高温导体、电焊机电极、电子管栅极丝及支架等
锌	Zn	有良好的耐腐蚀性	用于导体护层及干电池阴极等
镍	Ni	有好的抗氧化性及耐辐射性，高温强度高	用于高温导体护层及高温特殊导体、电子管阳极和阴极等
铁	Fe	强度高，易压力加工，耐腐蚀性差，交流损耗大，电阻率比铜大 6~7 倍	用于爆破线和输送功率不大的广播线等
铂	Pt	有非常好的抗化学腐蚀性和抗氧化性，易压力加工	用于精密电表及电子仪器的零件等
锡	Sn	塑性及耐腐蚀性好，强度低，熔点低	用于导体护层、焊料及熔丝等
铅	Pb	塑性及耐腐蚀性好，密度大，熔点低	用于熔丝、蓄电池极板、电缆护层等
汞	Hg	液体，沸点为 356.7℃，加热易氧化。其蒸气对人体有害	用于汞弧整流器和汞灯、汞开关等

一、铜及铜合金

1. 铜

图 2–1 T2 纯铜板

纯铜外观呈紫红色，又称为紫铜。图 2–1 所示为 T2 纯铜板。铜具有优良的导电性、导热性、延展性和耐腐蚀性，无低温脆性，易于焊接，塑性强，易于进行各种冷、热加工。铜质越纯，导电性能越好。导电用铜一般选用含铜量大于 99.90% 的工业纯铜，用作仪器仪表、电机、电器等产品中的导线、导电零部件及特殊用途等。

（1）导电用铜材的品种及其用途

导电用铜材有普通纯铜、无氧铜和无磁性高纯铜三个品种。导电用铜材的品种、代号、含铜量及主要用途见表 2–2。

表 2–2 导电用铜材的品种、代号、含铜量及主要用途

品种		代号	含铜量（%）≥	主要用途
普通纯铜	一号铜	T1	99.95	各种电线电缆用导体
	二号铜	T2	99.90	开关和一般导电零件
无氧铜	一号无氧铜	TU1	99.97	电真空器件、电子管和电子仪器零件、真空开关触头
	二号无氧铜	TU2	99.95	
无磁性高纯铜		TWC	99.95	用作无磁性漆包线的导体，用于制造高精密仪器仪表的动圈

（2）影响铜性能的主要因素

影响铜性能的因素很多，如冷变形、温度、杂质等。

1）冷变形。铜受冷变形后，会产生冷作硬化现象。冷变形度在 90% 以上时，抗拉强度可提高 80%，电导率仅降低 2.5% IACS（国际退火铜标准），被称为硬铜，用于制作输电线、整流片和开关零件等。经 450~600℃退火后的铜称为软铜，用于制作各种电线电缆的线芯。

2）温度。在熔点以下，铜的电阻率随温度升高而增加。当温度降低时，其抗拉强度、延伸率等随之增高。铜无低温脆性，常用作低温导体。铜的长期工作温度不宜超过 110℃，短期工作温度不宜超过 300℃。硬铜的工作温度通常应低于 80℃，高于 150℃开始软化。

此外，在室温干燥的空气中，铜几乎不氧化，100℃时表面生成黑色氧化铜膜。为防止氧化，可在铜导体上镀一层锡、铬、镍等金属。铜在大气中的耐腐蚀性也很好，

它与大气中的硫化物作用生成一层绿色的保护膜，能降低腐蚀速度，但在含有大量二氧化硫、硫化氢、硝酸、氨和氯等气体的场合，腐蚀较为强烈，其中氯的腐蚀尤为严重。

2. 铜合金

在电气设备中，有些特殊零件，如接触导线、换向器、集电环、刀开关、导电嘴等，除要求具有良好的导电性能以外，还要求具有较高的强度、弹性和韧性，有的还要求在工作环境温度变化的情况下具有一定的稳定性。这些性能要求纯铜无法满足，这就需要用铜合金来代替纯铜，但其电导率比纯铜稍低。铜合金的种类很多，常用的有银铜、铬铜、镉铜、锆铜、铍铜、钛铜以及镍铜类等。

（1）银铜合金

银铜合金是在铜中加入少量的银，含银量一般为0.1%~0.2%，可显著改变其软化温度（如TAg0.1的软化温度为280℃）和抗蠕变性能，对电导率影响极小。在铜合金中，银铜合金的导电性能最好，它的接触电阻值小，是良好的电接触材料，并具有良好的导热性，有一定的硬度和耐磨性，抗氧化性、耐腐蚀性也较好。若在银铜合金中加入少量的铬、铅、镁和镉，还可进一步提高合金的强度和耐热性。

银铜合金的含银量随用途而异，如直流电机换向器用换向片的含银量（质量分数）为0.06%~0.25%；集电环等导电零件的含银量为5%~20%。银铜合金主要用于制作继电器、电位器、衰减器的触点和电子管引线、换向器片等。图2-2所示为铆钉类银铜合金触点，适用于中、小电流的接触器，温控器、起动器、中间继电器、微动开关等电器及一些仪器仪表的接点，且具有一定的熄弧能力。

图2-2　铆钉类银铜合金触点

（2）铬铜合金

铬铜合金一般含铬0.4%~1.1%，其突出的特点是软化温度较高（500℃），能在450~475℃的温度下安全工作，且具有较高的硬度和强度。经过450℃时效硬化处理后，其导电性、导热性、强度、硬度均显著提高；易于焊接，能钎焊；抗腐蚀性能良好，抗高温氧化性也较好，易于进行冷、热加工。缺点是在缺口处或尖角处容易造成应力集中，导致机械损伤。若在铬铜合金中再加入微量的硅（0.1%），则具有高电导率、高抗拉强度和耐高温性能；若加入少量的镁和铝，可进一步提高耐热性，并可降低缺口处容易导致机械损伤的不足。

铬铜合金主要用于制作电器、仪表的开关零件及电子管零件等。

（3）镉铜合金

镉铜合金一般含镉量为0.7%~1.0%，其突出的特点是导电、导热性能好，耐磨，抗拉强度高，灭弧性能和抗电弧的灼蚀性能良好，压力加工性能也较好，但在250℃以上明显软化。若在镉铜合金中加入铬，可提高其时效硬化效果，耐热性会得到显著的提高；若加入少量的银、镁、锌等，还可进一步提高强度。

镉铜合金主要用于制作电气开关的触点及其他导电耐磨零件的电极等。

（4）锆铜合金

锆铜合金是一种高导电、高导热、高软化温度的合金。锆铜合金的含锆量一般为0.1%~0.4%，若用冷加工变形及热处理强化，可获得较高的力学强度和电导率，软化温度可达500℃。锆铜合金主要用于制作在350℃以下工作的电器或仪表的开关零件、导线、电焊电极、换向器片等，如高速电机换向器、耐温电机绕组、耐温电缆芯和晶体管引线等。

（5）铍铜合金

铍含量大于1%的铍铜合金具有力学强度高、硬度高、弹性滞后小、弹性稳定性好以及良好的耐腐蚀、耐磨和耐疲劳等特性，同时还具有无磁性、无冲击火花、易于焊接、能钎焊等特点。在淬火的状态下有极高的塑性，易于压力加工。但铍的氧化物和氟化物有剧毒，会污染环境。

950℃淬火、450℃时效处理的铍铜合金的软化温度为500℃，可用于焊接不锈钢，制作耐热钢用电极、导电嘴以及电器、仪表的弹簧等弹性元件、耐磨零件和敏感元件等，如波纹管、膜片、膜盒、弹片、弹簧管等。图2-3所示为铍铜合金弹簧片。

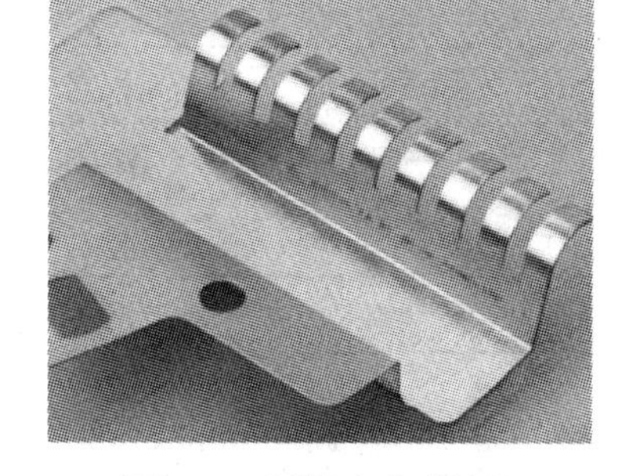

图2-3 铍铜合金弹簧片

（6）钛铜合金

钛铜合金是一种新型、高强度的合金，性能接近于铍铜合金。与铍铜合金相比较，其耐热性好，生产工艺简单，但导电性能差，用途与铍铜合金相同。钛铜合金的软化温度为500℃，可用于制作电焊机电极、高力学强度的导电零部件、弹簧和架空导线等。

（7）镍铜合金类

镍铜合金类主要有镍钛铜合金、镍硅铜合金、镍锡铜合金。镍铜合金类的耐热性能优于钛铜合金，其电导率和力学强度都接近铍铜合金，可代替铍铜合金使用。其中，镍钛铜合金的软化温度为600℃，可用于制作点焊电极、CO_2保护焊导电嘴等；镍硅铜合金的软化温度为500℃，可用于制作导电弹簧、输电线路的耐腐蚀紧固件等；镍锡铜合金的软化温度为450℃，可用于制作继电器、电位器、微动开关、电器接插件（即连接器）、传感器敏感元件等。

二、铝及铝合金

1. 铝

铝是一种银白色的轻金属，具有密度小，导电、导热性能好，抗腐蚀性能好，塑性加工性能好等特点。铝的密度为铜的30%，导电性仅次于铜；无低温脆性，易于进行压力加工，可加工成板、带、箔等制品；耐酸，但不耐碱，更不耐盐雾腐蚀。其缺点是强度比铜低，焊接性能较差。铝质越纯，导电性能越好，导电用铝通常选用含铝量在99.5%以上的工业纯铝。图2–4所示为工业纯铝棒。

（1）常用导电用铝材的品种及其用途

常用导电用铝材主要有特一号铝、特二号铝和一号铝三个品种，它们均具有较高的可塑性、高导电性及高导热性，常用作电线电缆的芯线、变压器及电机的电磁线、仪器仪表的导电零件等。导电用铝材产品的牌号、代号、含铝量及主要用途见表2–3。

图2–4 工业纯铝棒

表2–3 导电用铝材产品的牌号、代号、含铝量及主要用途

牌号	代号	含铝量（%）	主要用途
特一号铝	AL–00	≥99.7	特殊要求用铝
特二号铝	AL–0	≥99.6	电线电缆、导电体
一号铝	AL–1	≥99.5	

（2）影响铝性能的主要因素

影响铝性能的因素很多，如冷变形、温度、杂质等。

1）冷变形。铝经冷变形后，也会产生冷作硬化现象。当冷变度在90%以上时，抗拉强度可提高到176.5 MPa，而电导率只降低约1.5%IACS。

2）温度。温度对铝的影响与铜相似，在熔点以下，铝的电阻值与温度近似线性关系。在低温时，抗拉强度、疲劳强度、硬度、弹性模量、延伸率和冲击值都能升高，无低温脆性，因此，铝适宜用作低温导体。但铝的热稳定性差，蠕变极限和抗拉强度受温度影响大。因此，长期使用时的工作温度要控制在90℃以下；短期使用时的工作温度不宜超过120℃。

此外，铝在大气中有良好的耐腐蚀性，在室温下，铝的表面易生成一层极薄的氧化膜，它能阻止铝继续被氧化。但如果大气中含有大量的二氧化硫、硫化氢等气体，在潮湿的条件下，铝表面易形成电解液，引起电化学腐蚀。此外，铝的纯度对耐腐蚀性的影响也较为显著，其中铜和铁的影响最大。

2. 铝合金

铝合金是工业中应用最广泛的一类有色金属结构材料，在航空、航天、汽车、机械制造、船舶及化学工业中已大量应用。

纯铝的强度较低，在电工产品中应用受限。在铝中添加镁、硅、铁、铬、铜、锆等元素制成的导电铝合金，可在尽量少地降低电导率的情况下，提高其强度和耐热性能，并改善其耐腐蚀性和焊接性能。铝合金的种类很多，常用的有铝镁硅合金、铝镁合金、铝镁铁合金、铝镁铁铜合金、铝镁硅铁合金、铝锆合金、铝铁合金和铝硅合金等。铝合金常用于制作架空导线、电车线以及要求质量轻、强度高的导电线芯，还可用于制作电气仪表的导电零部件及结构材料。图 2–5 所示为铝合金结构件。常用导电铝合金材料的类别、名称、主要特性及用途见表 2–4。

图 2–5 铝合金结构件

表 2–4 常用导电铝合金材料的类别、名称、主要特性及用途

类别	名称	状态	主要特性及用途
热处理型	铝镁硅	硬	高强度，耐腐蚀性好，用于架空线
非热处理型	铝镁	硬（软）	中强度，用于架空线和接触线（软线也可用于电线电缆的线芯）
	铝镁铁、铝镁铁铜、铝镁硅铁	软	用于电线电缆的线芯和电磁线
	铝锆	硬	耐热（长期工作温度为 150℃，短期工作温度为 180~200℃），用于架空线和汇流排
	铝硅	硬	加工特性好，可拉制成特细线，用于电子工业连接线
	铝稀土	硬	普通铝合金中加入少量稀土，以满足电工铝的性能要求，耐腐蚀性好

铝及铝合金表面因形成氧化膜而不易焊接，常用的焊接方式有氩弧焊、气焊、冷压焊和钎焊等。铝和铜的焊接易形成脆性 $CuAl_2$ 化合物，其焊接可采用电容储能焊、冷压焊、摩擦压接焊和钎焊等。

三、金、银及银合金

1. 金

金的导电性仅次于银、铜，具有优良的化学、物理和力学性能，耐腐蚀，柔软，加工性极好。虽然金会被氯气侵蚀，但其具有高传导性、高抗氧化性和抗环境侵蚀性等特点，常被用作要求较高的电子设备金属部分的保护层。金丝是微电子工业的重要导电材料，常用于手机芯片、计算机 CPU 等高科技产品。

2. 银及银合金

银的理化性质稳定，导热、导电性能很好，质软，加工性能好，延展性好。银作为电接触材料、复合材料和焊接材料，主要用于电子电器行业。例如，银及银合金是电器开关重要的触头材料，其接触电阻低而稳定，抗高温氧化；导电银胶和银基导电浆料是重要的导电材料。

四、复合导电金属

复合导电金属材料是指两种或两种以上的导电金属复合在一起使用的材料，如被覆金属有的包在基体金属的周围，如铜包钢线，其工艺流程如图 2–6 所示；有的包在基体金属的其中一个侧面，如钢铝电车线；有的被覆在基体金属的一面或两面，如铝覆铁、铝黄铜覆铜等。这样可提高金属的强度以及耐腐蚀、耐热等性能，使其在应用中可发挥各自的优点。

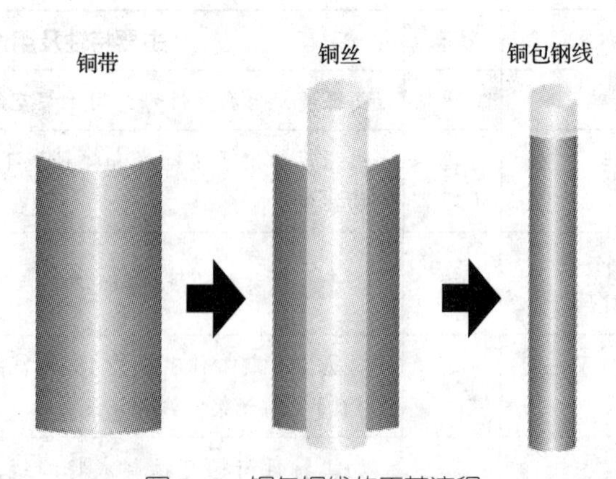

图 2–6　铜包钢线的工艺流程

复合导电金属有线、棒、带、板、片、管等各种型材。其中，线、棒的被覆金属包在基体金属周围；带、板、片分单面和双面两种被覆。双面被覆的外层可用相同或不同金属。被覆金属与基体金属之间因原子相互扩散，高温下易生成脆性化合物，可加入起隔离作用的第三种金属，或限制复合金属的热处理温度及工作温度。例如，铜、铝复合导体在250℃以上长期加热，在铜、铝界面形成脆性化合物，因此，其长期工作温度应低于250℃。为了改善铜、铝的接合强度，通常在铝包钢线的钢芯上镀锌。常用复合导电金属材料的分类、名称、特性及用途见表2–5。

表2–5 常用复合导电金属材料的分类、名称、特性及用途

分类	名称	特性	用途
高强度	铝包钢线	抗拉强度为900~1 300 MPa，电导率为29%~30%IACS，伸长率不小于1.5%，耐腐蚀性好	用作输电、配电用电线，载波避雷线，通信线及制造大跨越架空导线
	铜包钢线、铜包钢排	抗拉强度为650~1 500 MPa，电导率为30%~40%IACS，伸长率不小于1%，耐腐蚀性好	用作高频通信线、输电线、大跨越及盐雾等特殊地区的架空导线。导电排可用作小型电机换向器片、直流电机电刷弹簧、配电装置中的汇流排和刀闸的栏条等
高导电	铜包铝线、铜包铝排	抗拉强度为210 MPa（硬态），工作温度≤250℃，电导率高于铝	用作高频通信线、屏蔽配电线、电磁线，导电排可用作电机换向器片
	银覆铝	接触性好，电导率高	用作航空用导线、波导管
高弹性	铜覆铍铜	弹性好，电导率高	用作导电弹簧
	弹簧钢覆铜	弹性好，电导率高，耐腐蚀性好	用作导电弹簧
耐高温	铝黄铜覆铜	电导率高达80%IACS，抗高温氧化性好	用作高温大电流导电材料，如电炉配电用汇流排
	镍包铜	电导率高达89%IACS，抗高温氧化性好	用作高温导线（400~650℃）
	耐热合金包银	电导率高，抗高温氧化性好	用作高温导线（650~800℃）
耐腐蚀性	镀银铜包钢线	抗拉强度高，抗氧化性好	用作射频电缆及高温导线的线芯
	镀锡铜包钢线	耐腐蚀性好，焊接性好	用作橡胶绝缘电线电缆、仪器仪表的连接线、编织线和软接线
其他	铁镍钴合金包铜	导电性和导热性好，膨胀系数与玻璃相近	用作与玻璃密封的导电、导热材料

§2—2 裸电线

学习目标

1. 熟悉裸电线产品型号的编制方式。
2. 熟悉常用裸电线产品的特性及用途，并会选用。

想一想

图 2-7 所示为高压输电线路架空线施工使用的裸电线。高压输电线路架空线为什么要采用裸电线？

图 2-7 高压输电线路架空线施工使用的裸电线

裸电线又称为裸导线，是一种表面裸露、没有绝缘层的金属导线。裸电线是电线电缆产品中最基本的一类产品，应用非常广泛，主要用于电力、交通、电信工程等领域以及电机、变压器等电气设备的制造，如用裸电线作为导电线芯制作各种电线电缆。

根据形状、结构和用途的不同，裸电线分为圆单线、型线（型材）、裸绞线（即架空用绞线）、软接线等系列。图 2-8 所示为架空输电线用裸绞线。按照组成材质的不同，裸电线分为单金属线、合金线、双金属线三种。

图 2-8 架空输电线用裸绞线

一、裸电线产品型号的编制方式

裸电线的产品型号一般由三个部分组成，如图 2–9 所示。其产品型号的编制方式及其代号含义见表 2–6，表中给出了裸电线产品型号中各部分的英文字母和数字编码及其所表示的含义。

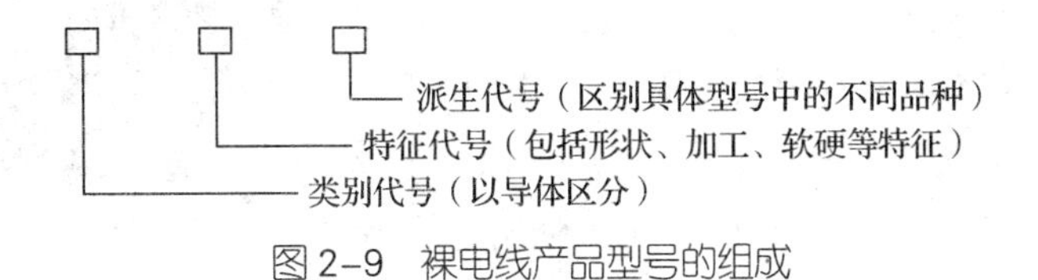

图 2–9　裸电线产品型号的组成

表 2–6　裸电线产品型号的编制方式及其代号含义

类别、用途（或以导体区分）	特征				派生
	形状	加工	类型	软硬	
T—铜线	B—扁形	F—防腐	J—加强型	R—柔软	A—第一种
L—铝线	D—带形	J—绞制	K—扩径型	Y—硬	B—第二种
G—钢（铁）线	G—沟形	X—纤维编织	Q—轻型	YB（BY）—半硬	1—第一种
M—母线	K—空心	X—镀锡	Z—支撑型	YT—特硬	2—第二种
S—电刷线	P—排状	Y—镀银	C—触头用		3—第三种
C—电车线	T—梯形	Z—编织			630—标称截面积（mm^2）
H—合金	Y—圆形	G—钢金属软管			
TY—银铜合金					
……	……	……	……	……	……

例如，LGJF 防腐型钢芯铝绞线，其说明如图 2–10 所示。

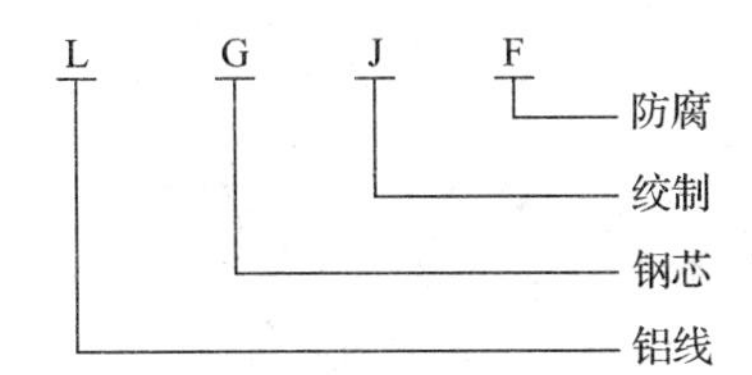

图 2–10　LGJF 防腐型钢芯铝绞线说明

二、常用裸电线

1. 圆单线

圆单线又称为圆线，是圆形的单根导线。图 2–11 所示为圆铜线。圆单线具有抗拉强度大、弯曲性能好等优点，主要用于制作各种电线电缆的导体线芯。它可以单独使用，也可以构成绞线。

（1）圆单线的命名方法及规格

1）圆单线的命名方法：名称 = 镀层（或包覆层、附加说明）+ 外形名 + 材质名 + 线。

示例：①圆铜线 = 外形（圆）+ 材质（铜）+ 线。

②镀锡圆铜线 = 镀层（锡）+ 外形（圆）+ 材质（铜）+ 线。

③铝包钢芯圆单线 = 包覆层（铝）+ 外形（圆）+ 材质（钢）+ 线。

④无磁性圆铜线 = 附加说明（无磁性）+ 外形（圆）+ 材质（铜）+ 线。

图 2–11　圆铜线

2）圆单线的规格可直接用截面标称直径（或截面积）表示。例如，TY 型（硬圆铜线）直径 10 mm。

（2）圆单线的选用

按照工程的用途及要求，如负载电流的大小、材料的价格等情况，确定选择导线的材质（如铜或铝）、状态（如硬或软）、线径（或截面积）等。

圆单线的种类很多，常用的有圆铜线、圆铝线、镀锡圆铜线、镀银圆铜线、镀镍圆铜线、铝合金圆线、铝包钢圆线、铜包钢圆线和无磁性圆铜线等。常用圆单线产品的名称、型号、特性及用途见表 2–7。

表 2–7　常用圆单线产品的名称、型号、特性及用途

名称	型号	特性	用途
圆铜线（软、硬、特硬）	TR、TY、TYT	软线的延伸率高，硬线的抗拉强度比软线大 1 倍左右，半硬线介于两者之间	硬线主要用作架空导线；半硬线和软线主要用作电线电缆及电磁线的线芯，也用于其他电器制品
圆铝线（软、硬、半硬）	LR、LY、LYB		
镀锡圆铜线	TRX	具有良好的焊接性及耐腐蚀性，并起铜线与被覆绝缘（如橡胶）之间的隔离作用	电线电缆用导线线芯及其他电器制品
可焊镀锡圆铜线	TRXH		
镀银圆铜线	TRY	耐高温性好（200℃）	航空及其他使用氟塑料绝缘的导线、射频电缆线芯
镀镍圆铜线	TRN	耐高温性好（260℃）	耐高温电线电缆用的导线
铝合金圆线	LH	具有比铝线高得多的抗拉强度	热处理型（LH_A）主要用于制造架空导线，热处理型（LH_B）用于制作电线电缆的导线线芯
铝包钢圆线	GL、GGL	抗拉强度高	配电线、通信线、载波避雷线和大跨越架空绞线

续表

名称	型号	特性	用途
铜包钢圆线	GTA、GTB	抗拉强度高，耐腐蚀性好	载波通信线和电力绞线。其中，GTA 型用于架空线路，GTB 型用于绞线
无磁性圆铜线	—	含铁量小，磁性小	无磁性漆包线导体

2. 型线

型线是指裸导线的截面加工成长方形或其他非圆形状的导电材料，如母线、扁线、异形排、电车线（接触线）、空心导线等。图 2-12 所示为双沟形铜电车线（接触线）。型线主要用于电动机的换向器、电器和开关触头、电力牵引机车的接触电线等领域。

型线中最常用的是矩形型线，尺寸小的叫扁线，如铜扁线、铝扁线等；尺寸大的叫母线，如铜母线、铝母线等。图 2-13 所示为扁线、母线及带的截面。

图 2-12　双沟形铜电车线（接触线）

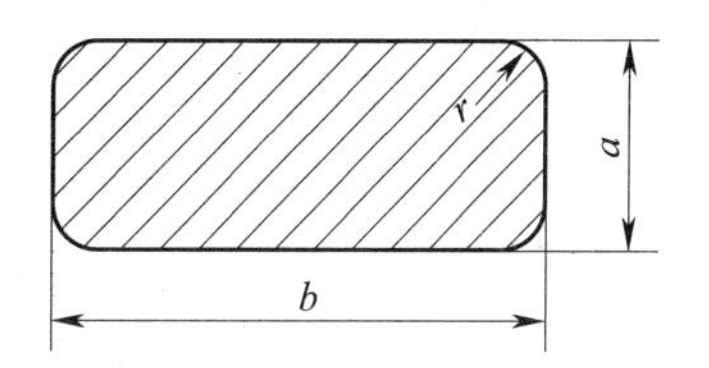

图 2-13　扁线、母线及带的截面

型线的规格一般用截面的宽边、窄边及圆角表示。

常用型线（型材）产品的名称、型号及用途见表 2-8。

表 2-8　常用型线（型材）产品的名称、型号及用途

名称	型号	用途
软、硬铜扁线	TBR、TBY	扁线主要用于电机、电器等线圈和绕组；母线主要用作汇流排，也用于其他电器制品
软、硬、半硬铝扁线	LBR、LBY、LBBY	
软、硬铜母线	TMR、TMY	
软、硬铝母线	LMR、LMY	
软、硬铜带	TDR、TDY	通信电缆线芯外导体

续表

名称	型号	用途
梯形铜排	TPT	电机换向器片、大电机绕组和电器开关触头等
梯形银排	TYPT	
空心铜导线	TBRK	用于内冷电机、变压器及感应炉的绕组线圈
空心铝导线	LBRK	
双沟形铜电车线（接触线）	TCG	电力运输系统的架空接触导线

图 2-14 所示为梯形铜排和空心铜导线。其中，空心铜导线主要用作大型发电机转子导线，在磁场中切割磁感应线产生电流。

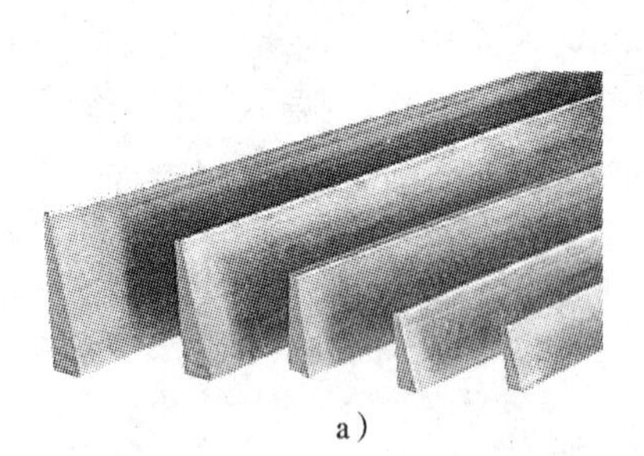
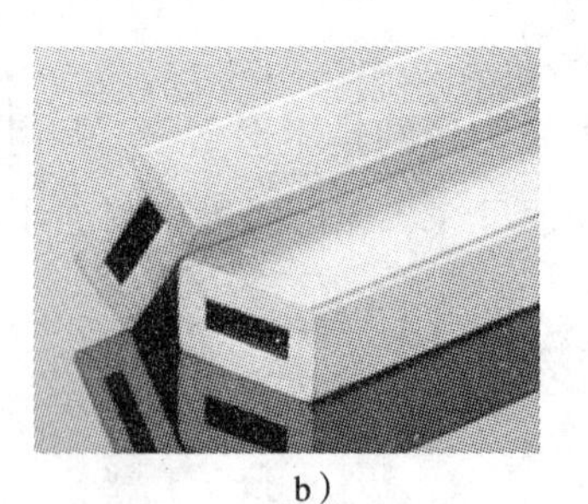

a）　　b）

图 2-14　梯形铜排和空心铜导线
a）梯形铜排　b）空心铜导线

3．裸绞线

裸绞线是指由多根圆单线或型线，经同芯分层呈螺旋形扭绞及相邻层扭绞方向相反的绞合而形成的导线。由于裸绞线可以被制成较大截面积的导线，以输配较大的电流，而且比较柔软，具有较高的抗拉强度和耐振动性能、较小的蠕变性能，因而被广泛用于高、低压输电的架空电力线路。

（1）裸绞线的绞合规则

裸绞线按绞合规则分为简单绞线、复合绞线、组合绞线和特种绞线等。

1）简单绞线。简单绞线也称为正规绞合线，由材质相同、线径相等的线材（如圆单线）绞合而成。图 2-15a 所示的简单绞线，理论上中心层的单线根数可取 1~6 根，从中心层向外，每层的单线根数依次递增 6 根，相邻层的绞向相反，最外层的绞向为右向。简单绞线可用于铝绞线、铝合金绞线和铝包钢绞线等。

2）复合绞线。复合绞线由材质相同、线径相等的单线先通过束合或绞合成股，再由线股用简单的绞合方式绞成，如图 2-15b 所示。第 2 次复绞的方向可与束线股的绞向相同或相反。束线是由多根单线以同一方向一次束合而成，束线中的各单线位置互相不严格固定，所以束线的外径不一定完全呈圆形。复合绞线可用于扩径导线，也可用于软铜绞线、电刷线以及电气装备用电线电缆中某些产品的导电线芯。

3）组合绞线。组合绞线由导电单线和增强单线两组单线绞合而成，如图 2-15c 所示。组合绞线存在两种情况：第 1 种是导电单线和增强单线直径相等，此时绞线的规则与简单绞合相同；第 2 种是导电单线和增强单线直径不等，一般先将增强单线简单绞合成中心组，根据该绞线组的外径，仍按简单绞线的原则确定导电单线的各层分布。在电气工程中，组合绞线可用于钢芯铝绞线、钢芯铝合金绞线和铝合金芯铝绞线等。

4）特种绞线。特种绞线由不同材质和不同形状的线材用特殊组合方式绞合而成，如图 2-15d 所示。特种绞线可用于扩径导线、自阻尼导线、压缩型导线和光纤复合架空地线等。

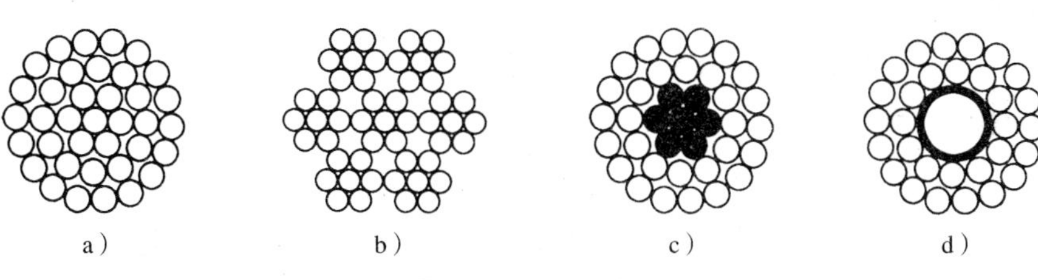

图 2-15　裸绞线

a）简单绞线　b）复合绞线　c）组合绞线　d）特种绞线

（2）裸绞线的种类

按绞线的结构形式，裸绞线分为多股实心绞线、扩径绞线、自阻尼绞线、紧缩型绞线和其他特种绞线（如防冰雪导线、倍容量导线、光纤复合架空导线等）。

1）多股实心绞线。常用多股实心绞线包括铝（或铝合金）绞线、钢绞线和钢芯铝绞线等。与截面积相同的圆单线相比较，由于多股实心绞线各股强度的缺陷点不会集中于同一个断面，从而可以减轻因弯曲或振动所产生的弯曲应力，使整体强度保持均匀。因此，多股实心绞线的柔软性能好、易弯曲并具有足够的强度。多股实心绞线的截面如图 2-16 所示。

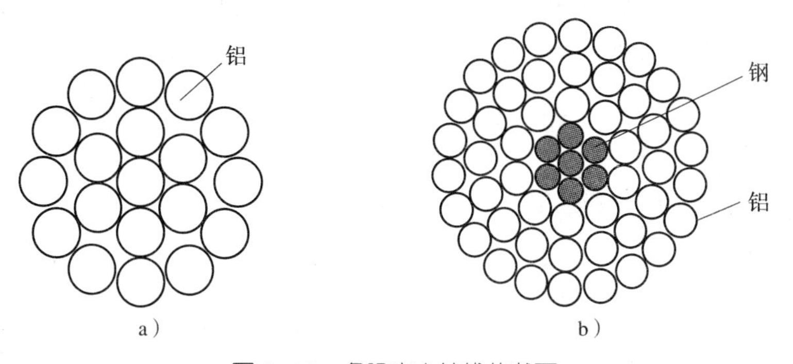

图 2-16　多股实心绞线的截面

a）铝绞线　b）钢芯铝绞线

2）扩径绞线。在导电体相同的情况下，从截面上观察，若所构成的绞线外径明显比实心绞线的外径增大，这种绞线称为扩径绞线。扩径绞线分为空心型、支撑芯型、填充型和层间支撑型等。绞线扩径的目的在于通过增大导线的外径，以减少高压线路和变电站母线的电晕和无线电干扰。

①空心型绞线。图 2–17 所示为空心型绞线的截面。它由每股导体制成带扣的拱形断面，各股相扣连接成圆管形并加以扭绞而成。为保证扣连的强度和抗拉要求，导体需用铜材加工，并且加工和制造工艺复杂，成本高，只用于特殊场合。

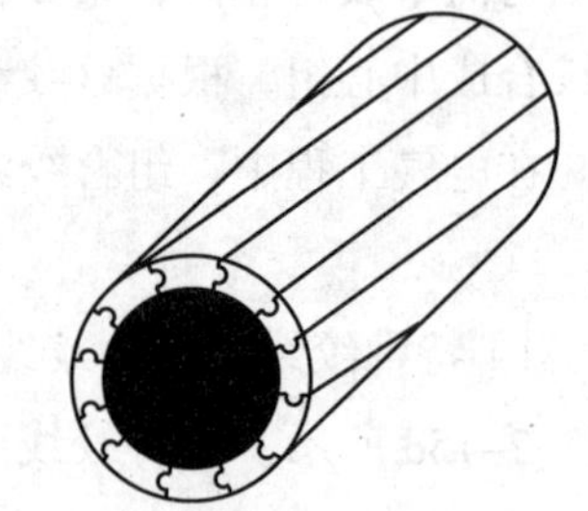

图 2–17　空心型绞线的截面

②支撑芯型绞线。图 2–18 所示为“工”字形支撑芯型绞线的截面。支撑芯架通常用“工”字形或“U”形铜或铝材料拧成螺旋管作为非受力绕线支架，在支架上的内层绕钢线股，外层依次绕铝线股。国内生产厂也有用镀锌金属软管做支撑的扩径绞线，主要用于电厂或变电所的母线上。图 2–19 所示为 LGKK 型扩径导线的截面。

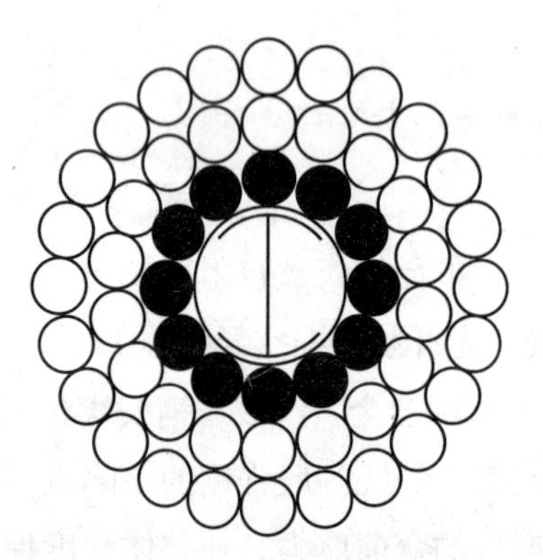

图 2–18　“工”字形支撑芯型绞线的截面

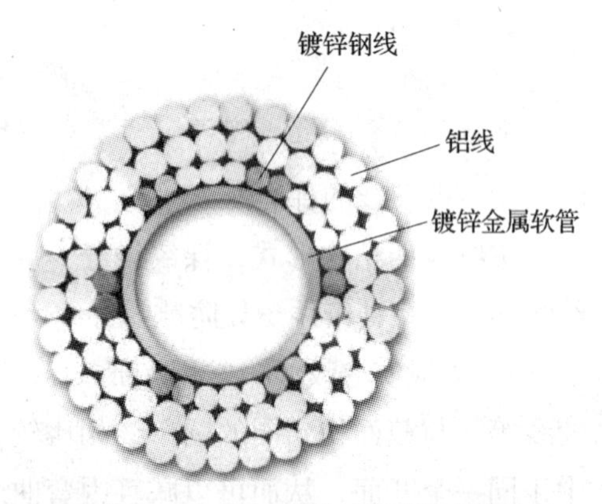

图 2–19　LGKK 型扩径导线的截面

③填充型绞线。填充型绞线的线芯为钢绞线。所谓填充型，是指在钢绞线的外面绕两层浸渍过、不溶水的细纸绳或塑料绳，其中每层混入两股铝线，以保证绞线横断面的稳定性。然后，在较外层或表面层缠绕铝线股，构成填充型绞线。

④层间支撑型绞线。图 2–20 所示为层间支撑型绞线的截面。该种绞线与填充型相似，只是不加填充料，而是在钢芯与铝线股层间缠绕 1~2 层、每层 4 根（或更多）的拱形或圆形铝线股作为支撑层，外面再密布铝线股。

3）自阻尼绞线。自阻尼绞线是以防振为目的专门制造的一种对微风振动有很大阻尼作用的导线，其阻尼作用为一般绞线的 3~15 倍。因此，可以不必再采取其他防振措施，从而提高了导线的平均运行应力，常用于线路大跨越段。

自阻尼绞线的结构有很多种，在目前国内生产的自阻尼绞线中，常用的结构形式是在铝线层之间及铝线层与钢芯之间保持 0.6~1.0 mm 的间隙，铝线股呈拱形断面，以保持层体和间隙的稳定性，其截面如图 2–21 所示。它是利用各层的固有频率不同，振动时产生动态干扰和层间的摩擦，碰击耗能，从而起到消振作用。其他形式的自阻尼导线多是在股层间介入软金属或高滞后作用的非金属材料，以提高自阻尼作用。

图 2–20　层间支撑型绞线的截面

图 2–21　自阻尼绞线的截面

另外，国内外新兴一种小弧垂钢芯铝绞线。其中，钢芯采用高强度钢丝，铝线股采用软态或半硬态铝线。架线时，预加较大张力拉出铝线股并塑性伸长，使铝线股松弛，架线后铝线股基本不受张力，因此，能消耗较多振动能量，并提高铝线股的耐振性能。同时，还可提高线温，增加传输容量。

4）紧缩型绞线。紧缩型绞线是将圆线同心绞线通过特殊的模压，使外层线股挤成扇状，使整根导线有一光滑的圆柱形表面。经压缩减小了空隙和外径，不仅使风、冰荷载减少，还有利于阻止导线的舞动，但易产生微风振动。紧缩型绞线的截面如图 2–22 所示。

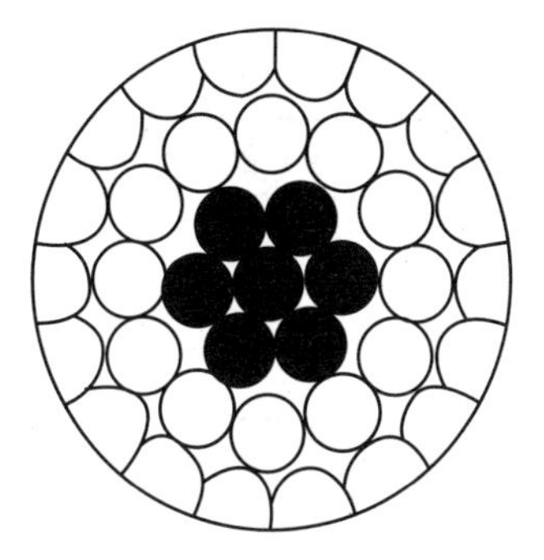
图 2–22　紧缩型绞线的截面

（3）裸绞线的命名方式及型号编制方法

1）命名方式：名称 = 材质 + 状态 + 构造

其中，材质是指铜导体或铝导体；状态是指硬与软；构造是指有无钢芯。

例如，铝绞线、铜软绞线、加强型钢芯绞线等。

2）型号编制方法：型号 = 材质 + 构造 + 状态 + 绞线

例如，LGJJ 表示“加强型钢芯铝绞线”。其字母含义为：L—铝线，G—钢芯，J—加强型，J—绞线。

（4）规格

架空用绞线的规格是用标称截面积（mm^2）表示。同时，在主要技术参数中提供绞合单线的根数、单线直径和绞合后的外径。

例如，LH_BGJ–400/50 的含义为：铝合金标称截面积为 400 mm^2、钢芯标称截面积为 50 mm^2 的钢芯热处理铝镁硅稀土合金绞线。根据技术参数表可查出：标称截面积为 400 mm^2，根数 / 直径为 37/3.70mm，外径为 25.90mm。LH_A 表示热处理铝镁硅合金，LH_B 表示热处理铝镁硅稀土合金。

（5）架空用裸绞线的选用

架空用裸绞线主要用于户外露天条件下的输电线路，不仅要承受导线自身的负荷，还要承受因气候、恶劣天气等因素所产生的额外的机械负荷，以及空气中各种有害气体的腐蚀。因此，在选择架空用裸绞线时，应按裸绞线的力学强度、耐热及电阻率的大小等参数合理确定选用规格。

选择架空用裸绞线时需重点考虑以下条件：

1）导线必须有足够的力学强度，以防止因额外机械负荷而造成的短路。

2）导线允许电流必须大于长期通过的实际工作电流。

3）对于动力线路，导线的压降损失不应超过 7%；对于照明线路，导线的压降损失不应超过 15%。

除此之外，还应考虑环境因素，如有害气体的腐蚀情况等。

重点以前面三条为主。一般先按前两条进行初选，然后再按照第三条验算架空线路的末端电压。如果压降损失超过允许值，可考虑加大导线截面并再次进行验算，直到合格为止。

常用架空用裸绞线的品种、型号及用途见表 2–9。

表 2–9　常用架空用裸绞线的品种、型号及用途

<table>
<tr><th colspan="3">品种</th><th>型号</th><th>用途</th></tr>
<tr><td rowspan="4">普通绞线</td><td colspan="2">铝绞线</td><td>LJ</td><td>用于受力不大、档距较小的一般配电线路</td></tr>
<tr><td colspan="2">铝合金绞线</td><td>LH_AJ、LH_BJ</td><td>用于一般配电线路</td></tr>
<tr><td colspan="2">铝包钢绞线</td><td>GLJ</td><td>用于重冰区或大跨度导线、通信避雷线</td></tr>
<tr><td colspan="2">硬铜绞线</td><td>TJ</td><td>除特殊需要外，一般不采用</td></tr>
<tr><td rowspan="8">组合绞线</td><td rowspan="2">钢芯铝绞线</td><td>普通</td><td>LGJ</td><td rowspan="2">用于高压和超高压线路中受力大、大跨度的输配电线路</td></tr>
<tr><td>轻型</td><td>LGJQ</td></tr>
<tr><td colspan="2">钢芯铝合金绞线</td><td>LH_AGJ、LH_BGJ</td><td>用于重冰区或大跨度输电线路等</td></tr>
<tr><td colspan="2">钢芯铝包钢绞线</td><td>GLGJ</td><td>用于较大跨度或重冰区输电线路</td></tr>
<tr><td colspan="2">高强度铝包钢绞线</td><td>GGLJ</td><td>用于大跨度输电线路或通信避雷线</td></tr>
<tr><td colspan="2">钢芯软铝绞线</td><td>LRGJ</td><td>用于传输容量较大的输配电线路</td></tr>
<tr><td rowspan="2">防腐钢芯铝绞线</td><td>轻防腐</td><td>LGJF</td><td rowspan="2">用于周围有腐蚀环境的输配电线路</td></tr>
<tr><td>中防腐</td><td>LGJF2</td></tr>
</table>

续表

品种		型号	用途
特种绞线	高强度重防腐钢芯铝包钢绞线	GLGJF3	用于大跨度输电线路
	扩径钢芯铝绞线	LGJK	用于高压或高海拔输电线路
	自阻尼钢芯铝绞线	—	用于大档距、耐疲劳的输配电线路
	紧缩型导线	—	用于重冰区的输配电线路

4. 软接线

软接线由小截面软圆铜线绞制或编织而成，具有柔软性，主要用于各种软连接的场合。软接线包括铜电刷线、裸铜软线、铜编织线等。常用软接线产品的名称、型号及用途见表 2–10。

表 2–10 常用软接线产品的名称、型号及用途

名称	型号	用途
铜电刷线	TS、TSR、TSX	用于电刷连接线
裸铜天线	TT、TTR	用于通信架空电线
裸铜软绞线	TJR1、TJR2、TJRX1、TJRX2	用于电气装置的接线和地线
	TJR3、TJRX3	用于电子电器或元件用接线
裸铜特软绞线	TTJR	用于电气装置或电子元件耐振连接线
斜纹铜编织线	TZ–2、TZX–2	用于电气装置、开关电器、电炉及蓄电池等的接线
	TZ–4、TZX–4	用于电子电器设备或元件、扬声器音圈等的接线
直纹铜编织线	TZZ–07、TZZ–10、TZZ–15	用于小型精密电器装置等的接线
镀锡铜编织线	TZXP	用于屏蔽保护

（1）铜电刷线

铜电刷线是用于电机、电器及仪表线路上连接用的软连接线，如图 2–23 所示。铜电刷线的制作方式特殊，其过程是先由硬圆铜线制成束线，再进行复绞，最后在一定的温度下进行加热处理，以提高其延伸率，降低直流电阻（称为韧炼，又称为退火、软化）。铜电刷线的结构稳定，表面光洁、无毛刺，在取放电刷并多次弯曲时不易断裂。

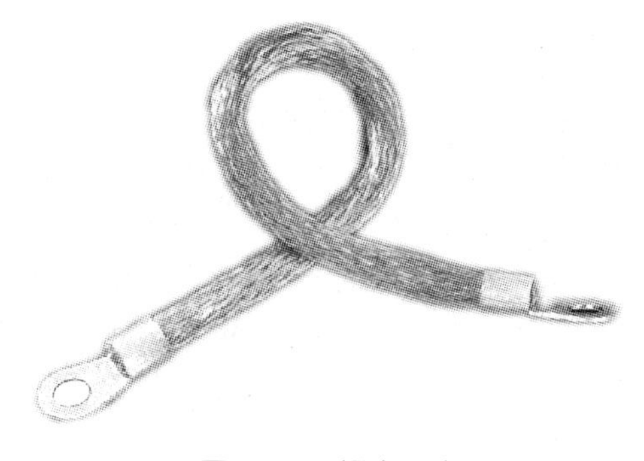

图 2–23 铜电刷线

铜电刷线的型号为 TS（铜电刷线）、TSX（铜镀锡电刷线）、TSR（铜软电刷线）。

（2）裸铜软绞线

裸铜软绞线是电气装备及电子电器或元件接线用的软连接线，如图 2–24 所示。裸铜软绞线外层的绞向为右，除非供需双方另有协议，相邻层的绞向应相反。绞合应紧密、整齐，不得有断股和缺股。其型号为 TJR1（1 型裸铜软绞线）、TJR2（2 型裸铜软绞线）、TJR3（3 型裸铜软绞线）、TJRX1（1 型镀锡裸铜软绞线）、TJRX2（2 型镀锡裸铜软绞线）、TJRX3（3 型镀锡裸铜软绞线）。

（3）铜编织线

铜编织线是用于电气装置、开关电器、电炉及蓄电池等的软连接线，它采用优质圆铜线或镀锡软圆铜线以多股经单层或多层编织而成。常用的铜编织线又分为斜纹型和直纹型。图 2–25 所示为铜编织线。

图 2–24　裸铜软绞线

图 2–25　铜编织线

§ 2—3　电磁线

学习目标

1. 熟悉电磁线的作用及分类。
2. 熟悉电磁线产品型号的编制方式。
3. 熟悉常用电磁线产品的特点及用途，并会选用。

想一想

图 2–26 所示为风扇电动机的定子绕组和绕组线，绕制定子绕组的电线与裸电线有何不同？

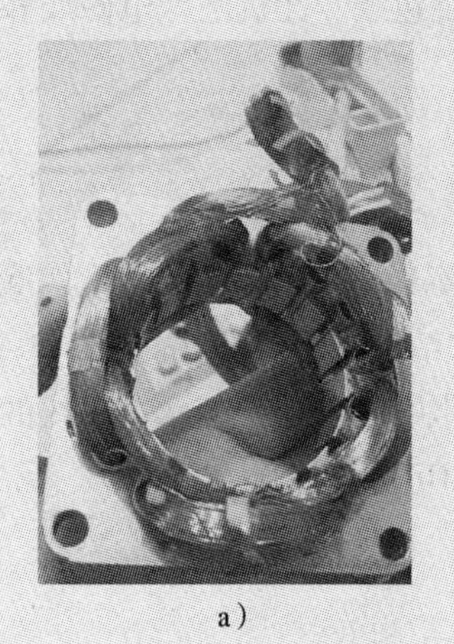

a）

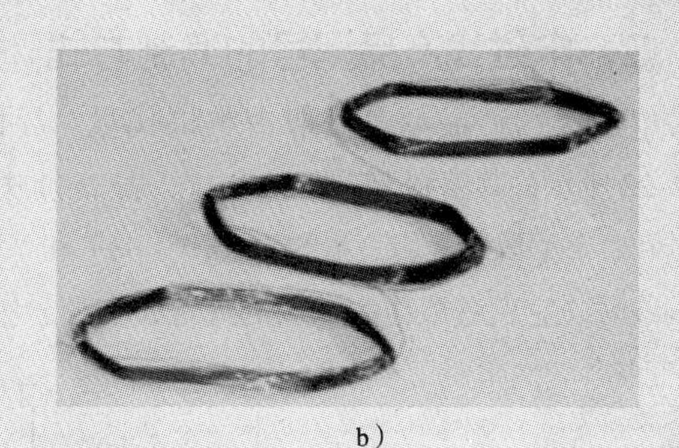

b）

图 2–26 风扇电动机的定子绕组和绕组线

a）风扇电动机的定子绕组 b）绕组线

电磁线是一种具有很薄的绝缘层的金属导线，如图 1–34 所示的漆包电磁线，其绝缘层为漆膜。电磁线主要用于绕制电机、变压器等电工设备和仪器仪表的线圈或绕组，所以又称为绕组线。

一、电磁线的作用及分类

1．电磁线的作用

电磁线的作用有两个：一个是让电流通过电磁绕组（线圈）产生磁场，如三相异步电动机的旋转磁场是依靠定子绕组中通以交流电流来建立的；另一个是让电磁绕组（线圈）切割磁场（磁感应线）产生电流。图 2–27 所示为发电机的结构。

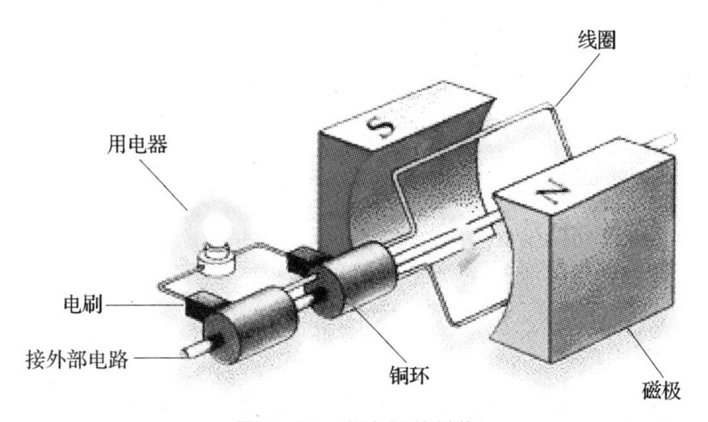

图 2–27 发电机的结构

2．电磁线的分类

（1）按导电线芯的材质分为铜线、铝线和其他金属线。

（2）按导电线芯的外形分为圆线、扁线、带、箔等。

（3）按绝缘层的特点和用途分为漆包线、绕包线、无机绝缘电磁线和特种电磁线等。

二、电磁线产品型号的编制方式

电磁线的产品型号一般由类别代号、导体代号和派生代号三个部分组成，如图 2–28 所示，其编制方式见表 2–11。表 2–11 中给出了电磁线产品型号中各部分的英文字母和数字编码及其所表示的含义，其中 T 和 Y 均加有括号，表示电磁线的导电材料是圆铜线时，它们一般作为默认的规定，在型号中可以不标示。

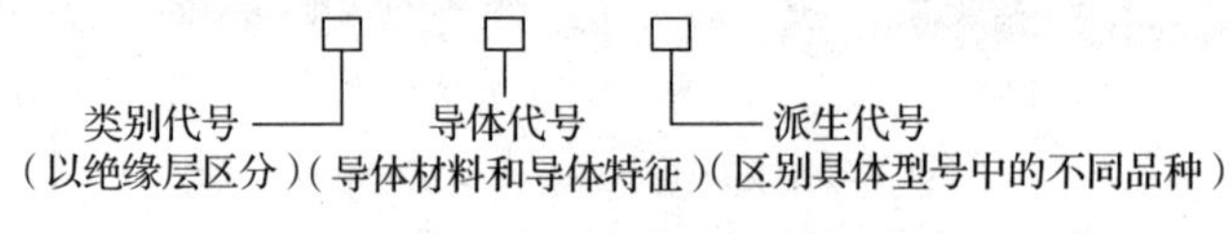

图 2–28 电磁线产品型号的组成

表 2–11 电磁线产品型号的编制方式

类别（以绝缘层区分）				导体		派生
绝缘漆	绝缘纤维	其他绝缘层	绝缘特征	导体材料	导体特征	
Q—油性漆 QA—聚氨酯漆 QG—硅有机漆 QH—环氧漆 QQ—缩醛类漆 QXY—聚酰胺酰亚胺漆 QZ—聚酯类漆 QZ（G）—改性聚酯类漆 QZY—聚酯亚胺漆 QY—聚酰亚胺漆 ……	M—棉纱 SB—玻璃丝 SR—人造丝 ST—天然丝 Z—纸 ……	V—聚氯乙烯 YM—氧化膜 BM—玻璃膜	B—编织 C—醇酸浸渍 E—双层 G—硅有机浸渍 J—加厚 N—自黏性 F—耐冷冻剂性 S—三层，彩色	（T）—铜线 L—铝线 TWC—无磁性铜线	（Y）—圆线 B—扁线 D—带（箔） J—绞制 R—柔软	1—薄漆层 2—厚漆层 3—特厚漆层

例如：

（1）QZ–2/130 型电磁线的名称为聚酯漆包圆铜线，并且是厚漆膜，耐温 130℃。

（2）SBELB 表示双层玻璃丝包扁铝线，如图 2–29 所示。

图 2-29 双层玻璃丝包扁铝线

三、常用电磁线

1. 漆包线

漆包线由导电线芯和绝缘层组成，是一种以漆膜作为绝缘层的电磁线。漆包线的性质由导电线芯的材料和绝缘层的性质决定，具有漆膜较薄、光滑、均匀，线体便于弯曲、利于高速绕制，空间占有率低等优点，广泛用于制造中小型电机、电器和电工仪表的线圈或绕组等。

（1）漆包线的种类

漆包线按长期使用温度及使用特点的不同分为普通漆包线、耐高温漆包线和特种漆包线。普通漆包线是指长期使用温度在155℃及以下的漆包线，如缩醛、聚酯、聚氨酯、环氧以及油性漆包圆线或扁线。耐高温漆包线是指使用温度在180℃及以上的改性聚酯亚胺、聚酰亚胺等漆包圆线或扁线。特种漆包线包括耐冷冻剂漆包线、自黏直焊性聚氨酯漆包线、无磁性聚氨酯漆包线等。

需要注意的是，并非所有的漆包线都是电磁线，如康铜漆包线（Ni39%~41%，Mn1%~2%，其余为Cu）属于电阻合金材料。

（2）漆包线的选用

选用漆包线必须根据产品的特点、特性以及漆包线的材料类别，按照漆包线的性能要求，经理论计算得出它的线径范围及规格，然后再综合考虑其他因素和使用特性，查阅电工手册，根据经济实用的原则，确定漆包线的型号。

选择漆包线时需重点考虑以下条件：

1）根据电流及散热条件确定线径（或截面积）；根据环境温度和导体温升情况确定耐热等级；根据耐压等级确定抗击穿强度值；根据工作频率确定介损因数，频率越高，介损因数越小，性能越好；据工作环境是否潮湿、是否有腐蚀性物质确定其化学性要求。

2）要求电阻率越小越好，耐刮性、柔软性要好，伸长率要适度。此外还要考虑特殊要求，如在氟利昂制冷剂中工作，应选耐冷冻剂漆包线或自黏耐冷冻剂漆包线；对于耐辐射、能直焊、自黏等有特殊要求时，应选用具备这些特殊性能的漆包线。

选择漆包线时应注意同种漆包线的漆膜有薄、厚和加厚之分，一般线径越大，漆膜越厚；注意漆包线与浸渍漆相关衬垫材料的相容性，以免其性能变差；注意导电线芯材料的选用。

常用漆包线产品的类别、名称、型号、耐热等级、特点及用途见表 2–12。

表 2–12　常用漆包线产品的类别、名称、型号、耐热等级、特点及用途

<table>
<tr><th>类别</th><th>名称</th><th>型号</th><th>耐热等级</th><th>特点</th><th>用途</th></tr>
<tr><td rowspan="4">普通漆包线</td><td>油性漆包线</td><td>Q</td><td>105（A）</td><td>漆膜均匀，介损因数小，价格低廉，但耐抗性差，耐溶剂性差</td><td>用于中、高频线圈及仪表、电器的线圈</td></tr>
<tr><td>缩醛漆包圆（或扁）铜线</td><td>QQ（或 QQB）</td><td>120（E）</td><td>耐热冲击性优，耐刮性优，耐水解性好，但漆膜卷绕后易发生湿裂</td><td>用于普通中、小型电机和微型电机的绕组、油浸变压器的线圈、电器仪表用线圈</td></tr>
<tr><td>聚酯漆包圆（或扁）铜线</td><td>QZ（或 QZB）</td><td>130（B）</td><td rowspan="2">耐电压性优，耐软化击穿性好，耐改性聚酯热冲击性较好，但耐水解性差，与含氯高分子化合物不相容</td><td rowspan="2">用于中、小型电机的绕组，干式变压器和仪表、电器用线圈</td></tr>
<tr><td>改性聚酯漆包圆（或扁）铜线</td><td>QZ（G）［或 QZ（G）B］</td><td>155（F）</td></tr>
<tr><td rowspan="2">耐高温漆包线</td><td>聚酯亚胺漆包圆（或扁）铜线</td><td>QZY（或 QZYB）</td><td>180（H）</td><td>耐热性、耐热冲击性、耐软化击穿性优，耐抗性优，耐化学药品性优，耐冷冻剂性优，但与含氯高分子化合物不相容</td><td>用于高温、高负荷电动机，牵引电动机，制冷装置的绕组，干式变压器和仪器仪表的绕组</td></tr>
<tr><td>聚酰亚胺漆包圆（或扁）铜线</td><td>QY（或 QYB）</td><td>220（C）</td><td>耐热性最优；耐软化击穿性、热冲击性优，能承受短期过载；耐低温性、耐辐照性优；耐溶剂性、耐化学药品性优；耐刮性尚可。但耐碱性差，耐水解性差，漆膜卷绕后易发生湿裂</td><td>用于耐高温电机、干式变压器的线圈，密封继电器及电子元件，密封式电机的绕组</td></tr>
<tr><td rowspan="3">特种漆包线</td><td>无磁性聚氨酯漆包圆铜线</td><td>QATWC</td><td>120（E）</td><td>漆包线中含铁量低，对感应磁场所起干扰作用极微，在高频时介损因数小，有直焊性能，不推荐在过负载条件下使用</td><td>用于精密仪器仪表的线圈</td></tr>
<tr><td>自黏性漆包圆铜线</td><td>QAN</td><td>120（E）</td><td>不需要浸渍处理，在一定温度烘焙后自行黏合成型。另外，还具有 170℃线匝黏结、110℃线匝不黏结性能，不推荐在过负载条件下使用</td><td>用于电子元件和无骨架线圈，可用于彩色电视机的偏转线圈</td></tr>
<tr><td>耐冷冻剂漆包圆铜线</td><td>QF</td><td>105（A）</td><td>在密封装置中能耐潮、耐冷冻剂，但漆膜卷绕后易发生湿裂</td><td>用于空调设备和制冷设备电机的绕组</td></tr>
</table>

2. 绕包线

绕包线是一种用绝缘纸、天然丝、玻璃丝或合成树脂薄膜等紧密绕包在导线芯上形成绝缘层的电磁线。通常在绕包后再经过浸渍漆（或胶）浸渍形成组合绝缘。绕包线具有绝缘层比漆包线厚、电性能较高、能较好地承受过电压和过负载等特点，适用于大、中型电工设备及电工产品。按绝缘层的结构特点，绕包线可以分为纸包线、纤维绕包线、薄膜绕包线等。

（1）纸包线

纸包线是用层数不同的绝缘纸绕包在导线上而成，它在绝缘油中有较好的电气性能，适用于油浸电力变压器的线圈。近年来，常采用新型的芳香纤维纸制作绝缘线圈，使油浸电力变压器的耐热性能有大幅度提高。纸包线的耐热等级一般为 105（A）级。图 2–30 所示为纸包线的结构简图。

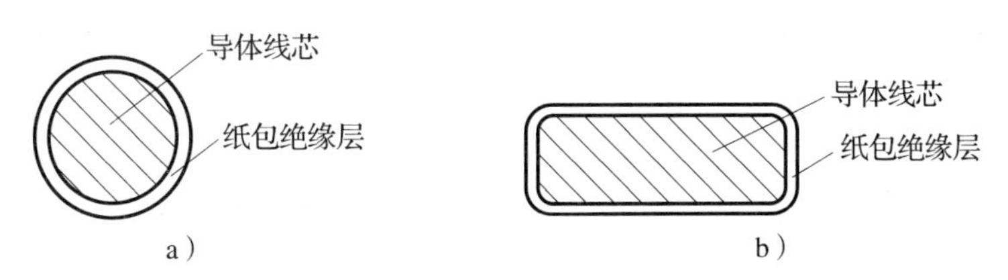

图 2–30 纸包线的结构简图
a）纸包圆线 b）纸包扁线

（2）纤维绕包线

纤维绕包线是在裸导线、漆包线或薄膜绕包线上绕包玻璃纤维或天然纤维，并浸涂黏结漆后烘焙而成。玻璃纤维绕包线的耐热等级通常分为 130（B）、155（F）和 180（H）三个等级。图 2–31 所示为玻璃丝包漆包圆线的结构简图。

（3）薄膜绕包线

薄膜绕包线是在圆铜线或扁铜线上绕包一层或多层聚酰亚胺、聚酯、聚酰亚胺复合层等薄膜而成。还可以在绕包好的薄膜外面再包一层或多层无碱玻璃丝，用绝缘漆浸渍经烘焙而成。由于采用不同的薄膜和绝缘厚度，可以制成耐热等级为 130（B）、155（F）和 180（H）三个等级的薄膜绕包线。图 2–32 所示为玻璃丝包薄膜绕包扁线的结构简图。

常用绕包线产品的类别、名称、型号、特点及用途见表 2–13。

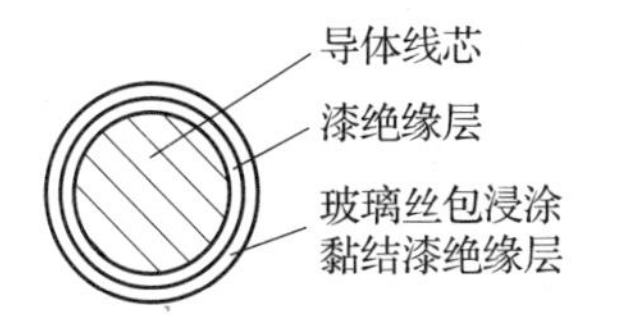

图 2–31 玻璃丝包漆包圆线的结构简图

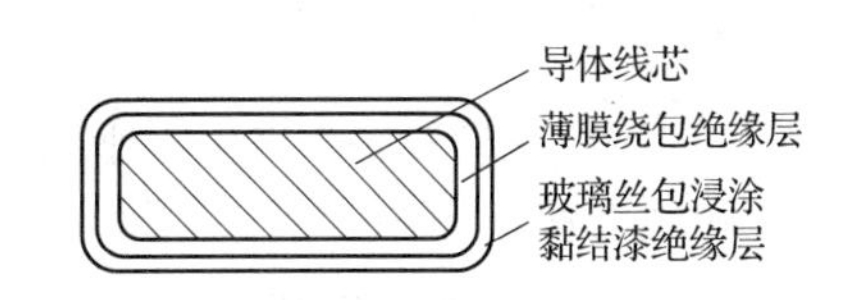

图 2–32 玻璃丝包薄膜绕包扁线的结构简图

表 2-13　常用绕包线产品的类别、名称、型号、特点及用途

类别	名称	型号	特点	用途
纸包线	纸包圆铜（或铝）线	Z（或 ZL）	耐电压击穿性优，但绝缘纸容易破裂	用于油浸变压器的线圈
	纸包扁铜（或铝）线	ZB（或 ZLB）		
	聚酰胺纤维纸包圆（或扁）铜线	—	能经受严酷的加工工艺，与干式、湿式变压器通常使用的原材料能相容，无工艺污染	用于高温干式变压器的线圈和中型高温电机的绕组
纤维绕包线	单玻璃丝包漆包圆（或扁）铜线	SBQ（或 SBQB）	过负载性优，耐电压、耐电晕性优，绝缘层较薄	用于中型电机的绕组
	双玻璃丝包漆包扁铜线	SBEQB	过负载性优，耐电压、耐电晕性优，但弯曲性较差	用于中、大型电机的绕组
薄膜绕包线	聚酰亚胺 – 氟 46 复合薄膜绕包圆（或扁）铜线	MYFE（或 MYFEB）	耐高温、耐低温、耐电压性能好，耐辐射性优，但耐碱性差，在含水密封系统中易水解	用于高温电机和特殊场合使用电机的绕组
	玻璃丝包聚酯薄膜绕包扁铜线	—	耐电压击穿性好，绝缘层强度高，但绝缘层较厚，槽满率较低	用于高压电机

3. 无机绝缘电磁线

无机绝缘电磁线是指绝缘层为氧化膜、玻璃膜等无机绝缘膜的电磁线。它具有耐高温、耐辐射等特点，主要用于制作耐高温、耐辐射的绕组和元件。无机绝缘电磁线主要有氧化膜铝线和铝带（箔）、陶瓷绝缘线、玻璃膜绝缘微细线等。

（1）氧化膜铝线和铝带（箔）

氧化膜铝线和铝带（箔）具有耐热性和耐辐射性好等优点，但其弯曲性差，击穿电压低，氧化膜的强度差，耐酸碱性差，主要用于干式变压器的线圈、起重电磁铁、高温制动器和耐辐射场合。

（2）陶瓷绝缘线

陶瓷绝缘线具有优良的耐高温、耐化学腐蚀和耐辐射性能，但弯曲性差，击穿电压低，耐潮性差，适用于高温及有辐射场合的电器。

（3）玻璃膜绝缘微细线

玻璃膜绝缘微细线具有导体电阻的热稳定性好、玻璃膜绝缘能适应高低温度变化

等优点，但弯曲性差，适用于精密电阻元件。

常用无机绝缘电磁线产品的名称、型号、特点及用途见表 2–14。

表 2–14 常用无机绝缘电磁线产品的名称、型号、特点及用途

名称	型号	特点	用途
陶瓷绝缘线	TC	耐高温性能优，长期工作温度可达 500℃。耐化学腐蚀性优，耐辐射性优，但弯曲性差，耐潮性差，击穿电压低。如果没有封闭层，不推荐在高温环境中使用	用于高温以及有辐射的场合
玻璃膜绝缘微细锰铜线	BMTM	导体电阻的热稳定性好，玻璃膜绝缘能适应高低温度的变化，但弯曲性差	用于高精度、高灵敏度、高稳定性的电子仪器和电工仪表中
玻璃膜绝缘微细镍铬线	BMNG		
氧化膜圆（或扁）铝线	YML（或 YMLB）	不用绝缘漆封闭的氧化膜耐温可达 250℃，用绝缘漆封闭的氧化膜耐热性取决于绝缘漆。槽满率高，质量轻，耐辐射性好，但弯曲性差，氧化膜耐刮性差，击穿电压低，耐酸、碱性差，用绝缘漆封闭的氧化膜耐潮性差	用于绕制起重电磁铁、高温制动器、干式变压器的线圈，并用于有辐射的场合
氧化膜铝带（箔）	YMLD		

4. 特种电磁线

特种电磁线是指用于高温、高湿、超低温、强磁场或高频辐射等特殊场合的一种电磁线，其绝缘结构和性能应适应这些特殊环境的要求。特种电磁线包括换位导线、潜水电机绕组线以及中、高频绕组线等。

（1）换位导线

换位导线是由多根漆包扁线不断改变其所在位置的一种导体组合，外面用绝缘纸总包而成。它具有无循环电流、线圈内的涡流损耗小等特点，但弯曲性差。换位导线的外形及截面如图 2–33 所示，主要用于绕制大容量变压器的线圈。

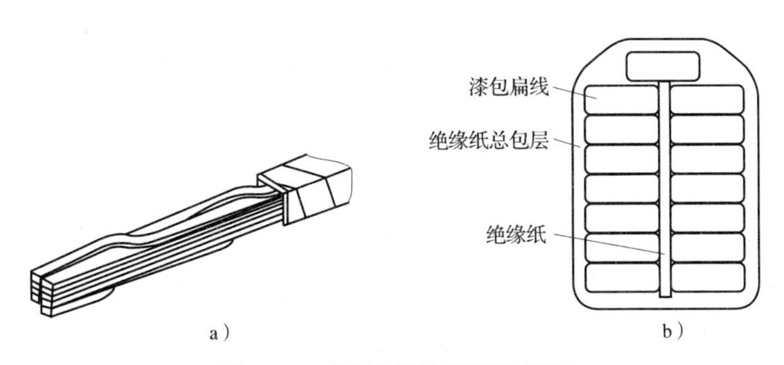

图 2–33 换位导线的外形及截面
a）外形 b）截面

（2）潜水电机绕组线

潜水电机绕组线一般为铜导线线芯，截面较大的线芯由多股导线绞制而成。潜水电机绕组线由于长期在浸水加压条件下工作，因此，要求其绝缘性能稳定、耐化学腐蚀及力学性能良好。潜水电机绕组线中常见的两种结构如图2–34所示。其中，图2–34b为双层聚乙烯绝缘，中间加一阻止层。阻止层一般采用尼龙、硅油等绝缘材料，以防局部击穿。潜水电机绕组线能在交流电压为500 V、温度为60℃、工作水压不超过60 MPa的条件下长期工作。

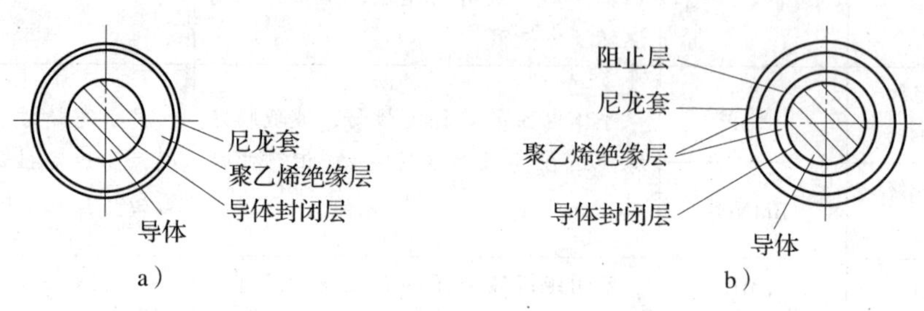

图2–34 潜水电机绕组线中常见的两种结构

a）单层聚乙烯绝缘 b）双层聚乙烯绝缘

常用特种电磁线产品的名称、型号、特点及用途见表2–15。

表2–15 常用特种电磁线产品的名称、型号、特点及用途

名称	型号	特点	用途
单（或双）丝包高频绕组线	SQJ（或SEQJ）	由多根漆包线组成，柔软性好，可降低趋肤效应，但耐潮湿性差	用于制作要求品质因数（Q值）稳定和介损因数小的仪表、电器的线圈
玻璃丝包中频绕组线	QZJBSB	由多根漆包线组成，柔软性好，可降低趋肤效应，嵌线工艺简单	用于制作1 000~8 000 Hz中频变频器的绕组
换位导线	QQLBH	简化线圈绕制工艺，无循环电流，线圈内的涡流损耗小，比纸包线的槽满率高，但弯曲性差	用于制作大型变压器的绕组
缩醛漆包线聚氯乙烯绝缘潜水电机绕组线	QQV	绝缘层耐水性和力学性能较好，但槽满率低。绕制时，线圈绝缘层易损伤	用于制作潜水电机的绕组
聚乙烯绝缘尼龙护套湿式潜水电机绕组线	QYN	聚乙烯绝缘耐水性良好，尼龙护套强度高，但槽满率低	用于制作潜水电机的绕组

（3）中、高频绕组线

中、高频绕组线即在中、高频率电场下使用的绕组线，要求其绝缘层的介质损耗角小、品质因数大。为此，常采用天然丝包漆包铜圆单线或天然丝包漆包铜束线的结构，内层的漆包线通常采用耐高频性能良好的聚氨酯漆包线，也可采用涤纶丝包聚酯、缩醛和油性漆包线等材料。用聚氨酯漆包线的丝包单线和束线具有直焊性。

中频绕组线通常用聚酯漆包圆铜线绞合并压成扁形，外面再用玻璃丝编织而成。

四、电磁线的选用

电磁线的品种和规格很多，选用时应重点考虑下列性能指标：

1. 电性能

电磁线的电性能主要是指导电线芯的电导率、绝缘层的耐压强度和绝缘电阻。

对于选用电磁线的线芯材料，可将电导率的大小作为选择依据，只要取用合理即可。但对于电磁线绝缘层而言，由于它在绕组的匝与匝之间起着绝缘作用，因此，选用电磁线应充分考虑绝缘层所需要的耐压强度和绝缘电阻。通常，中、高频条件下使用的仪器仪表，一般选用介损因数小、品质因数大的电磁线；对于精密仪器仪表，可选用线芯电阻和漆膜的绝缘电阻受环境因素影响变化极小，能长期保持稳定的电磁线；在防止和降低磁场干扰的场合，则选用含铁量极低的无磁性电磁线。

2. 力学性能

电磁线的力学性能主要是指线芯材料的力学性能和绝缘层的耐折、耐磨以及耐刮性等。

根据电工产品和仪器仪表的技术要求，线圈绕组所选用的电磁线一定要柔软性适当。电磁线太软，易被拉伸，导致线芯变细、电阻增大；太硬，则绕组不易拉紧成型。另外，在绕制过程中电磁线的绝缘层也要能够承受弯曲、拉伸、扭绞、碰撞以及摩擦等因素的冲击。当然，为了避免绝缘层受到损伤，可以预先根据绕组在绕制时的卷绕速度、弯曲半径、操作力度、嵌线松紧等不同情况，选用耐折、耐磨、耐刮以及耐弯曲性适当的电磁线。

3. 耐热等级与耐热性能

高温是使电磁线绝缘层绝缘性能下降的主要因素。一般要根据产品所允许的温升范围和绕组中可能出现的最高温度，选用相应耐热等级的电磁线，并留有一定的裕度。同时还要考虑线圈、绕组的绝缘浸渍漆或封装胶等组合绝缘材料的耐热性能。

4. 相容性

电磁线的相容性是用来表明电磁线所制作的成品与有关组合的绝缘材料之间如何紧密相容地结合，才不会产生相互破坏作用的重要性能因素。组合绝缘材料的化学组成、耐热等级与电磁线相同时，其相容性一般较好。若彼此分子能相互扩散甚至溶解，则相容性就差。因此，相容性是选用或使用电磁线时必须考虑的一个前提指标。

例如，成型的绕组一般都要进行浸渍处理。浸渍处理后，电磁线的外层绝缘与浸渍漆会紧密地结合在一起。考虑到浸渍漆的溶剂会对电磁线的绝缘层产生一定的破坏作用，只有选用电磁线的化学组成及耐温等级与浸渍漆相同或相近，其相容性比较好，才不会产生破坏作用。可见，浸渍漆对电磁线的相容性影响非常大。选用电磁线时，必须考虑到其绝缘层耐浸渍漆的溶剂性能要好。另外，缩短绕组的浸渍时间也可以减小溶剂对电磁线绝缘层的影响。

5. 空间因素

空间因素是指线圈中导体总的截面积与该线圈的横截面积之比。由于电磁线本身的截面形状以及有绝缘层的存在，必然会使绕组的匝与匝之间存在空隙。因此，空间因素与电磁线的形状、绝缘层的厚度以及线圈绕制的排列方式有关。为缩小电工产品的体积，提高空间因素是不可忽视的问题。

6. 环境和其他因素

绕组的工作环境，特别是在潮湿、油污、化学物品以及人为操作等其他因素的影响下，完全可能对其绝缘层产生一定的破坏作用而影响绕组的使用寿命。因此，在制作绕组时应充分考虑选用与环境以及其他因素相适应的电磁线。例如，原子能工业中使用的电机绕组线应选用具有耐辐射性能的电磁线，如无机绝缘电磁线；用于潜水电机的电磁线，必须考虑其耐水性，可选用聚乙烯绝缘尼龙护套电磁线；用于化工设备的电磁线，则要耐酸、碱等。此外，在制作过程和运输中，注意不要使成品受到损伤。

常用电磁线的一般用途见附表 4。

§2—4　电气装备用电线电缆

学习目标

1. 熟悉电气装备用电线电缆的结构及其产品型号的编制方式。
2. 熟悉常用电气装备用电线电缆的性能及用途，并会选用。

想一想

图 2–35 所示为电气线路中常用的塑料绝缘电线（BVR）。它与裸导线、电磁线相比有什么不同?

图 2–35　电气线路中常用的塑料绝缘电线（BVR）

电气装备用电线电缆是指主要用于电气设备内部或外部的连接线、低压输配线以及各种电信号传递线等的电线电缆。这些电线电缆的交流额定电压 U_0/U（U_0 为导体对地或金属屏蔽之间的额定电压，U 为导体间的额定电压）通常在 450/750 V 及以下，最高不超过 0.6/1 kV。其中，信号和仪表电缆的使用电压一般在 300/500 V 及以下。

一、电气装备用电线电缆的结构

电气装备用电线电缆的结构差异很大，从其共性来看主要由导电线芯（导体）、绝缘层和护层（护套）组成，如图 2–36 所示。为了满足某些特殊要求，有的电线电缆还需要再加屏蔽层或填充料等。图 2–37 所示的屏蔽电线加有编织屏蔽层和铝箔屏蔽层。

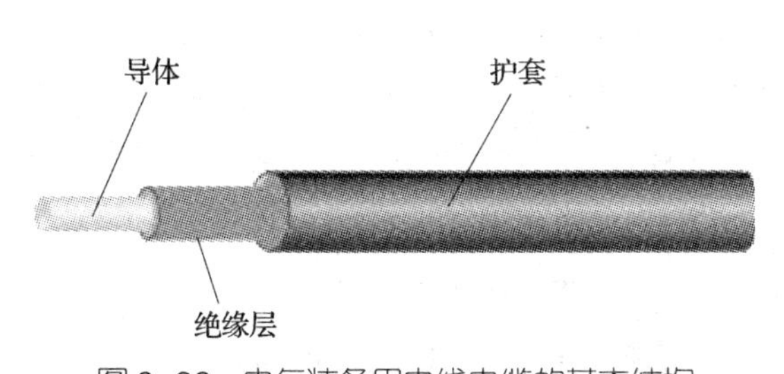

图 2–36　电气装备用电线电缆的基本结构

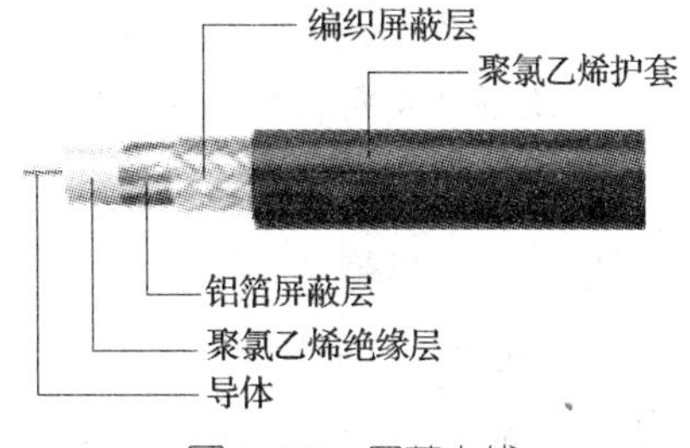

图 2–37　屏蔽电线

1. 导电线芯

电气装备用电线电缆的导电线芯主要是铜和铝。考虑到经济情况，固定敷设的电线电缆，若没有特殊要求，一般采用铝材料作为导电线芯。对移动使用的和有一定温度要求的电线电缆，应选用铜材料作为导电线芯。根据线芯的耐温要求，也可以采用在铜线表面镀锡、镀银或镀镍等金属材料的导电线芯，甚至可选用镍包铜线、铬铜、铬锆铜等耐高温的导电合金作为电气装备用电线电缆的导电线芯。

电气装备用电线电缆的导电线芯要求比较柔软，大截面线芯一般采用多根单线绞合而成。线芯的绞合方式有束绞合、同心绞合和复绞合三种，如图 2–38 所示。移动式电线电缆的导电线芯更为柔软，可采用复绞合或束绞合。

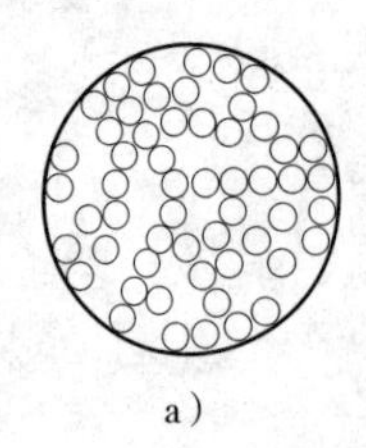

a）

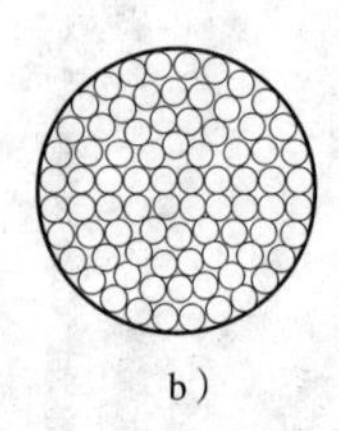

b）

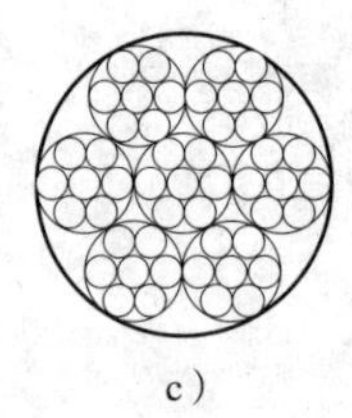

c）

图 2–38　线芯的绞合方式

a）束绞合　b）同心绞合　c）复绞合

（1）束绞合

束绞合也称为非正规绞合，如图 2–38a 所示，是由多根单线以同一绞向不按绞合规律一起绞合而成的绞线，各单线之间的位置相互不固定，束线的外形也很难保持圆形。

（2）同心绞合

同心绞合也称为正规绞合，如图 2–38b 所示，由多层同心绞合的线束组成，中心导体的中心与其他层的导体中心一致，相邻两绞线层的绞合方向相反。由于各导体之间有一致的位置关系，因此，绞合导体的横截面呈规则的圆形。

（3）复绞合

复绞合如图 2–38c 所示，由经束绞合或同心绞合后的线束再进行绞合而成。复绞合的导体通常用于横截面较大且对柔软性要求较高的导线。

2. 绝缘层

电线电缆的绝缘层大多采用各种绝缘性能不同的橡胶和塑料材料，有时也可根据要求采用纸、云母带等绝缘。橡胶电缆绝缘层常用的材料有天然 – 丁苯橡胶、丁基橡胶、乙丙橡胶三种。塑料电缆绝缘层常用的材料有聚乙烯、聚氯乙烯、交联聚氯乙烯、聚丙烯、氟塑料等。

绝缘层材料的选取主要考虑电线电缆的用途与绝缘材料在电性能、力学性能、耐热性能、防护性能等方面的配合。例如，普通低频、低压电线电缆的绝缘层和防护层，一般可以选用介质损耗相对较大、绝缘电阻小，但防护性能较好、价格低廉的聚氯乙烯塑料作为绝缘材料；高频、高压电线电缆多采用介质损耗小的聚乙烯塑料。

3. 护层

护层的作用是保护电缆的绝缘层，以防止外力或环境因素损伤电缆。电气装备用电线电缆常用护层主要有纤维编织防护层、铠装层和橡胶、塑料护套等，有时也用绝缘层兼作护层。

（1）纤维编织防护层

纤维编织防护层常用于橡胶绝缘线和软线，起轻度防护作用。图 2–39 所示为硅橡胶绝缘玻璃纤维编织护套耐高温安装电线。

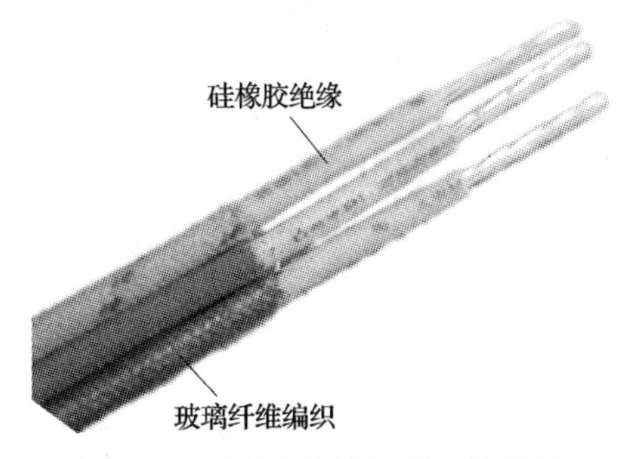

图 2–39 硅橡胶绝缘玻璃纤维编织护套耐高温安装电线

（2）铠装层

铠装层具有高强度保护作用，适用于机械损伤较严重场合的电缆。铠装层主要有钢带铠装和钢丝铠装两种结构。电缆的金属铠装不但能起到保护作用，还有电场屏蔽和防止外界电磁波干扰的作用。常用的钢带、钢丝主要有普通冷轧钢带、预涂沥青钢带、镀锌钢带、涂漆钢带、镀锌钢丝等。图 2–40 所示为铠装电缆，其中，图 2–40a 为钢带铠装，图 2–40b 为钢丝铠装。

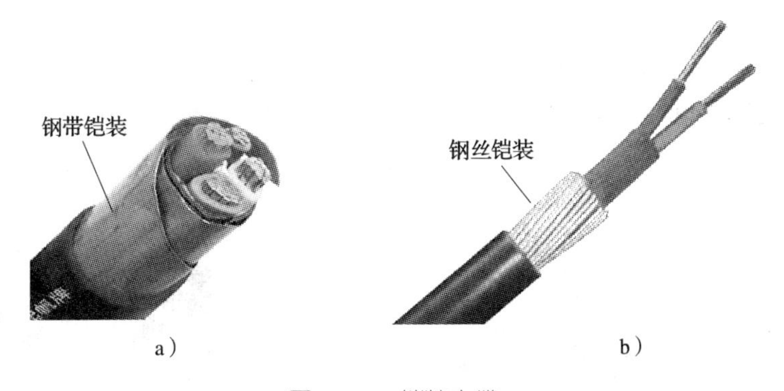

图 2–40 铠装电缆

a）钢带铠装 b）钢丝铠装

（3）橡胶、塑料护套

橡胶护套和塑料护套用得较多，如聚氯乙烯塑料护套的综合防护性能较好，橡胶护套的弹性、耐磨性、柔软性、温度适应性等则较好。某些合成橡胶护套还具有一些特殊的性能，如耐油性好的丁腈橡胶，不延燃、耐气候性好的氯丁橡胶等。图 2–41 所示为铜芯橡胶护套软电缆。

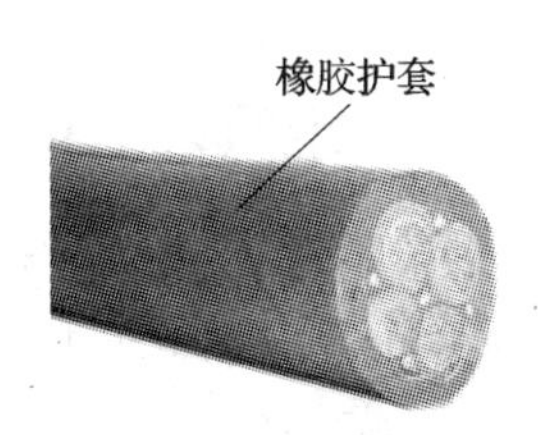

图 2–41 铜芯橡胶护套软电缆

此外，仅有绝缘层而没有护层的产品，主要用于没有机械外力、环境条件较好的场合。其绝缘层同时起着护层的作用，如丁腈聚氯乙烯绝缘电线和绝缘软线、聚氯乙烯绝缘电线等。

4. 屏蔽层

屏蔽层主要用来屏蔽由电线电缆产生的电磁场对外界的干扰，以及外界对电线电缆的干扰。常用的屏蔽层材料主要有高导电材料、半导电材料、高导磁材料等。

（1）高导电材料

高导电材料主要有铜、铝、铅等金属，或其金属化纸、金属化薄膜等。

（2）半导电材料

半导电材料主要有半导电橡胶、半导电塑料、半导电纸、半导电布带和半导电涂层等。其中，半导电橡胶、半导电塑料均含有炭黑。半导电屏蔽层首先代替导体形成了光滑圆整的表面，大大改善了表面电场分布。同时，其能与绝缘层紧密接触，克服了绝缘层与金属无法紧密接触而产生气隙的弱点，而把气隙屏蔽在工作场强之外。图 2–42 所示为双绞音频线。为了增加双绞音频线的屏蔽效果，在聚乙烯绝缘层外加有半导电屏蔽材料。

（3）高导磁材料

高导磁材料可用于电磁场屏蔽，如低碳钢、铁镍合金等。

5. 填充料

在多芯电缆中，为使其结构稳定，一般采用黄麻、棉纱、橡胶条、聚丙烯等纤维或橡塑材料填充线芯间、线芯与护套间的间隙。图 2–43 所示为用填充绳对电缆进行填充。在橡胶绝缘电缆中常采用橡胶条或聚丙烯薄膜填充，在交联聚乙烯绝缘电缆中常采用聚丙烯薄膜填充。

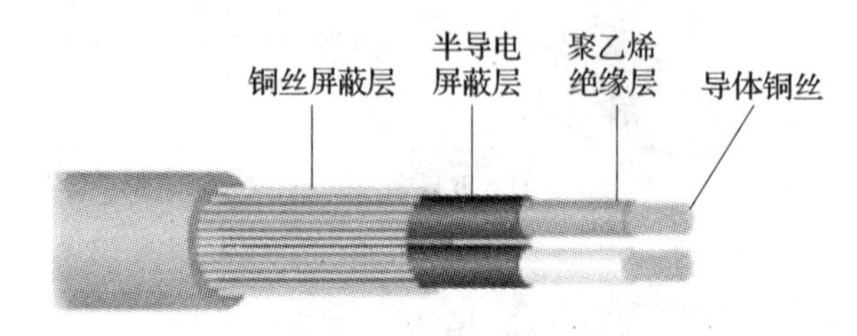

图 2–42　双绞音频线

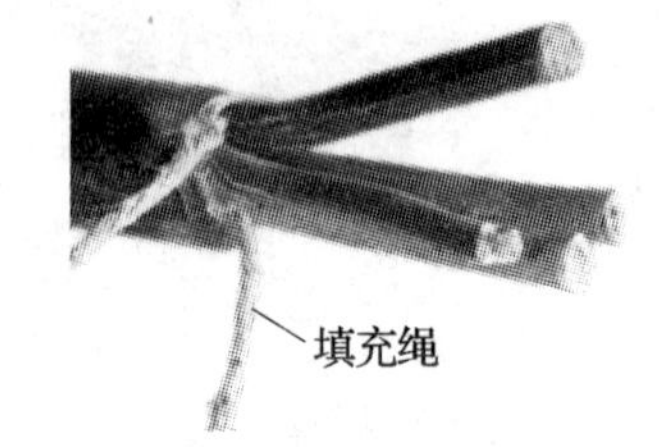

图 2–43　用填充绳对电缆进行填充

二、电气装备用电线电缆产品型号的编制方式

电气装备用电线电缆的产品型号一般由类别（用途）、导体、绝缘层、内护层、特征、外护层、派生七个部分组成，如图 2–44 所示。其产品型号的编制方式及字母含义见表 2–16。

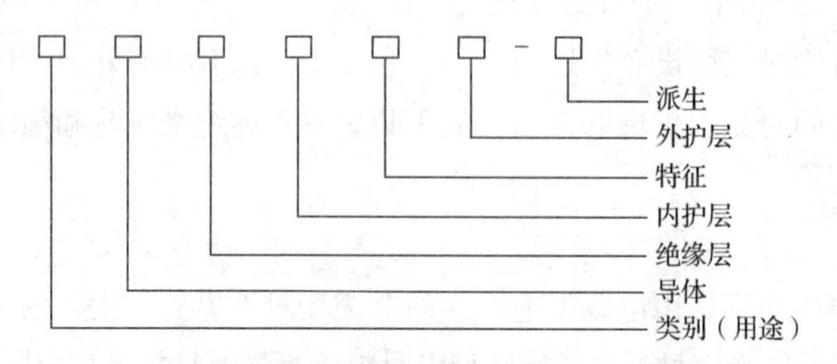

图 2–44　电气装备用电线电缆产品型号的组成

表 2-16 电气装备用电线电缆产品型号的编制方式及字母含义

类别（用途）	导体	绝缘层	内护层	特征	外护层	派生
A—安装线 B—绝缘线（固定敷设） BC—补偿线 C—船用电缆 D—机车车辆用电线 F—航空用电线 J—电机、电器引接线 K—控制电缆 P—信号电缆 R—软线 G—高压电线 N—农用电缆 Y—移动电缆 DJ—电子计算机	（T）—铜线芯 G—钢线芯 L—铝线芯	B—棉纱、玻璃丝编织 F—氟塑料 X—橡胶 V—聚氯乙烯塑料 （X）D—丁基橡胶 XF—氯丁橡胶 XG—硅橡胶 Y—聚乙烯塑料 （V）F—丁腈聚氯乙烯复合物 S—丝 E—乙丙橡胶 J—交联聚乙烯 S—硅橡胶	BL—玻璃丝编织涂蜡克 F—复合物 H—橡套 HD—耐寒橡套 HF—非燃性橡套 HQ—丁腈橡套 HS—防水橡套 H（Y）—耐油橡套 F—棉纱编织涂蜡克 N—尼龙护套 Q—铅套 V—聚氯乙烯护套	B—扁平型 C—重型 D—带式、不滴流 G—高压 Z—中型 W—户外型 Q—轻型 R—柔软 S—双绞型 T—耐热 P—屏蔽型 H—H 级 Y—Y 级 Z—直流 J—交流	详见表 2-17	1—第一种（户外用） 2—第二种 0.3—拉断力 0.3 t（2 940N） 1—拉断力 1 t（9 800N） 105—耐温 105℃

注：铜导体电线电缆中的“T”省略，圆形电线电缆中的“Y”省略。

电气装备用电线电缆若有外护层时，其型号的英文字母后面将会出现两个阿拉伯数字编码。其中，第一个数字编码表示铠装结构，第二个数字编码表示外层结构。例如，“22”表示钢带铠装聚氯乙烯护套；“23”表示钢带铠装聚乙烯护套；“32”表示细圆钢丝铠装聚氯乙烯护套；“43”表示粗圆钢丝铠装聚乙烯护套等。

电线电缆外护层数字编码的具体含义见表 2-17。

应当注意，产品的型号不一定包含上述中的所有内容，它可以由其中一个或几个部分组成。例如，铜芯耐热 105℃聚氯乙烯绝缘屏蔽软线的型号组成如图 2-45 所示，其中铜芯 T 省略。

表 2-17 外护层数字编码的具体含义

第一个数字编码		第二个数字编码	
代号	铠装层类型	代号	外护层类型
0	无	0	无
1	—	1	纤维绕包
2	双钢带	2	聚氯乙烯护套
3	细圆钢丝	3	聚乙烯护套
4	粗圆钢丝	4	—

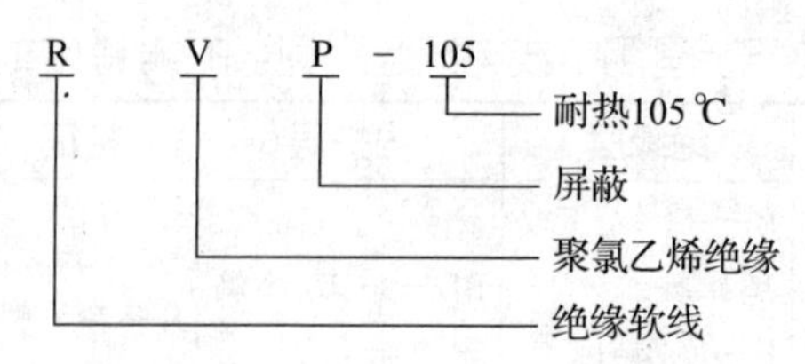

图 2-45 铜芯耐热 105℃聚氯乙烯绝缘屏蔽软线的型号组成

三、常用电气装备用电线电缆

电气装备用电线电缆的品种很多，按敷设方法，分为固定式和移动式两类；按产品用途，分为低压配电电线电缆、信号及控制电缆、仪表和电气设备连接线、交通运输工具电线电缆、地质资源勘探开采电线电缆、直流高压电缆、特种电线电缆和加热电缆八类。现简要介绍应用最广的低压配电电线电缆、信号及控制电缆、仪表和电气设备连接线。

1．低压配电电线电缆

低压配电电线电缆包括固定敷设的配电电线电缆和通用供电软电线电缆两大类。

（1）固定敷设的配电电线电缆

常用的固定敷设配电电线电缆主要包括聚氯乙烯绝缘电线、橡胶绝缘电线和农用直埋铝芯塑料绝缘塑料护套电线三种，主要用于低压配电网。

1）聚氯乙烯绝缘电线。聚氯乙烯绝缘电线主要用作交流额定电压为 450/750 V 及以下动力装置的固定敷设配线。其中，BV-105 和 BLV-105 型电线的长期允许工作温度不应超过 105℃，其他型号不应超过 70℃，最低敷设温度不低于 -15℃。常用聚氯乙烯绝缘电线的名称、型号及用途见表 2-18。

图 2-46 所示为聚氯乙烯绝缘电线的结构。

表 2-18 常用聚氯乙烯绝缘电线的名称、型号及用途

名称	型号	用途
铜 / 铝芯聚氯乙烯绝缘电线	BV/BLV	固定敷设于室内（明敷、暗敷或穿管）、户外或作为设备内部的安装用线，耐湿性、耐气候性较好
铜 / 铝芯耐热 105℃聚氯乙烯绝缘电线	BV-105/BLV-105	固定敷设于室内（明敷、暗敷或穿管）、户外或作为设备内部的安装用线，常用于 45℃及以上的高温环境
铜芯聚氯乙烯软线	BVR	固定敷设于室内（明敷、暗敷或穿管）、户外或作为设备内部的安装用线，常用于要求电线具有柔软特性的场合
铜 / 铝芯聚氯乙烯绝缘聚氯乙烯护套电线	BVV/BLVV	固定敷设于室内（明敷、暗敷或穿管）、户外或作为设备内部的安装用线，常用于潮湿和机械防护要求较高的场合，也可直埋于土壤中
铜 / 铝芯聚氯乙烯绝缘聚氯乙烯护套扁平型电线	BVVB/BLVVB	同 BVV、BLVV

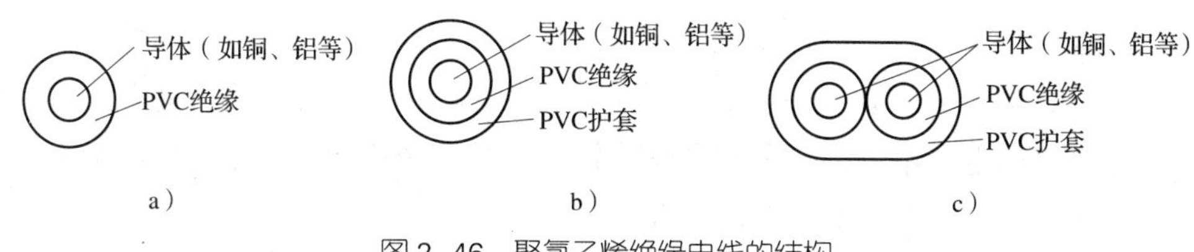

图 2–46 聚氯乙烯绝缘电线的结构

a）BV、BLV、BVR b）BVV、BLVV c）BVVB、BLVVB

2）橡胶绝缘电线。橡胶绝缘电线主要用作交流额定电压为 300/500 V 及以下的电气设备和照明装置中的固定敷设配线。其长期允许工作温度不应超过 65℃。线芯有单芯和多芯，材质有铜和铝等。常用橡胶绝缘电线的名称、型号及用途见表 2–19。

表 2–19 常用橡胶绝缘电线的名称、型号及用途

名称	型号	用途
铜/铝芯橡胶绝缘棉纱或其他相当的纤维编织电线	BX/BLX	固定敷设用，可明敷、暗敷
铜芯橡胶软绝缘棉纱或其他相当的纤维编织电线	BXR	室内安装，要求较柔软时
铜/铝芯橡胶绝缘氯丁橡胶护套电线	BXW/BLXW	适用于户外和户内明敷，特别是寒冷地区
铜/铝芯橡胶绝缘黑色聚乙烯护套电线	BXY/BLXY	适用于户外和户内穿管，特别是寒冷地区
铜/铝芯橡胶绝缘氯丁橡胶或其他相当的合成胶混合物护套电线	BXF/BLXF	适用于户外和户内明敷，特别是寒冷地区

3）农用直埋铝芯塑料绝缘塑料护套电线。农用直埋铝芯塑料绝缘塑料护套电线简称为农用地埋线，如图 2–47 所示。它适用于农村地下直埋敷设，埋设深度为 1 m 及以下，供连接交流额定电压为 450/750 V 及以下固定配电线路和电器设备用。其长期允许工作温度不应超过 70℃，最低敷设温度不低于 –15℃。线芯主要是铝芯。常用农用地埋线的名称、型号及用途见表 2–20。

图 2–47 农用地埋线

表 2–20 常用农用地埋线的名称、型号及用途

名称	型号	用途
农用铝芯聚氯乙烯绝缘电线	NLV	一般地区
农用铝芯聚氯乙烯绝缘聚氯乙烯护套电线	NLVV	
农用铝芯聚乙烯绝缘聚氯乙烯护套电线	NLYV	
农用铝芯聚乙烯绝缘耐寒聚氯乙烯护套电线	NLYV–H	一般及寒冷地区
农用铝芯聚乙烯绝缘黑色聚乙烯护套电线	NLYY	

（2）通用供电软电线电缆

通用供电软电线电缆主要包括绝缘软线、通用橡套软电缆和电焊机电缆三种。目前，通用供电软电线电缆的导电线芯均为铜芯，导线结构为多根单线束绞或复绞而成。图 2–48 所示为铜芯聚氯乙烯绝缘软线（RV），其导电线芯均为铜芯并为多根单线束绞而成。通用供电软电线电缆的特点是外径小、质量轻、柔软并可多次弯曲，适用于各种交 / 直流的移动电器、电工仪表、电信设备及自动化装置等。

图 2–48　铜芯聚氯乙烯绝缘软线（RV）

1）绝缘软线。绝缘软线主要包括聚氯乙烯绝缘软线和橡胶绝缘编织护套软电线两类。

①聚氯乙烯绝缘软线。聚氯乙烯绝缘软线适用于交流额定电压为 450/750 V 及以下的家用电器、小型电动工具、仪器仪表及动力照明等装置的连接，也可用作仪器仪表、电子设备的连接线。其长期允许工作温度不应超过 65℃（RV–105 型为 105℃）。常用聚氯乙烯绝缘软线的名称、型号及用途见表 2–21。

图 2–49 所示为聚氯乙烯绝缘软线。其中，图 2–49a 为铜芯聚氯乙烯绝缘扁平型软线（RVB）；图 2–49b 为铜芯聚氯乙烯绝缘绞型软线（RVS）。铜芯聚氯乙烯绝缘绞型软线是由两条导电线芯各自绝缘后再绞合在一起形成的，且两条芯线的颜色不同。图 2–49c 为两芯铜芯聚氯乙烯绝缘聚氯乙烯护套扁平型软线（RVVB）。

表 2–21　常用聚氯乙烯绝缘软线的名称、型号及用途

名称	型号	用途
铜芯聚氯乙烯绝缘软线	RV	供各种移动电器、仪表、电信设备、自动化装置接线用，也可作为内部安装线，安装时环境温度不低于 –15℃
铜芯聚氯乙烯绝缘扁平型软线	RVB	
铜芯聚氯乙烯绝缘绞型软线	RVS	
铜芯耐热 105℃聚氯乙烯绝缘软线	RV–105	同 RV，用于 45℃及以上的高温环境中
铜芯聚氯乙烯绝缘聚氯乙烯护套软线	RVV	同 RV，用于潮湿和机械防护要求较高，需经常移动、弯曲的场合
铜芯聚氯乙烯绝缘聚氯乙烯护套扁平型软线	RVVB	
铜芯丁腈聚氯乙烯复合物绝缘扁平型软线	RFB	同 RV，但在低温时柔软性好，长期允许工作温度不应超过 70℃
铜芯丁腈聚氯乙烯复合物绝缘绞型软线	RFS	

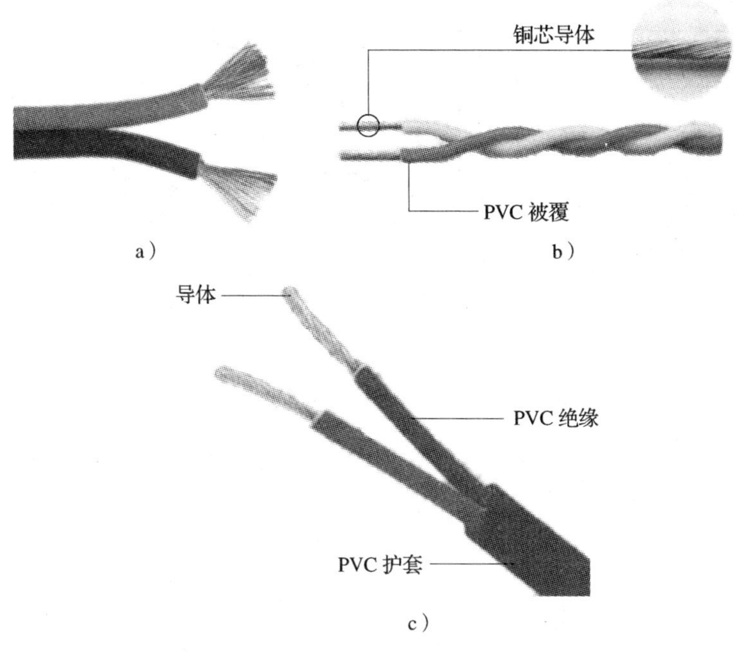

图 2-49 聚氯乙烯绝缘软线

a）RVB b）RVS c）两芯 RVVB

电力和照明用铜芯聚氯乙烯绝缘软线能耐酸、碱、盐及多种溶剂腐蚀，还能耐霉菌、耐潮湿，阻燃；使用温度为 -30~70℃，敷设温度不低于 -15℃；电压等级为 300/500 V。电力和照明用铜芯聚氯乙烯绝缘软线的结构简图及其规格见表 2-22。

表 2-22 电力和照明用铜芯聚氯乙烯绝缘软线的结构简图及其规格

名称	型号	结构简图		规格（截面积 mm²）
		外形示意图	剖面示意图	
单芯聚氯乙烯绝缘无护套内接线用软线	RV			0.5~1.0
两芯绞合聚氯乙烯绝缘无护套内接线用软线	RVS			2×0.5~2×1.0
两芯平行聚氯乙烯绝缘软线	RVB			2×0.5~2×0.75
两芯方形平行聚氯乙烯绝缘软线	RVB			2×0.5~2×0.75
两芯平行聚氯乙烯绝缘聚氯乙烯护套轻型软线	RVVB			2×0.5~2×0.75

续表

名称	型号	结构简图		规格（截面积 mm^2）
		外形示意图	剖面示意图	
两芯圆形聚氯乙烯绝缘聚氯乙烯护套轻型软线	RVV			2×0.5~2×0.75
三芯圆形聚氯乙烯绝缘聚氯乙烯护套轻型软线	RVV			3×0.5~3×0.75
两芯圆形聚氯乙烯绝缘聚氯乙烯护套普通软线	RVV			2×0.75~2×2.5
三芯圆形聚氯乙烯绝缘聚氯乙烯护套普通软线	RVV			3×0.75~3×2.5
四芯圆形聚氯乙烯绝缘聚氯乙烯护套普通软线	RVV			4×0.75~4×2.5
五芯圆形聚氯乙烯绝缘聚氯乙烯护套普通软线	RVV			5×0.75~5×2.5

②橡胶绝缘编织护套软电线。橡胶绝缘编织护套软电线又称为花线，如图 2–50 所示。它适用于交流额定电压为 300/300 V 及以下室内照明灯具、家用电器和小型电动工具的连接。其长期允许工作温度不应超过 60℃。常用橡胶绝缘编织护套软电线的名称、型号及用途见表 2–23。

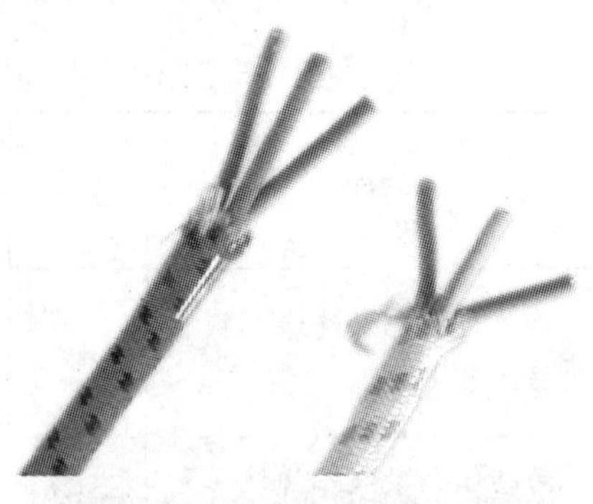

图 2–50　橡胶绝缘编织护套软电线

表 2–23　常用橡胶绝缘编织护套软电线的名称、型号及用途

名称	型号	用途
铜芯橡胶绝缘编织护套软电线	RX	室内日用电器、照明用电源线
铜芯橡胶绝缘编织护套平型软电线	RXB	
铜芯橡胶绝缘编织护套双绞型软电线	RXS	
铜芯橡胶绝缘橡胶护层总编织护套圆形软电线	RXH	

2）通用橡套软电缆。通用橡套软电缆适用于交流额定电压为 450/750 V 及以下家用电器、电动工具和各种移动设备的移动式电源线，其长期允许工作温度不应超过 65℃。根据电缆所承受的机械外力，可以分为轻、中、重三种形式，每一种形式的产品又分为一般型和耐气候型。

①轻型橡套软电缆一般不直接承受机械外力，要求柔软性好，轻巧，外径小，可以进行多次不定向弯曲，主要用作日用电器、仪器仪表的电源线。

②中型橡套软电缆能承受一般的机械外力，有足够的柔软性，以便移动、弯曲，主要用作移动式动力线、电动工具等的电源线。

③重型橡套软电缆能承受较大的机械外力和自身拖拽力，护套要有足够高的弹性和力学强度。为保证移动、弯曲，其应有一定的柔软性，主要用作能承受较大机械外力的移动电器设备的电源线。

常用通用橡套软电缆的名称、型号、额定电压和用途见表 2–24。

通用橡套软电缆的导电线芯采用铜软线，有单芯、二芯、三芯、四芯及五芯结构。导电线芯若不镀锡，应在每一导体的外面包一层由合适材料制成的隔离层，镀锡导电线芯可不包隔离层。橡套电缆的绝缘层一般采用橡胶绝缘。绝缘线芯采用易于辨认的颜色进行分色。其中，地线均采用黄绿双色线。图 2–51 所示为通用橡套软电缆（三芯）。

表 2–24 常用通用橡套软电缆的名称、型号、额定电压和用途

<table>
<tr><th>名称</th><th>型号</th><th>额定电压（V）</th><th>用途</th></tr>
<tr><td>轻型通用橡套软电缆</td><td>YQ</td><td rowspan="2">300/300</td><td>用于轻型移动电器设备和工具</td></tr>
<tr><td>户外型通用轻型橡套软电缆</td><td>YQW</td><td>同 YQ 型，具有耐气候性和一定的耐油性</td></tr>
<tr><td>中型通用橡套软电缆</td><td>YZ</td><td rowspan="4">300/500</td><td rowspan="2">用于各种移动电器设备和工具，包括各种农用电动装置</td></tr>
<tr><td>中型通用橡套扁平型软电缆</td><td>YZB</td></tr>
<tr><td>户外型通用中型橡套软电缆</td><td>YZW</td><td rowspan="2">同 YZ 型，具有耐气候性和一定的耐油性</td></tr>
<tr><td>户外型通用中型橡套扁平型软电缆</td><td>YZWB</td></tr>
<tr><td>重型通用橡套软电缆</td><td>YC</td><td rowspan="2">450/750</td><td>同 YZ 型，但能承受较大的机械外力作用，如港口机械用</td></tr>
<tr><td>户外型通用重型橡套软电缆</td><td>YCW</td><td>同 YC 型，具有耐气候性和一定的耐油性</td></tr>
</table>

3）电焊机电缆。电焊机电缆特别柔软，具有良好的弯曲性能。其护套材料采用天然橡胶或氯丁橡胶混合物，适用于不同的场合，主要用于二次侧对地交流电压不超过 200 V 和脉冲直流峰值电压为 400 V 的电焊机用二次侧接线及电焊钳的连接线，其长期允许工作温度不应超过 65℃。氯丁橡胶混合物护套

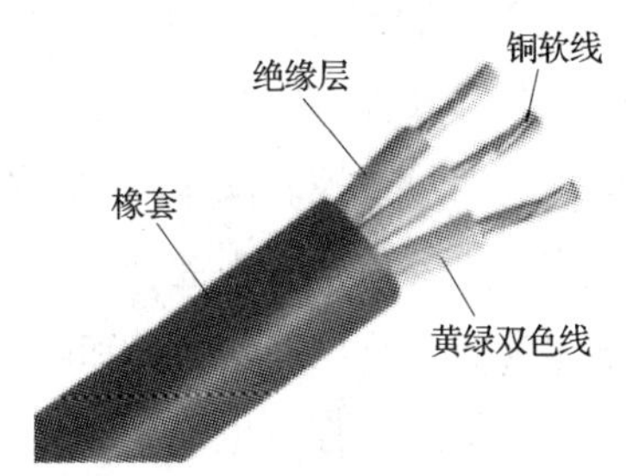

图 2–51 通用橡套软电缆（三芯）

具有耐热、耐油和不延燃等特性。常用电焊机电缆的名称、型号、工作电压和用途见表2–25。

表2–25 常用电焊机电缆的名称、型号、工作电压和用途

名称	型号	工作电压（V）	用途
天然胶护套电焊机电缆	YH	200及以下	电焊机用二次侧接线及电焊钳的连接线
氯丁橡胶或其他相当的合成胶弹性护套电焊机电缆	YHF		

图2–52所示为电焊机电缆及其应用。其中，图2–52a为电焊机电缆，导电线芯采用铜软线复绞合；图2–52b为电焊机。

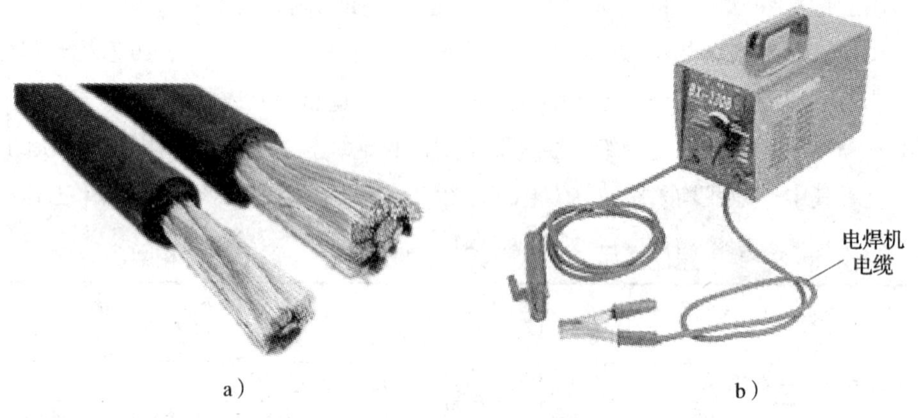

a） b）

图2–52 电焊机电缆及其应用
a）电焊机电缆 b）电焊机

YHBQ型二氧化碳气体保护电焊机用电缆具有通气、通电、通焊丝等特点，内有控制线，不延燃，其额定电压为200 V及以下，导体标称截面积有33 mm^2 与57 mm^2 两种。图2–53所示为其结构示意图。

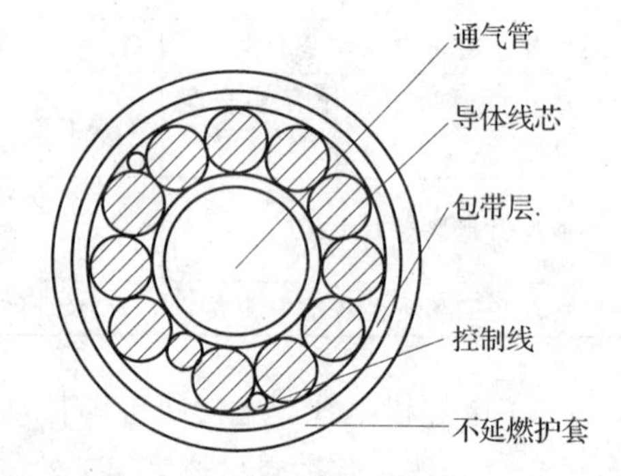

图2–53 YHBQ型二氧化碳气体保护电焊机用电缆的结构示意图

2. 信号及控制电缆

信号及控制电缆主要是指控制中心与系统间传递信号或控制操作用的电线电缆，其种类较多，主要包括通用控制电缆、信号电缆、仪表电缆、计算机控制电缆和电梯电缆等。

（1）通用控制电缆

通用控制电缆适用于交、直流额定电压为0.6/1 kV及以下的控制、监测回路以

及保护线路等场合。控制电缆的线芯（主要是铜芯）有A、B、R三种形式。其中，A型为单根实芯，B型为7根单线的绞合，R型为软结构。线芯的标称截面积最大为10 mm^2。

1）橡胶绝缘与塑料绝缘控制电缆。橡胶绝缘与塑料绝缘控制电缆主要用于直流和交流50~60 Hz、额定电压为600/1 000 V及以下控制、信号、保护及测量线路中，用于固定敷设。

①橡胶绝缘控制电缆。橡胶绝缘控制电缆导电线芯的长期工作温度为65℃。其中，氯丁橡胶护套控制电缆具有不延燃特性，聚乙烯护套控制电缆具有较好的耐寒性。常用橡胶绝缘控制电缆的名称、型号和特点见表2–26。

表2–26 常用橡胶绝缘控制电缆的名称、型号和特点

名称	型号	特点
铜芯橡胶绝缘铜带铠装聚氯乙烯护套控制电缆	KX22	抗机械力
铜芯橡胶绝缘铜带铠装聚乙烯护套控制电缆	KX23	
铜芯橡胶绝缘聚氯乙烯护套控制电缆	KXV	柔软、耐油，抗机械力，抗静电干扰
铜芯橡胶绝缘氯丁橡胶护套控制电缆	KXF	
铜芯橡胶绝缘裸铅包控制电缆	KXQ	
铜芯橡胶绝缘铅包聚氯乙烯护套控制电线	KXQ02	
铜芯橡胶绝缘铅包聚乙烯护套控制电缆	KXQ03	

②塑料绝缘控制电缆。常用的塑料绝缘控制电缆主要有聚乙烯绝缘控制电缆和交联聚乙烯绝缘控制电缆。聚乙烯绝缘控制电缆有较好的耐寒性，导电线芯的长期工作温度为65℃，敷设温度不应低于–15℃。交联聚乙烯绝缘控制电缆导电线芯的长期工作温度为90℃。常用聚乙烯绝缘控制电缆的名称、型号和特点见表2–27。常用交联聚乙烯绝缘控制电缆的名称、型号和用途见表2–28。

表2–27 常用聚乙烯绝缘控制电缆的名称、型号和特点

名称	型号	特点
铜芯聚乙烯绝缘聚乙烯护套控制电缆	KYY	对绞式，抗干扰
铜芯聚乙烯绝缘聚氯乙烯护套控制电缆	KYV	
铜芯聚乙烯绝缘铜丝编织总屏蔽聚乙烯护套控制电缆	KYYP	抗静电干扰（对绞式的屏蔽较好）
铜芯聚乙烯绝缘铜丝缠绕总屏蔽聚乙烯护套控制电缆	KYYP1	
铜芯聚乙烯绝缘铜丝编织总屏蔽聚氯乙烯护套控制电缆	KYVP	
铜芯聚乙烯绝缘铜丝缠绕总屏蔽聚氯乙烯护套控制电缆	KYVP1	

续表

名称	型号	特点
铜芯聚乙烯绝缘钢带铠装聚氯乙烯护套控制电缆	KY22	抗机械力，抗电磁干扰
铜芯聚乙烯绝缘钢带铠装聚乙烯护套控制电缆	KY23	
铜芯聚乙烯绝缘细钢丝铠装聚氯乙烯护套控制电缆	KY32	
铜芯聚乙烯绝缘细钢丝铠装聚乙烯护套控制电缆	KY33	
铜芯聚乙烯绝缘聚乙烯护套裸细钢丝铠装控制电缆	KYY30	

图 2-54 所示为铜芯聚乙烯绝缘聚氯乙烯护套控制电缆（KYV）。

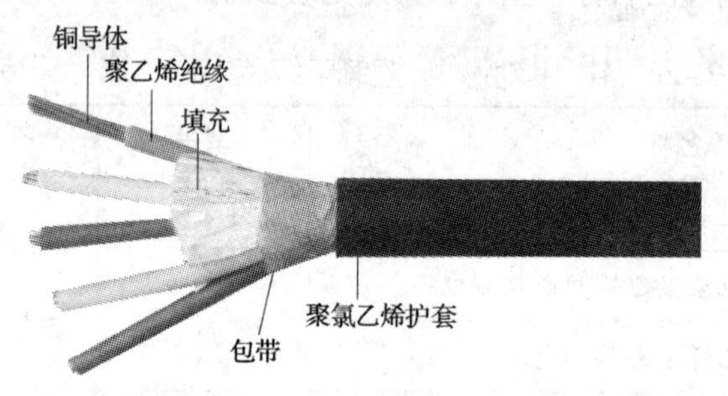

图 2-54　铜芯聚乙烯绝缘聚氯乙烯护套控制电缆

表 2-28　常用交联聚乙烯绝缘控制电缆的名称、型号和用途

名称	型号	用途
铜芯交联聚乙烯绝缘聚氯乙烯护套控制电缆	KYJV	用作各种电器、仪表、自动装置的控制线路。固定敷设于室内、电缆沟、管道及地下。内铠装电缆能承受较大的机械外力，不允许承受拉力
铜芯交联聚乙烯绝缘聚氯乙烯护套编织屏蔽控制电缆	KYJVP	
铜芯交联聚乙烯绝缘铜丝缠绕总屏蔽聚氯乙烯护套控制电缆	KYJVP1	
铜芯交联聚乙烯绝缘铜带绕包总屏蔽聚氯乙烯护套控制电缆	KYJVP2	
铜芯交联聚乙烯绝缘细钢丝铠装聚氯乙烯护套控制电缆	KYJV22	

③聚氯乙烯绝缘聚氯乙烯护套控制电缆。聚氯乙烯绝缘聚氯乙烯护套控制电缆主要用于交流额定电压为 450/750 V 及以下的控制、监控回路和保护线路等配电装置中电器、仪表的接线。其导体长期允许工作温度为 70℃，敷设温度不应低于 0℃。常用聚氯乙烯绝缘聚氯乙烯护套控制电缆的名称、型号和用途见表 2-29。

表 2-29　常用聚氯乙烯绝缘聚氯乙烯护套控制电缆的名称、型号和用途

名称	型号	用途
铜芯聚氯乙烯绝缘聚氯乙烯护套控制电缆	KVV	敷设在室内、电缆沟、管道等固定场合
铜芯聚氯乙烯绝缘聚氯乙烯护套编织屏蔽控制电缆	KVVP	敷设在室内、电缆沟、管道等要求屏蔽的固定场合

续表

名称	型号	用途
铜芯聚氯乙烯绝缘聚氯乙烯护套铜带屏蔽控制电缆	KVVP2	敷设在室内、电缆沟、管道等要求屏蔽的固定场合
铜芯聚氯乙烯绝缘聚氯乙烯护套钢带铠装控制电缆	KVV22	敷设在室内、电缆沟、管道、直埋等能承受较大机械外力的固定场合
铜芯聚氯乙烯绝缘聚氯乙烯护套控制软电缆	KVVR	敷设在室内移动的且要求柔软的场合
铜芯聚氯乙烯绝缘聚氯乙烯护套编织控制软电缆	KVVRP	敷设在室内移动的且要求柔软、屏蔽的场合

图 2–55 所示为铜芯聚氯乙烯绝缘聚氯乙烯护套铜丝编织屏蔽钢带铠装控制电缆（KVVP22）。

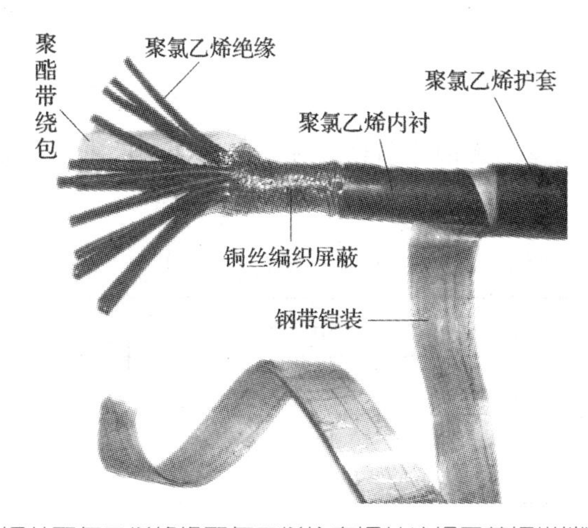

图 2–55 铜芯聚氯乙烯绝缘聚氯乙烯护套铜丝编织屏蔽钢带铠装控制电缆

2）阻燃控制电缆。阻燃控制电缆适用于交流额定电压为 450/750 V 及以下有特殊阻燃要求的控制、监控回路及保护线路等场合，作为电气装备之间的控制接线。聚氯乙烯绝缘阻燃控制电缆的长期允许工作温度为 70℃；化学（硅烷）交联聚乙烯绝缘阻燃控制电缆的长期允许工作温度为 90℃；辐照交联聚乙烯绝缘阻燃控制电缆的长期允许工作温度为 105~135℃。

阻燃和耐火电线电缆的型号表示方法如图 2–56 所示。阻燃和耐火电线电缆的型号均由燃烧特性代号和电线电缆型号两部分组成。

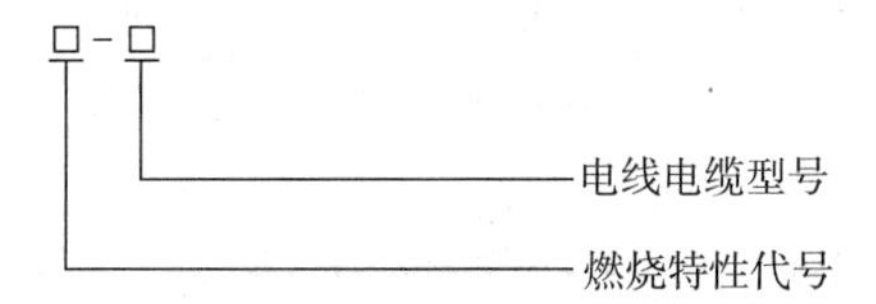

图 2–56 阻燃和耐火电线电缆的型号表示方法

①燃烧特性代号。燃烧特性代号见表 2–30。

表 2–30　燃烧特性代号

代号	名称	代号	名称
Z①	单根阻燃	W	无卤
ZA	阻燃 A 类	D	低烟
ZB	阻燃 B 类	U	低毒
ZC	阻燃 C 类	N	单纯供火的耐火
ZD②	阻燃 D 类	NJ	供火加机械冲击的耐火
（含卤产品，Z 省略）	含卤	NS	供火加机械冲击和喷水的耐火

注：① Z 为单根阻燃，仅用于基材不含卤素的产品，基材含卤素的，Z 省略。
② ZD 为成束阻燃，D 类，适用于外径不大于 12 mm 的产品。

②燃烧特性代号组合。阻燃系列和耐火系列燃烧特性代号组合见表 2–31。有多种燃烧特性要求时，其代号按无卤（含卤省略）、低烟、低毒、阻燃和耐火的顺序排列组合。

表 2–31　阻燃系列和耐火系列燃烧特性代号组合

系列名称		代号	含义
阻燃系列	有卤	ZA	阻燃 A 类
		ZB	阻燃 B 类
		ZC	阻燃 C 类
		ZD	阻燃 D 类
	无卤低烟	WDZ	无卤低烟，阻燃
		WDZA	无卤低烟，阻燃 A 类
		WDZB	无卤低烟，阻燃 B 类
		WDZC	无卤低烟，阻燃 C 类
		WDZD	无卤低烟，阻燃 D 类
	无卤低烟低毒	WDUZ	无卤低烟低毒，单根阻燃
		WDUZA	无卤低烟低毒，阻燃 A 类
		WDUZB	无卤低烟低毒，阻燃 B 类
		WDUZC	无卤低烟低毒，阻燃 C 类
		WDUZD	无卤低烟低毒，阻燃 D 类

续表

系列名称		代号	含义
耐火系列	有卤	N、NJ、NS	耐火
		ZAN、ZANJ、ZANS	阻燃A类，耐火
		ZBN、ZBNJ、ZBNS	阻燃B类，耐火
		ZCN、ZCNJ、ZCNS	阻燃C类，耐火
		ZDN、ZDNJ、ZDNS	阻燃D类，耐火
	无卤低烟	WDZN、WDZNJ、WDZNS	无卤低烟，阻燃，耐火
		WDZAN、WDZANJ、WDZANS	无卤低烟，阻燃A类，耐火
		WDZBN、WDZBNJ、WDZBNS	无卤低烟，阻燃B类，耐火
		WDZCN、WDZCNJ、WDZCNS	无卤低烟，阻燃C类，耐火
		WDZDN、WDZDNJ、WDZDNS	无卤低烟，阻燃D类，耐火
	无卤低烟低毒	WDUZN、WDUZNJ、WDUZNS	无卤低烟低毒，单根阻燃，耐火
		WDUZAN、WDUZANJ、WDUZANS	无卤低烟低毒，阻燃A类，耐火
		WDUZBN、WDUZBNJ、WDUZBNS	无卤低烟低毒，阻燃B类，耐火
		WDUZCN、WDUZCNJ、WDUZCNS	无卤低烟低毒，阻燃C类，耐火
		WDUZDN、WDUZDNJ、WDUZDNS	无卤低烟低毒，阻燃D类，耐火

③产品表示方法。阻燃和耐火电线电缆或光缆产品用燃烧特性代号、产品型号、规格、本标准编号和产品标准编号表示。例如：

铜芯交联聚乙烯绝缘聚氯乙烯护套电力电缆，阻燃B类，额定电压为0.6/1 kV，表示为：ZB-YJV-0.6/1，规格省略。

铜芯交联聚乙烯绝缘聚烯烃护套电力电缆，无卤低烟，阻燃A类，供火加机械冲击和喷水的耐火，额定电压为0.6/1 kV，表示为：WDZANS-YJY-0.6/1，规格省略。

铜芯交联聚乙烯绝缘聚烯烃护套控制电缆，无卤低烟低毒，阻燃C类，供火加机械冲击的耐火，额定电压为450/750 V，表示为：WDUZCNJ-KYJY-450/750，规格省略。

实心聚乙烯绝缘阻燃聚烯烃护套柔软对称射频电缆，无卤低烟，阻燃D类，表示为：WDZD-SEYYZ，规格省略。

常用聚氯乙烯绝缘阻燃控制电缆的名称、型号及用途见表2-32。

表 2–32　常用聚氯乙烯绝缘阻燃控制电缆的名称、型号及用途

名称	型号	用途
聚氯乙烯绝缘聚氯乙烯护套阻燃控制电缆	ZC–KVV	固定敷设于室内、电缆沟、托架及管道中，或户外托架敷设
聚氯乙烯绝缘聚氯乙烯护套高阻燃控制电缆	ZA–KVV	同 ZC–KVV，用于要求阻燃较为苛刻的场所
聚氯乙烯绝缘聚氯乙烯护套阻燃屏蔽控制电缆	ZC–KVVP	同 ZC–KVV，用于防干扰场所，电缆弯曲半径不小于电缆外径的 15 倍
聚氯乙烯绝缘聚氯乙烯护套高阻燃屏蔽控制电缆	ZA–KVVP	同 ZC–KVVP，用于要求阻燃较为苛刻的场所
聚氯乙烯绝缘聚氯乙烯护套钢带铠装阻燃控制电缆	ZC–KVV22	同 ZC–KVV，用于能承受机械外力的场所
聚氯乙烯绝缘聚氯乙烯护套钢带铠装高阻燃控制电缆	ZA–KVV22	同 ZC–KVV22，用于要求阻燃较为苛刻的场所
铜芯聚氯乙烯绝缘聚氯乙烯护套阻燃控制软电缆	ZA（C）–KVVR	敷设于室内有移动要求且柔软的场合

图 2–57 所示为 ZA–KVV 型聚氯乙烯绝缘聚氯乙烯护套高阻燃控制电缆的结构。

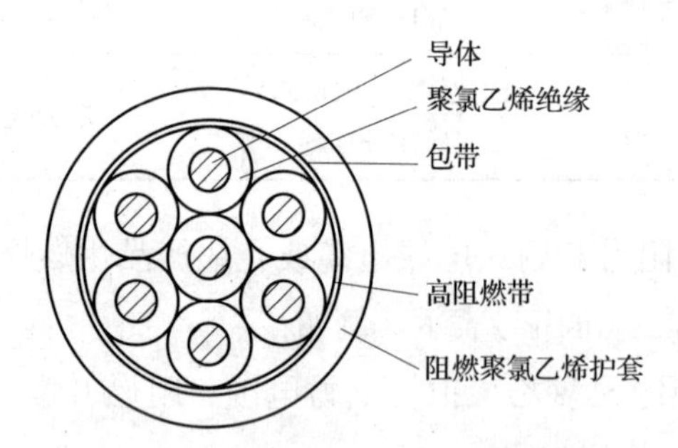

图 2–57　ZA–KVV 型聚氯乙烯绝缘聚氯乙烯护套高阻燃控制电缆的结构

常用交联聚乙烯绝缘阻燃控制电缆的名称、型号及用途见表 2–33。

表 2–33　常用交联聚乙烯绝缘阻燃控制电缆的名称、型号及用途

名称	型号	用途
阻燃 A 类铜芯交联聚乙烯绝缘聚氯乙烯护套控制电缆	ZA–KYJV	敷设在阻燃要求较高的室内、隧道、电缆沟、管道等固定场合
阻燃 A 类铜芯辐照交联聚乙烯绝缘聚氯乙烯护套控制电缆	ZA–KFYJV	

续表

名称	型号	用途
阻燃A类铜芯交联聚乙烯绝缘聚氯乙烯护套铜线编织屏蔽控制电缆	ZA-KYJVP	敷设在阻燃要求较高的室内、隧道、电缆沟、管道等要求屏蔽的固定场合
阻燃A类铜芯辐照交联聚乙烯绝缘聚氯乙烯护套铜线编织屏蔽控制电缆	ZA-KFYJVP	
阻燃A类铜芯交联聚乙烯绝缘聚氯乙烯护套钢带铠装控制电缆	ZA-KYJ22	敷设在室内、隧道、电缆沟、管道、直埋等有较高阻燃要求的固定场合，能承受较大的机械外力
阻燃A类铜芯辐照交联聚乙烯绝缘聚氯乙烯护套钢带铠装控制电缆	ZA-KFYJ22	

（2）信号电缆

信号电缆主要用于信号联络、火警及各种自动装置线路。常用信号电缆的名称、型号及用途见表2–34。

信号电缆是用聚氯乙烯或聚乙烯绝缘的软铜线作为线芯绞合而成。绝缘线芯若是采用双线对绞方式，绝缘颜色一般采用红白、绿白、蓝白、黄白，如图2–58所示；采用四线组绞合（又称为星绞式）时，绝缘颜色采用红绿蓝白。四线组绞合是指每4根芯线绞合成一个四线组，四线组中处于对角线位置的两根芯线构成一个双线回路，如图2–59所示。绞合后的缆芯外包一层聚氯乙烯护套，外护层由垫层、钢带和外被层组成。

表2–34 常用信号电缆的名称、型号及用途

名称	型号	用途
聚氯乙烯绝缘聚氯乙烯护套信号电缆	PVV	敷设于室内外、电缆沟、管道或地下直埋；内铠装电缆能承受较大的机械外力，聚乙烯绝缘的绝缘电阻、耐潮性比聚氯乙烯好
聚乙烯绝缘聚氯乙烯护套信号电缆	PYV	
聚氯乙烯绝缘聚氯乙烯外护套内钢带铠装信号电缆	PVV22	
聚乙烯绝缘聚氯乙烯外护套内钢带铠装信号电缆	PYV22	
聚乙烯绝缘综合扭绞综合护套聚乙烯外护套信号电缆	PZYAY	敷设在槽、管中，能承受一般的机械外力
聚乙烯绝缘综合扭绞综合护套双钢带铠装耐寒聚乙烯外护套信号电缆	PZYAH22	敷设在槽、管中，能承受较大的机械外力，适用于寒冷地区
聚乙烯绝缘综合扭绞铝护套耐寒聚氯乙烯外护套信号电缆	PZYLVH	敷设在土壤及槽、管中，能承受一般的机械外力，适用于寒冷地区

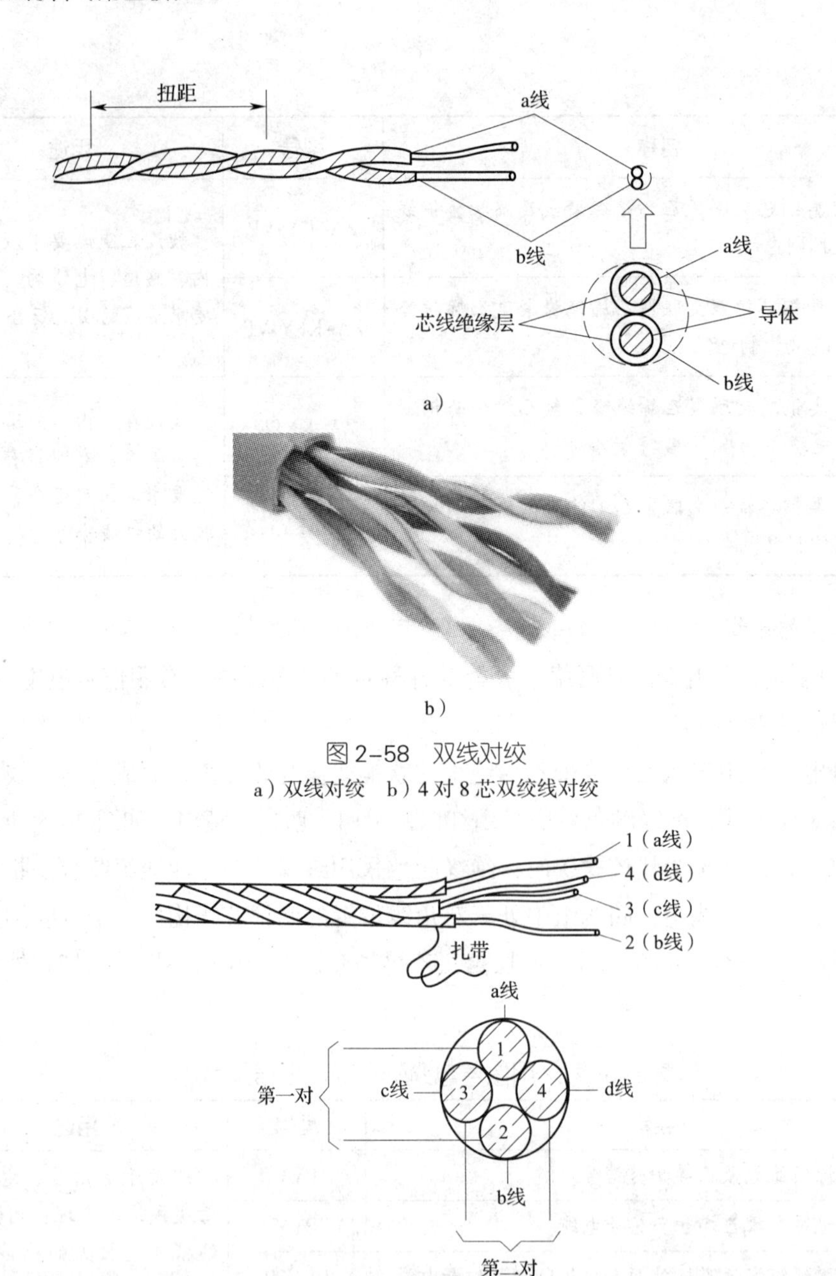

图2-58　双线对绞

a）双线对绞　b）4对8芯双绞线对绞

图2-59　四线组绞合

（3）仪表电缆

常用的仪表电缆主要有阻燃型仪表电缆、仪表用控制电缆、带状电缆等类型，适用于仪器仪表及其他电气设备中的信号传输及控制。

1）阻燃型仪表电缆。阻燃型仪表电缆具有防干扰性能好、电气性能稳定，能可靠地传送交流300 V及以下数字信号和模拟信号，兼有阻燃等特点，所以此类电缆广泛应用于电站、矿山和石油化工等部门的检测和控制用计算机系统或自动化控制装置上。常用阻燃型仪表电缆的名称、型号和用途见表2-35。

表 2-35 常用阻燃型仪表电缆的名称、型号和用途

名称	型号	用途
聚氯乙烯绝缘聚氯乙烯护套阻燃仪表电缆	ZC-YVVP	固定敷设于室内、隧道内、管道中或户外托架敷设，敷设时环境温度不低于 0℃，用于一般阻燃场所
聚氯乙烯绝缘聚氯乙烯护套高阻燃仪表电缆	ZA-YVVP	同 ZC-YVVP，用于较苛刻的阻燃场所
交联聚乙烯绝缘聚氯乙烯护套阻燃仪表电缆	ZC-YYJVP	同 ZC-YVVP
乙丙橡胶绝缘聚氯乙烯护套阻燃仪表电缆	ZC-YEVP	同 ZC-YVVP
乙丙橡胶绝缘氯丁护套阻燃仪表电缆	ZC-YEFP	同 ZC-YVVP，敷设时环境温度不低于 -20℃
乙丙橡胶绝缘氯磺化聚乙烯护套阻燃仪表电缆	ZC-YEYHP	同 ZC-YVVP，敷设时环境温度不低于 -20℃

2）仪表用控制电缆。仪表用控制电缆适用于交流额定电压 450/750 V 及以下仪表用控制电缆产品。其中，巡回检测装置屏蔽电缆采用对绞铝塑复合膜屏蔽和铜丝编织屏蔽，抗干扰性能优越，广泛用于计算机测控装置。常用仪表用控制电缆的名称和型号见表 2-36。

表 2-36 常用仪表用控制电缆的名称和型号

名称	型号
聚乙烯绝缘聚氯乙烯护套编织屏蔽仪表用控制电缆	KJYVP
聚乙烯绝缘聚氯乙烯护套编织屏蔽仪表用控制软电缆	KJYVPR
聚乙烯绝缘聚氯乙烯护套铝塑复合膜屏蔽仪表用控制电缆	KJYVP3
聚氯乙烯绝缘聚氯乙烯护套编织屏蔽仪表用控制电缆	KJVVP
聚氯乙烯绝缘聚氯乙烯护套编织屏蔽仪表用控制软电缆	KJVVPR
聚氯乙烯绝缘聚氯乙烯护套铝塑复合膜屏蔽仪表用控制软电缆	KJVVP3R

注：阻燃型电缆在型号前加“Z”。

3）带状电缆。带状电缆适用于电器、仪表、计算机及其他控制设备的连接。并排线缆（PVC 带状电缆）的额定电压为 300 V，工作温度为 -20~80℃，其结构如图 2-60 所示。黏合带状电缆（彩虹线缆）的结构如图 2-61 所示。常用间距为 1.27 mm 绝缘刺破型端接式聚氯乙烯绝缘带状电缆的名称和型号见表 2-37。

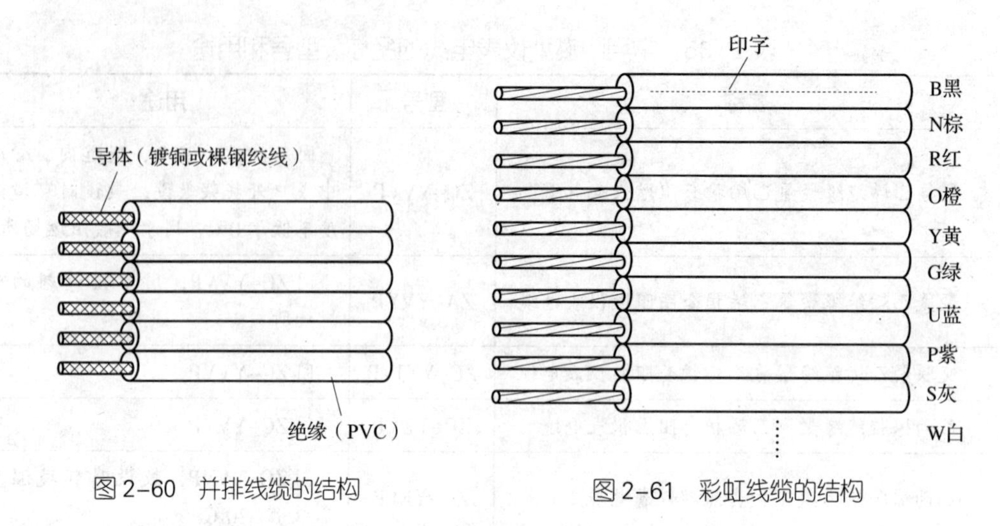

图 2-60　并排线缆的结构　　图 2-61　彩虹线缆的结构

表 2-37　常用间距为 1.27 mm 绝缘刺破型端接式聚氯乙烯绝缘带状电缆的名称和型号

名称	型号
绝缘刺破型端接式单色聚氯乙烯绝缘带状电缆	DV（1.27）
绝缘刺破型端接式单色耐热 105℃聚氯乙烯绝缘带状电缆	DV（1.27）-105
绝缘刺破型端接式彩色聚氯乙烯绝缘带状电缆	DVC（1.27）
绝缘刺破型端接式彩色耐热 105℃聚氯乙烯绝缘带状电缆	DVC（1.27）-105

（4）计算机控制电缆

计算机控制电缆主要用于交流额定电压为 450/750 V 及以下的电子计算机监控系统或传输数字信号、模拟信号及抗干扰性能要求较高的电气控制装置中作为电器和仪表的连接线。电缆均采用对绞式结构，有对绞组合屏蔽、对绞组成电缆的总屏蔽、对绞组合屏蔽后总屏蔽等屏蔽结构形式。

1）聚乙烯绝缘聚氯乙烯护套计算机控制电缆。聚乙烯绝缘聚氯乙烯护套计算机控制电缆导体的长期允许工作温度为 70℃，固定敷设温度不应低于 -40℃，非固定敷设温度不应低于 -15℃。常用聚乙烯绝缘聚氯乙烯护套计算机控制电缆的名称、型号及用途见表 2-38。

表 2-38　常用聚乙烯绝缘聚氯乙烯护套计算机控制电缆的名称、型号及用途

名称	型号	用途
聚乙烯绝缘对绞铜丝编织分屏蔽聚氯乙烯护套计算机控制电缆	DJYPV	敷设在室内、电缆沟、管道等固定场合
聚乙烯绝缘对绞铜丝编织总屏蔽聚氯乙烯护套计算机控制电缆	DJYPVP	

续表

名称	型号	用途
聚乙烯绝缘对绞铜丝编织分屏蔽聚氯乙烯护套计算机软控制电缆	DJYPVR	敷设在室内、有移动要求的场合
聚乙烯绝缘对绞铜丝编织总屏蔽聚氯乙烯护套计算机软控制电缆	DJYPVPR	

图 2–62 所示为聚乙烯绝缘对绞铜丝编织总屏蔽聚氯乙烯护套计算机控制电缆（DJYPVP）的结构。

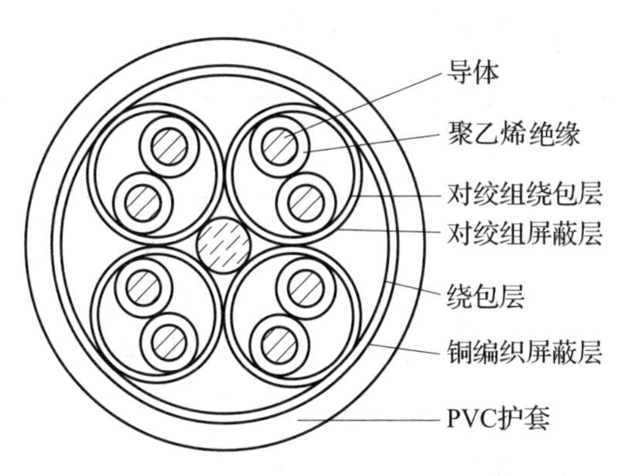

图 2–62 DJYPVP 型计算机控制电缆的结构

2）聚氯乙烯绝缘聚氯乙烯护套计算机控制电缆。聚氯乙烯绝缘聚氯乙烯护套计算机控制电缆导体的长期允许工作温度为 70℃，固定敷设温度不应低于 –40℃，非固定敷设温度不应低于 –15℃。常用聚氯乙烯绝缘聚氯乙烯护套计算机控制电缆的名称、型号及用途见表 2–39。

表 2–39 常用聚氯乙烯绝缘聚氯乙烯护套计算机控制电缆的名称、型号及用途

名称	型号	用途
聚氯乙烯绝缘对绞铜丝编织分屏蔽聚氯乙烯护套计算机控制电缆	DJVPV	敷设在室内、电缆沟、管道等固定场合
聚氯乙烯绝缘对绞聚氯乙烯护套计算机控制电缆	DJVV	
聚氯乙烯绝缘对绞聚氯乙烯护套计算机软控制电缆	DJVVR	敷设在室内、有移动要求的场合
聚氯乙烯绝缘对绞铜丝编织分屏蔽及总屏蔽聚氯乙烯护套计算机软控制电缆	DJVPVPR	
聚氯乙烯绝缘对绞铜丝编织总屏蔽聚氯乙烯护套钢带铠装计算机控制电缆	DJVVP22	敷设在室内、电缆沟、管道、直埋等能承受较大机械外力的场合
聚氯乙烯绝缘对绞铜带分屏蔽聚氯乙烯护套钢带铠装计算机控制电缆	DJVP2V22	

3）交联聚乙烯绝缘聚氯乙烯护套计算机控制电缆。交联聚乙烯绝缘聚氯乙烯护套计算机控制电缆导体的长期允许工作温度为90℃，固定敷设温度不应低于 -40℃，非固定敷设温度不应低于 -15℃。常用交联聚乙烯绝缘聚氯乙烯护套计算机控制电缆的名称、型号及用途见表2-40。

表2-40　常用交联聚乙烯绝缘聚氯乙烯护套计算机控制电缆的名称、型号及用途

<table>
<tr><th>名称</th><th>型号</th><th>用途</th></tr>
<tr><td>交联聚乙烯绝缘对绞铜丝编织分屏蔽聚氯乙烯护套计算机控制电缆</td><td>DJYJPV</td><td rowspan="2">敷设在室内、电缆沟、管道等固定场合</td></tr>
<tr><td>交联聚乙烯绝缘对绞铜丝编织总屏蔽聚氯乙烯护套计算机控制电缆</td><td>DJYJVP</td></tr>
<tr><td>交联聚乙烯绝缘对绞铜丝编织分屏蔽聚氯乙烯护套计算机软控制电缆</td><td>DJYJPVR</td><td rowspan="2">敷设在室内、有移动要求的场合</td></tr>
<tr><td>交联聚乙烯绝缘对绞铜丝编织分屏蔽及总屏蔽聚氯乙烯护套计算机软控制电缆</td><td>DJYJPVPR</td></tr>
<tr><td>交联聚乙烯绝缘对绞铜丝编织分屏蔽聚氯乙烯护套钢带铠装计算机控制电缆</td><td>DJYJPV22</td><td rowspan="2">敷设在室内、电缆沟、管道、直埋等能承受较大机械外力的场合</td></tr>
<tr><td>交联聚乙烯绝缘对绞铜丝编织分屏蔽及总屏蔽聚氯乙烯护套钢带铠装计算机控制电缆</td><td>DJYJPVP22</td></tr>
</table>

4）耐火计算机控制电缆。耐火计算机控制电缆用于要求电线电缆在着火的情况下仍然保持一定时间的继续运行，并为灭火提供保证的场合。常用耐火计算机控制电缆的类型、型号和名称见表2-41。

表2-41　常用耐火计算机控制电缆的类型、型号和名称

<table>
<tr><th>类型</th><th>型号</th><th>名称</th></tr>
<tr><td rowspan="2">聚氯乙烯绝缘聚氯乙烯护套阻燃耐火计算机控制电缆</td><td>ZN-DJVV</td><td>阻燃铜芯聚氯乙烯绝缘聚氯乙烯护套耐火计算机控制电缆</td></tr>
<tr><td>ZN-DJVPV</td><td>阻燃铜芯聚氯乙烯绝缘对绞铜丝编织分屏蔽聚氯乙烯护套耐火计算机控制电缆</td></tr>
<tr><td rowspan="2">聚乙烯绝缘聚氯乙烯护套阻燃耐火计算机控制电缆</td><td>ZN-DJYPV</td><td>阻燃铜芯聚乙烯绝缘对绞铜丝编织分屏蔽聚氯乙烯护套耐火计算机控制电缆</td></tr>
<tr><td>ZN-DJYPVP</td><td>阻燃铜芯聚乙烯绝缘对绞铜丝编织分屏蔽及总屏蔽聚氯乙烯护套耐火计算机控制电缆</td></tr>
<tr><td rowspan="3">交联聚乙烯绝缘聚氯乙烯护套阻燃耐火计算机控制电缆</td><td>ZN-DJYJV</td><td>阻燃铜芯交联聚乙烯绝缘聚氯乙烯护套耐火计算机控制电缆</td></tr>
<tr><td>ZN-DJYJVP</td><td>阻燃铜芯交联聚乙烯绝缘对绞铜丝编织总屏蔽聚氯乙烯护套耐火计算机控制电缆</td></tr>
<tr><td>ZN-DJYJPV</td><td>阻燃铜芯交联聚乙烯绝缘对绞铜丝编织分屏蔽聚氯乙烯护套耐火计算机控制电缆</td></tr>
</table>

续表

类型	型号	名称
低烟无卤聚烯烃绝缘阻燃耐火计算机控制电缆	DWZN-DJEE	阻燃铜芯低烟无卤绝缘及护套耐火计算机控制电缆
	DWZN-DJEEP	阻燃铜芯低烟无卤绝缘及护套铜丝总屏蔽耐火计算机控制电缆
	DWZN-DJEPE	阻燃铜芯低烟无卤绝缘及护套铜丝分屏蔽耐火计算机控制电缆

（5）电梯电缆

电梯电缆主要用于与交流额定电压为300/500 V及以下电梯、工程起重机、升降机配套的信号、控制线路，具有适应自由悬吊、能多次弯扭使用等特点，电缆均为多芯，导电线芯采用铜绞线，绝缘层采用橡胶，成缆时中心有尼龙加强绳，以承受电缆悬吊时的自重，并使之柔软，护套采用强度高的橡胶。电缆线芯的长期允许工作温度应不超过65℃。常用电梯电缆的类型、名称、型号及用途见表2–42。

表2–42 常用电梯电缆的类型、名称、型号及用途

类型	名称	型号	用途
电梯信号电缆	橡胶护套电梯信号电缆	YT	户内移动信号线路
	氯丁橡胶或其他相当的合成胶弹性体护套电梯信号电缆	YTF	户外或接触油污或要求非延燃的移动信号线路
电梯控制电缆	橡胶护套电梯控制电缆	YTK	户内移动控制线路
	氯丁橡胶或其他相当的合成胶弹性体护套电梯控制电缆	YTKF	户外或接触油污或要求非延燃的移动控制线路

图2–63所示为电梯电缆的结构。

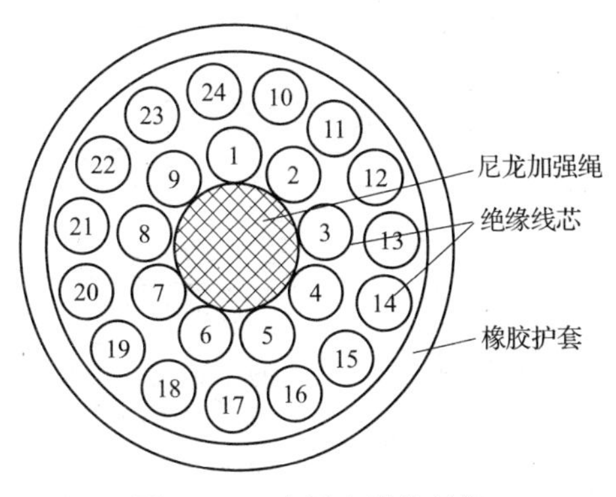

图2–63 电梯电缆的结构

3. 仪表和电气设备连接线

（1）仪表和电气设备安装线

仪表和电气设备安装线适用于交流额定电压为450/750 V及以下电器、仪表的连

接线和自动控制系统的传输线，具有耐油、防水、耐磨、耐酸碱及耐各种腐蚀性气体、耐老化、不燃烧等优异性能。其种类很多，常用产品的名称及型号见表 2-43。其中，聚全氟乙丙烯（F46）绝缘最高工作温度不超过 200℃，可溶性聚四氟乙烯（PFA）绝缘最高工作温度不超过 260℃。电缆安装敷设温度应不低于 0℃，氟塑料、硅橡胶和丁腈护套电缆应不低于 -25℃。

表 2-43　常用仪表和电气设备安装线的名称及型号

名称	型号
镀锡铜芯聚全氟乙丙烯绝缘安装线	AF-150
镀银铜芯聚全氟乙丙烯绝缘屏蔽安装线	AFP-200
镀银铜芯氟塑料绕包安装电线	AFR-250
镀银铜芯氟塑料绕包金属屏蔽安装电线	AFRP-250
硅橡胶绝缘电机、电器耐热安装用电线	AGR
硅橡胶绝缘屏蔽型安装用电线	AGRP
铜芯聚氯乙烯绝缘安装用电线	AV
铜芯耐热 105℃聚氯乙烯绝缘安装用电线	AV-105
铜芯聚氯乙烯绝缘安装用软电线	AVR
铜芯耐热 105℃聚氯乙烯绝缘安装用软电线	AVR-105
铜芯聚氯乙烯绝缘扁型安装用软电线	AVRB
铜芯聚氯乙烯绝缘绞型安装用软电线	AVRS
铜芯聚氯乙烯绝缘聚氯乙烯护套安装用软电线	AVVR

图 2-64 所示为铜芯聚氯乙烯绝缘安装用电线的结构。

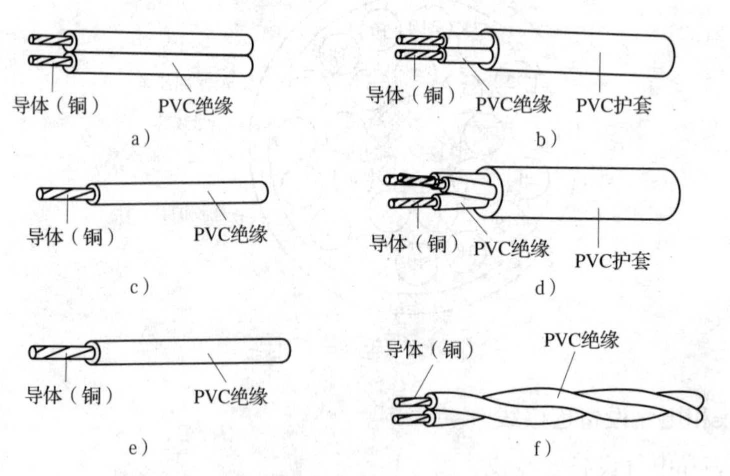

图 2-64　铜芯聚氯乙烯绝缘安装用电线的结构

a）AVRB　b）AVVR（两芯）　c）AVR　d）AVVR（三芯）　e）AV　f）AVRS

（2）电动机引接线

电动机引接线的工作电压为0.38~10 kV，引接线的耐温与电动机的耐温等级要相匹配，且长期工作温度要比电动机最高工作温度低50~70℃，并要求电线耐浸渍、耐烘焙、耐寒、不延燃。常用绝缘层有耐热橡胶、丁腈－聚氯乙烯复合物、乙丙橡胶、硅橡胶或氟橡胶，护套为丁腈橡胶、氯丁橡胶或氯醚橡胶。引接线的导体都用铜芯，采用柔软结构，导体单根铜线都镀锡。常用电动机引接线的名称、型号、额定电压、配套电动机耐温等级和用途见表2-44。

表2-44 常用电动机引接线的名称、型号、额定电压、配套电动机耐温等级和用途

<table>
<tr><th>名称</th><th>型号</th><th>额定电压（V）</th><th>配套电动机耐温等级</th><th>用途</th></tr>
<tr><td>铜芯聚氯乙烯绝缘电机绕组引接电缆（电线）</td><td>JV</td><td rowspan="2">500</td><td rowspan="4">130（B）</td><td rowspan="2">用于小型电动机和中、小型电器</td></tr>
<tr><td>铜芯丁腈聚氯乙烯复合物绝缘电机绕组引接电缆（电线）</td><td>JF</td></tr>
<tr><td>铜芯橡胶绝缘丁腈护套电机绕组引接电缆（电线）</td><td>JXN</td><td rowspan="2">500~6 000</td><td rowspan="2">用于130（B）级的电动机、电器，可用于湿热地区</td></tr>
<tr><td>铜芯橡胶绝缘氯丁腈护套电机绕组引接电缆（电线）</td><td>JXF</td></tr>
<tr><td>铜芯乙丙橡胶绝缘电机绕组引接电缆（电线）</td><td>JE</td><td rowspan="2">500~6 000</td><td rowspan="2">155（F）</td><td rowspan="2">用于耐温等级较高的电动机、电器，可用于湿热地区</td></tr>
<tr><td>铜芯氯磺化聚乙烯绝缘电机绕组引接电缆（电线）</td><td>JH</td></tr>
<tr><td>铜芯硅橡胶绝缘电机绕组引接电缆（电线）</td><td>JG</td><td>500~1 000</td><td>180（H）</td><td>用于155（F）级、180（H）级的电动机、电器</td></tr>
<tr><td>铜芯聚酯薄膜（纤维）绝缘耐氟利昂电机绕组引接软线</td><td>JZ</td><td rowspan="2">500</td><td rowspan="2">200及以上（C）</td><td rowspan="2">用于180（H）级、200及以上级（C）的电动机</td></tr>
<tr><td>镀锡铜芯聚全氟乙丙烯绝缘耐氟利昂电机绕组引接软线</td><td>JF46</td></tr>
</table>

图2-65所示为铜芯橡胶绝缘丁腈护套电机绕组引接电缆（电线）（JXN）。

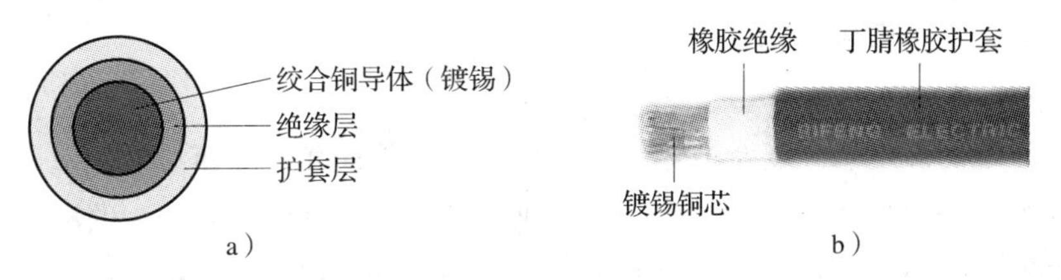

图2-65 铜芯橡胶绝缘丁腈护套电机绕组引接电缆（电线）（JXN）
a）结构图 b）实物图

（3）防水橡套电缆

防水橡套电缆弯曲性良好，能承受经常的移动，在长期浸水及较大的水压下具有良好的绝缘性能，主要用于在水下进行作业的潜水电机的电源线，其名称、型号及用途见表 2–45。

表 2–45　防水橡套电缆的名称、型号及用途

名称	型号	用途
300/500 V 及以下潜水电机用防水橡套电缆	JHS	连接交流电压 300/500 V 及以下潜水电机用，防水橡套电缆一端在水中，长期允许工作温度不超过 65℃
潜水电机用扁防水橡套电缆	JHSB	适用于排水、潜水电机输送电力，长期允许工作温度不超过 85℃

图 2–66 所示为潜水电机用防水橡套电缆（JHS）。

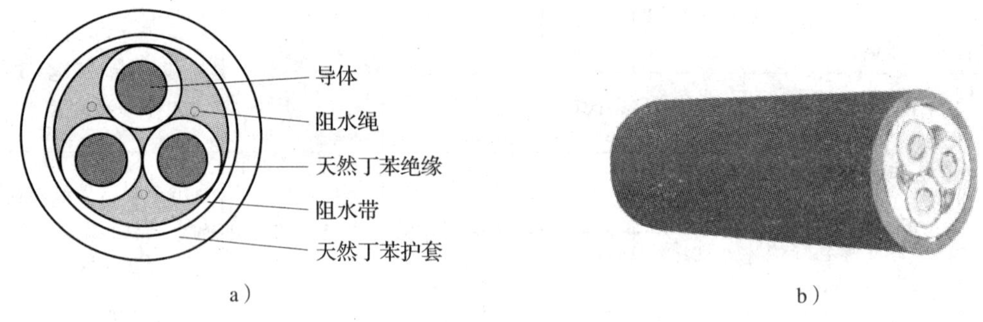

图 2–66　潜水电机用防水橡套电缆（JHS）
a）结构图　b）实物图

四、电气装备用电线电缆的选用

主要从以下四个方面考虑：

1．用途

选用电气装备用电线电缆时要重点考虑其用途，因侧重点不同，需考虑的因素也不同，如要弄清楚是专用线还是通用线、是户内用线还是户外用线、是固定用还是移动用等要素，并以此确定所选择类型。

2．环境

根据环境的温度、湿度及散热条件选择线芯的长期允许工作温度；根据受外力情况选择外护层的力学强度参数；根据有无腐蚀性气体、液体以及油污的浸渍等情况选择耐化学性能；根据振动大小、弯曲等状况选择柔软性程度；根据是否需要防电磁干扰选择是否用屏蔽导线等。

3. 额定工作电压

根据额定工作电压（直流或交流）选择导线的电压等级，根据负载的电流值选择导线的截面积。还应注意输电导线不宜过长，线路总电压降不超过5%。

4. 经济指标

不能单纯要求各方面技术性能均优而使价格偏高。在满足使用要求的前提下尽可能选择价格低的产品。

例如，在家庭电路设计中，导线主要选用BV、BVR、BVVB等类型。2000年之前，我国家庭电路设计的一般标准是进户线的横截面积为4～6 mm^2，照明线的横截面积为1.5 mm^2，插座线的横截面积为2.5 mm^2，空调线（专线）的横截面积为4 mm^2。2000年之后，标准改为进户线的横截面积为6～10 mm^2，照明线的横截面积为2.5 mm^2，插座线的横截面积为4 mm^2，空调线（专线）的横截面积为6 mm^2。电器的额定电流与导线标称截面积数据见表2–46。在工作温度为30℃且长时间连接90%负载的条件下，电气装备用电线电缆的载流量见表2–47。

表2–46 电器的额定电流与导线标称截面积数据

电器的额定电流（A）	标称截面积（mm^2）	电器的额定电流（A）	标称截面积（mm^2）
0.2~3	0.5	16~25	2.5
3~6	0.75	25~32	4
6~10	1	32~40	6
10~16	1.5	40~63	10

表2–47 电气装备用电线电缆的载流量

标称截面积（mm^2）	载流量（A）	标称截面积（mm^2）	载流量（A）
1.5	14	10	66
2.5	26	16	92
4	32	25	120
6	47	35	150

例：某住户新添一台功率约为3.0 kW（电流约为14 A）的大3匹空调，应如何选线？

答：根据用途可选择固定敷设的导线；根据室内环境可选择暗敷（散热条件稍差）；根据电压（如单相交流220 V）、电流（约为14 A）、功率（约为3.0 kW）情况选择导线的横截面积，查表2–46和表2–47可知，导线的横截面积不能低于1.5 mm^2。除此之外，考虑经济因素和富余量，决定选用横截面积为2.5 mm^2的铜芯电线供电，型号可选BV、BVR、BVVB等。该种导线的长期连续负荷允许载流量为26 A，长期工作温度为70℃，足以满足空调负荷的使用要求。

§2—5 电力电缆

学习目标

1. 熟悉常用电力电缆的结构及特点。
2. 熟悉电力电缆产品型号的编制方式。
3. 熟悉常用中低压电力电缆的类型及用途，并会选用。

想一想

图 2-67 所示为电力电缆敷设施工的场景。电力电缆与电气装备用电线电缆有什么不同之处？

图 2-67 电力电缆敷设施工的场景

在电气工程中，电力电缆和架空线的作用基本相同，都是用于传送和分配大功率电能的导线材料，如电力工程中使用的 1~500 kV 及以上各种电压等级、各种绝缘的电力电缆，常用于城市的地下电网、工矿企业的内部供电等场合。

与架空线相比，电力电缆的基建费用较高，但也有其自身的特点：埋设于土壤或敷设于室内、沟道、隧道中，不用杆塔，占地少；受气候条件和周围环境影响小，传输性能稳定，中、低压线路可较少维护，安全性较高。

一、常用电力电缆的结构及特点

电力电缆在结构上与电气装备用电线电缆类似，主要由导线、绝缘层和保护层构成，除 1~3 kV 级的产品外，均需有屏蔽层。但由于电力电缆工作电压高、电流大，且长期固定敷设在地下、水下、隧道等环境中，对导电性能、绝缘性能、热性能以及护套的材料与结构的要求都比普通电气装备用电线电缆高。这主要体现在以下几个方面：电力电缆导体线芯一般用导电性能良好的铜或铝制成，用以减少输电线路上的电能损耗和压降损失；绝缘层一般用油浸纸、塑料和橡胶等绝缘材料制成，用以将导体和相邻的导体以及保护层隔离，要求绝缘性能良好、经久耐用、有一定的耐热性能；用聚氯乙烯护套、氯丁橡胶护套和铝护套保护绝缘层，以防外力损伤和水分浸入，并且具有一定的力学强度。

铝护套具有密闭性好、熔点低、柔韧性好等优点，且不影响电缆的可弯曲性，耐腐蚀性比一般金属好，所以铝护套应用最为广泛。电力电缆的外护层要求具有耐寒、耐热、耐油和防潮、防雷、防蚁、防鼠、防腐蚀的“三耐”“五防”功能。

二、电力电缆产品型号的编制方式

电力电缆产品型号的编制方式与电气装备用电线电缆相似，也是由类别（用途）、导体、绝缘层、内护层、特征、外护层、派生七个部分组成。其产品型号的编制方式及字母含义见表 2–48。

表 2–48　电力电缆产品型号的编制方式及字母含义

类别（用途）	导体	绝缘层	内护层	特征	外护层	派生
V—聚氯乙烯塑料电缆 X—橡胶电缆 YJ—交联聚乙烯电缆 Z—纸绝缘电缆	（T）—铜线芯 L—铝线芯	V—聚氯乙烯 X—橡胶 （X）D—丁基橡胶 Y—聚乙烯 Z—油浸纸	H—橡套 F—氯丁橡套 L—铝套 Q—铅套 V—聚氯乙烯护套 Y—聚乙烯护套	CY—充油 D—不滴流 F—分相护套 P—屏蔽 Z—直流	见表 2–17	1—第一种 2—第二种

例如，交联聚乙烯绝缘聚氯乙烯护套内细钢丝铠装电力电缆的型号组成如图 2–68 所示。

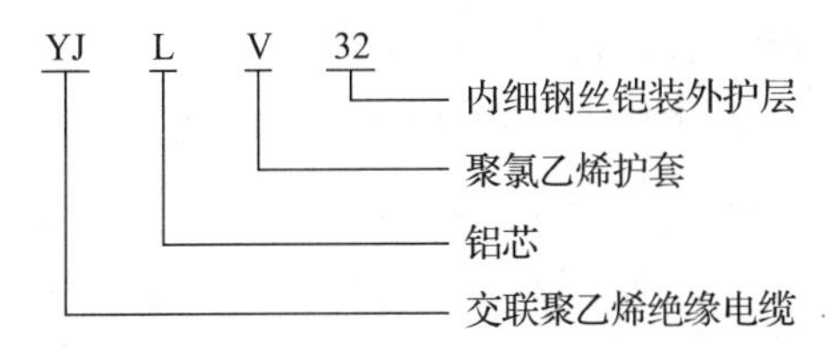

图 2–68　交联聚乙烯绝缘聚氯乙烯护套内细钢丝铠装电力电缆的型号组成

三、常用中低压电力电缆

电力电缆的种类很多，按电压等级分为中低压电力电缆（一般指 35 kV 及以下）和高压电力电缆（一般指 110 kV 及以上）。常用中低压电力电缆主要有油浸纸绝缘电力电缆、塑料绝缘电力电缆、橡胶绝缘电力电缆等；高压电力电缆主要有自容式充油电力电缆、钢管充油电力电缆、聚氯乙烯绝缘电力电缆和交联聚乙烯绝缘电力电缆等。

1．油浸纸绝缘电力电缆

油浸纸绝缘电力电缆采用电缆纸和黏性浸渍剂组合绝缘，具有耐压强度高、耐热性好和使用寿命长等优点，主要有普通黏性浸渍纸绝缘电力电缆和不滴流浸渍纸绝缘电力电缆两种，适用于 35 kV 及以下电压等级的交流电力线路，作固定敷设用，也可用于直流输配电线路。10 kV 及以下的多芯电力电缆常共用一个金属护套，称为统包型结构。三芯统包型结构如图 2–69 所示。20~35 kV 的电力电缆，若每个绝缘线芯都有铅（铝）护套，称为分相铅（铝）包型，如图 2–70 所示。这两种电缆的结构完全相同，仅浸渍剂不同。

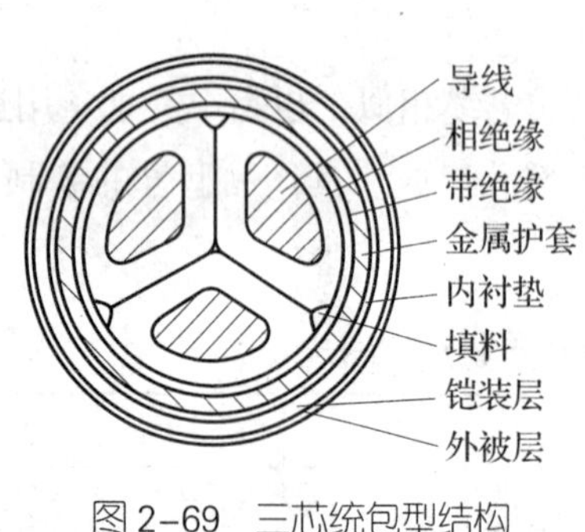

图 2–69　三芯统包型结构

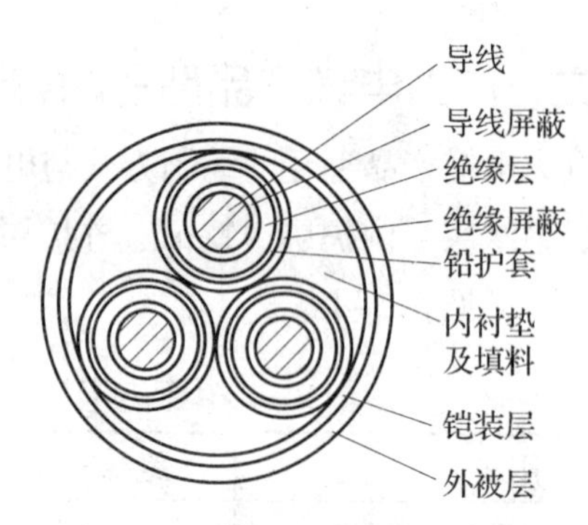

图 2–70　分相铅（铝）包型结构

（1）普通黏性浸渍纸绝缘电力电缆

普通黏性浸渍纸绝缘电力电缆具有耐压强度高、介电性能稳定、热稳定性能好、使用寿命长、价格便宜、结构简单、制造方便、绝缘材料资源丰富等优点。但其采用的黏性浸渍剂是由低压电缆油和松香混合而成的，这种浸渍剂在工作温度时的黏性小，容易发生油淌流，使绝缘性能降低，因此，不宜敷设于落差较大的场合。

（2）不滴流浸渍纸绝缘电力电缆

不滴流浸渍纸绝缘电力电缆具有绝缘稳定性好、工作温度高、不易老化、使用寿命比黏性浸渍纸绝缘电力电缆长等特点。浸渍剂由低压电缆油和某些塑料（如聚乙烯粉料、聚异丁烯胶料等）及合成蜡混合而成，价格较高。这种浸渍剂在其滴点温度不会淌流，因此，其工作温度较高，适用于热带地区，且无敷设落差限制，可取代普通黏性浸渍纸绝缘电力电缆。常用不滴流浸渍纸绝缘电力电缆的型号、外护层种类及敷设场合见表 2–49。

表 2–49 常用不滴流浸渍纸绝缘电力电缆的型号、外护层种类及敷设场合

型号（统包型）		型号（分相铅包型）		外护层种类	敷设场合
铝芯	铜芯	铝芯	铜芯		
ZLLD02	ZLD02	—	—	铝包 PVC 护套	敷设在室内、隧道及沟管中，对电缆没有机械外力作用，对铝铅护套有中性环境
ZLQD03	ZQD03			铅包 PE 护套	
ZLQD20	ZQD20	ZLQFD20	ZQFD20	铅包裸钢带铠装	敷设在室内、隧道及沟管中，其余同 ZLQD22、ZLQD23
ZLQD22	ZQD22	ZLQFD22	ZQFD22	铅包钢带铠装 PVC 护套	敷设在室内、沟道中，并可直埋于土壤中，能承受机械外力，不能承受大的拉力
ZLQD23	ZQD23	ZLQFD23	ZQFD23	铅包钢带铠装 PE 护套	
ZLLD30	ZLD30	—	—	铝包裸细钢丝铠装	敷设在室内及竖井中
ZLQD30	ZQD30	—	—	铅包裸细钢丝铠装	敷设在土壤中及水下，能承受机械外力，并能承受一定的拉力
ZLLD32	ZLD32	—	—	铝包细钢丝铠装 PVC 护套	敷设在土壤、竖井及水下，能承受机械外力，并能承受一定的拉力
ZLLD33	ZLD33			铝包细钢丝铠装 PE 护套	

2. 塑料绝缘电力电缆

塑料绝缘电力电缆主要有聚氯乙烯绝缘电力电缆、交联聚乙烯绝缘电力电缆、架空绝缘电力电缆和氟塑料绝缘电力电缆。其制造工艺简单，又没有敷设落差的限制，电缆的敷设、维护、连接较为简便，并具有较好的耐化学药品性和较高的工作温度，所以应用广泛。

（1）聚氯乙烯绝缘电力电缆

聚氯乙烯绝缘电力电缆具有加工简单、质量轻、非延燃、维护方便、价格低廉等特点。除此之外，其没有敷设落差限制，有较好的耐油、耐酸、耐碱、耐腐蚀等性能。在电气工程中，聚氯乙烯绝缘电力电缆已基本取代油浸纸绝缘电力电缆。

聚氯乙烯绝缘电力电缆的不足之处在于力学性能易受温度影响，同时聚氯乙烯的电气性能低于聚乙烯。目前，我国生产的聚氯乙烯绝缘电力电缆的额定电压为 1 kV 和 6 kV，长期工作温度不超过 70℃，敷设时环境温度应不低于 0℃。它主要用于敷设交流 50 Hz、额定电压为 6 kV 及以下电压等级的输配电线路。常用聚氯乙烯绝缘电力电缆的名称、型号和用途见表 2–50。

表 2–50　常用聚氯乙烯绝缘电力电缆的名称、型号和用途

名称	型号		用途
	铜芯	铝芯	
聚氯乙烯绝缘聚氯乙烯护套电力电缆	VV	VLV	可敷设在室内、隧道、电缆沟、管道、易燃及严重腐蚀的场合，不能承受机械外力作用
聚氯乙烯绝缘聚乙烯护套电力电缆	VY	VLY	可敷设在室内、管道、电缆沟及严重腐蚀的场合，不能承受机械外力作用
聚氯乙烯绝缘钢带铠装聚氯乙烯护套电力电缆	VV22	VLV22	可敷设在室内、隧道、电缆沟、地下、易燃及严重腐蚀的场合，不能承受拉力作用
聚氯乙烯绝缘钢带铠装聚乙烯护套电力电缆	VV23	VLV23	可敷设在室内、电缆沟、地下及严重腐蚀的场合，不能承受拉力作用
聚氯乙烯绝缘细钢丝铠装聚氯乙烯护套电力电缆	VV32	VLV32	可敷设在地下、竖井、水中、易燃及严重腐蚀的场合，不能承受大拉力作用

聚氯乙烯绝缘电力电缆有单芯、双芯、三芯及四芯等结构。其中，单芯电力电缆的导电线芯为圆形；多芯电力电缆的导电线芯截面积在 35 mm^2 及以下的可为圆形、扇形或半圆形，在 50 mm^2 及以上的应为扇形或半圆形。导电线芯的最大截面积为 1 200 mm^2。图 2–71 所示为 0.6/1 kV 聚氯乙烯绝缘电力电缆（VV22、VLV22）的结构。

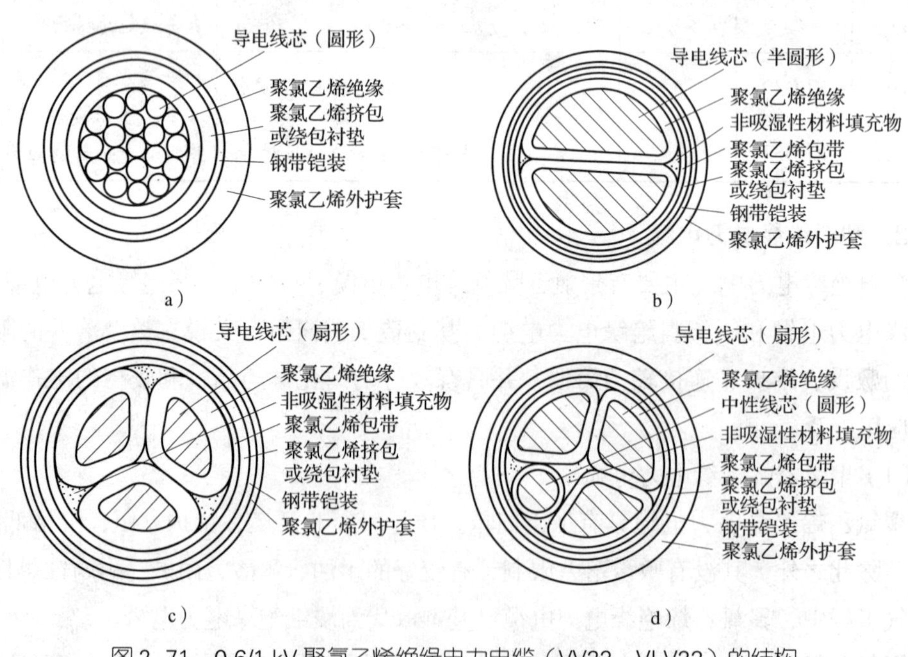

图 2–71　0.6/1 kV 聚氯乙烯绝缘电力电缆（VV22、VLV22）的结构
a）单芯　b）双芯　c）三芯　d）四（3+1）芯

中低压聚氯乙烯绝缘电力电缆通常采用聚氯乙烯护套或聚乙烯护套。当电力电缆的力学性能需要加强时，则采用内铠装护层，即护套分为内外两层，在两层之间用钢带或钢丝铠装。10 kV 及以上的聚氯乙烯绝缘电力电缆导线表面须有屏蔽层，屏蔽材料为半

导电材料。6 kV 及以上的聚氯乙烯绝缘电力电缆绝缘层表面有半导体材料与金属带或金属丝组成的屏蔽层。金属带或金属丝的作用是保持零电位，并在短路时承载短路电流，以免因短路电流引起电力电缆温升过高而损坏绝缘层。

（2）交联聚乙烯绝缘电力电缆

交联聚乙烯绝缘电力电缆可分为中低压交联电力电缆（电压等级范围为 1~35 kV）和高压及超高压交联电力电缆（电压等级在 110 kV 及以上）。其具有较好的绝缘性能，耐击穿强度高，绝缘电阻大，介电常数小，耐化学性能好，特别是具有较高的热稳定性，允许工作温度较高，长期允许的工作温度可达 90℃，质量轻，宜用于高落差敷设和垂直敷设。其缺点是抗电晕、游离放电性能差。在中低压系统中，交联聚乙烯绝缘电力电缆完全可以取代油浸纸绝缘电力电缆。

交联聚乙烯绝缘电力电缆的导电线芯主要是单芯和三芯结构。其中，对于电压等级在 6~10 kV 的三芯电力电缆，导电线芯的形状有圆形和扇形两种。对于电压等级在 20~30 kV 及以上的三芯电力电缆，导电线芯的形状只有圆形。凡是额定电压在 1.8 kV 以上的交联聚乙烯绝缘电力电缆都应有导体屏蔽和绝缘屏蔽。导电线芯的屏蔽（内屏蔽层）是通过半导电交联聚乙烯挤包的方式，形成热固性的交联聚乙烯绝缘线芯。电力电缆的绝缘屏蔽（外屏蔽层）是采用绕包双面涂胶的半导电丁基橡胶布带或挤包半导电聚乙烯、半导电聚氯乙烯之类的高分子复合物的方法形成的。同时，在绝缘屏蔽外再绕包铜带或编织的镀锡铜丝进行金属屏蔽。

交联聚乙烯绝缘电力电缆的外护层一般采用聚乙烯护套或聚氯乙烯护套，而不采用金属护套。当电力电缆的力学性能需要加强时，可在外护层内用钢带或钢丝铠装，并在铠装层内加装内衬层。由于高压交联聚乙烯绝缘电力电缆一般为单芯电缆，当力学性能或其他特殊性能加强时，可用铠装铅包的方式进行处理，主要用于固定敷设工频交流电压为 6 kV、10 kV、20 kV 及 35 kV 的输配电线路。常用交联聚乙烯绝缘电力电缆的型号、名称和用途见表 2–51。

表 2–51 常用交联聚乙烯绝缘电力电缆的型号、名称和用途

<table>
<tr><th colspan="2">型号</th><th rowspan="2">名称</th><th rowspan="2">用途</th></tr>
<tr><th>铜芯</th><th>铝芯</th></tr>
<tr><td>YJV</td><td>YJLV</td><td>交联聚乙烯绝缘聚氯乙烯护套电力电缆</td><td rowspan="2">敷设在室内外、隧道内（须固定在托架上）、混凝土管组及电缆沟中，允许在松散土壤中直埋，不能承受拉力和压力</td></tr>
<tr><td>YJY</td><td>YJLY</td><td>交联聚乙烯绝缘聚乙烯护套电力电缆</td></tr>
<tr><td>YJV22</td><td>YJLV22</td><td>交联聚乙烯绝缘钢带铠装聚氯乙烯护套电力电缆</td><td rowspan="2">可在土壤中直埋敷设，能承受机械外力作用，但不能承受大的拉力</td></tr>
<tr><td>YJV23</td><td>YJLV23</td><td>交联聚乙烯绝缘钢带铠装聚乙烯护套电力电缆</td></tr>
</table>

续表

型号		名称	用途
铜芯	铝芯		
YJV42	YJLV42	交联聚乙烯绝缘粗钢丝铠装聚氯乙烯护套电力电缆	敷设在水中及落差较大的隧道或竖井中，能承受较大的拉力
YJV43	YJLV43	交联聚乙烯绝缘粗钢丝铠装聚乙烯护套电力电缆	

交联聚乙烯绝缘电力电缆的结构如图 2–72 所示。

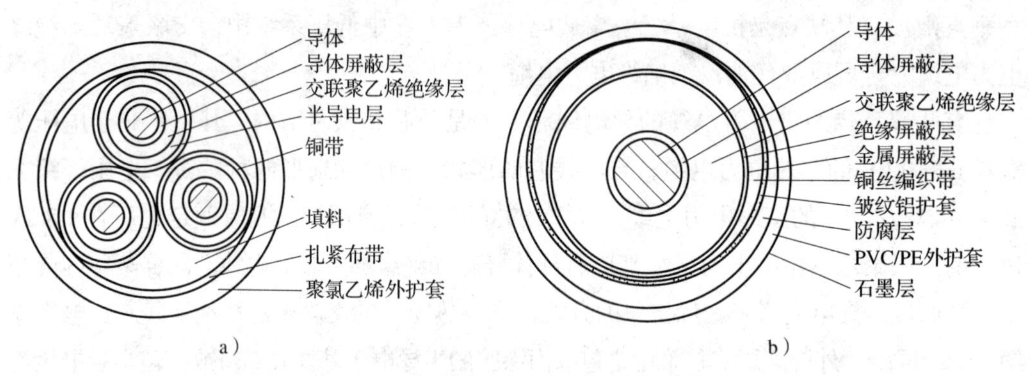

图 2–72　交联聚乙烯绝缘电力电缆的结构

a）三芯　b）单芯

（3）架空绝缘电力电缆

1）额定电压为 1 kV 及以下的架空绝缘电力电缆。额定电压为 1 kV 及以下的架空绝缘电力电缆适用于交流额定电压为 0.6/1 kV 及以下的架空输配电线路，电缆导体的长期允许工作温度规定为：聚氯乙烯、聚乙烯架空绝缘电力电缆不超过 70℃；交联聚乙烯架空绝缘电力电缆不超过 90℃。电缆敷设时的环境温度应不低于 –20℃。常用额定电压为 0.6/1 kV 的架空绝缘电力电缆的名称、型号及用途见表 2–52。

表 2–52　常用额定电压为 0.6/1 kV 的架空绝缘电力电缆的名称、型号及用途

名称	型号	用途
额定电压 0.6/1 kV 铜芯聚氯乙烯架空绝缘电力电缆	JKV–0.6/1	架空固定敷设、引户线等
额定电压 0.6/1 kV 铝芯聚氯乙烯架空绝缘电力电缆	JKLV–0.6/1	
额定电压 0.6/1 kV 铜芯聚乙烯架空绝缘电力电缆	JKY–0.6/1	
额定电压 0.6/1 kV 铝芯聚乙烯架空绝缘电力电缆	JKLY–0.6/1	
额定电压 0.6/1 kV 铜芯交联聚乙烯架空绝缘电力电缆	JKYJ–0.6/1	
额定电压 0.6/1 kV 铝芯交联聚乙烯架空绝缘电力电缆	JKLYJ–0.6/1	

2）额定电压为 10 kV、35 kV 的架空绝缘电力电缆。额定电压为 10 kV、35 kV 的架空绝缘电力电缆适用于电压为 10 kV、35 kV 的架空输配电线路。电缆导体的长期允许工作温度规定为：高密度聚乙烯架空绝缘电力电缆不超过 75℃；交联聚乙烯架空绝缘电力电缆不超过 90℃。电缆敷设时的环境温度应不低于 –20℃。常用额定电压为 10 kV 的架空绝缘电力电缆的名称和型号见表 2–53。

表 2–53　常用额定电压为 10 kV 的架空绝缘电力电缆的名称和型号

名称	型号
额定电压 10 kV 铜芯聚乙烯架空绝缘电力电缆	JKY–10
额定电压 10 kV 铝芯聚乙烯架空绝缘电力电缆	JKLY–10
额定电压 10 kV 铝芯交联聚乙烯架空绝缘电力电缆	JKLYJ–10
额定电压 10 kV 铜芯交联聚乙烯架空绝缘电力电缆	JKYJ–10

（4）氟塑料绝缘电力电缆

氟塑料绝缘电力电缆具有耐高温、耐腐蚀、耐酸碱及防水等特性，其高温环境电气性能稳定，载流量大，使用寿命长，适用于交流额定电压为 0.6/1 kV 及以下作固定敷设用输配电线路、动力传输线路或电机的引接线。常用氟塑料绝缘电力电缆的名称和型号见表 2–54。

表 2–54　常用氟塑料绝缘电力电缆的名称和型号

名称	型号
铜芯氟塑料绝缘氟塑料护套电力电缆	FF
氟塑料绝缘硅橡胶护套电力电缆	FG
氟塑料绝缘钢带铠装硅橡胶护套电力电缆	FG20
氟塑料绝缘硅橡胶护套软电力电缆	FGR
氟塑料绝缘聚氯乙烯护套电力电缆	FV
氟塑料绝缘聚氯乙烯护套软电力电缆	FVR

3. 橡胶绝缘电力电缆

橡胶绝缘电力电缆具有柔软性好、可弯曲度大以及在很大温度范围内具有弹性等特点，有较好的耐寒性和电气性能，但耐电晕、耐臭氧、耐热和耐油性较差，长期工作温度不超过 65℃，聚氯乙烯护套和橡胶护套敷设时的环境温度应不低于 –15℃。橡胶绝缘电力电缆可用于多次拆装的线路以及高落差、弯曲半径小的场合；敷设安装简单，可用于移动性的用电和供电装置。在电气工程中，橡胶绝缘电力电缆主要用于交流 50 Hz、额定电压为 6 kV 及以下的输配电线路中（固定敷设用），也可用于定期移动的固定敷设线路。当用于直流电力系统时，电缆的工作电压可为交流电压的两倍。

橡胶绝缘电力电缆有单芯、双芯、三芯及四芯等结构，导电线芯的形状只有圆形，最大截面积为630 mm^2。常用绝缘层材料为天然丁苯橡胶、丁基橡胶和乙丙橡胶等，我国主要采用天然丁苯橡胶。护套主要有聚氯乙烯护套、氯丁橡胶护套和铅护套三种。当电缆的力学性能需要加强时，可采用内钢带铠装护层。额定电压为6 kV及以上的橡胶绝缘电力电缆，其导线表面均有屏蔽层，屏蔽材料为半导电材料。常用橡胶绝缘电力电缆的型号、名称及用途见表2–55。

表2–55　常用橡胶绝缘电力电缆的型号、名称及用途

<table>
<tr><th colspan="2">型号</th><th rowspan="2">名称</th><th rowspan="2">用途</th></tr>
<tr><th>铝</th><th>铜</th></tr>
<tr><td>XLV</td><td>XV</td><td>橡胶绝缘聚氯乙烯护套电力电缆</td><td rowspan="2">敷设在室内、电缆沟内、管道中。电缆不能受机械外力作用</td></tr>
<tr><td>XLF</td><td>XF</td><td>橡胶绝缘氯丁橡胶护套电力电缆</td></tr>
<tr><td>XLV29</td><td>XV29</td><td>橡胶绝缘聚氯乙烯护套内钢带铠装电力电缆</td><td>敷设在地下。电缆能受一定的机械外力作用，但不能受大的拉力</td></tr>
<tr><td>XLQ</td><td>XQ</td><td>橡胶绝缘裸铅包电力电缆</td><td>敷设在室内、电缆沟内、管道中。电缆不能受振动和机械外力作用，且对铅应有中性的环境</td></tr>
</table>

四、电力电缆的选择

电力电缆的选择应根据使用环境、敷设方式、用电设备的要求以及产品的技术数据等相关因素确定。在电气工程中，常用的选择原则及注意事项如下：

（1）在一般的环境和场所使用，可以选择铝芯电缆；对于规模较大的公共建筑、重要设备以及振动剧烈和有特殊要求的场合，应选择铜芯电缆。

（2）对埋地敷设的电缆，应选择有外护层的铠装电缆。在没有机械损伤的场合，可选择塑料护套电缆、带外护套的铅（铝）包电缆。在有化学腐蚀的土壤中，不宜用埋地敷设电缆；当必须埋地敷设时，应选择防腐型电缆。在电缆沟或电缆隧道内敷设的电缆，可选择裸铠装电缆、裸铅（铝）包电缆或阻燃塑料护套电缆。敷设在管内或排管内的电缆，可选择塑料护套电缆，或裸铠装电缆以及特殊加厚的裸铅（铝）包电缆。

（3）沼泽、流沙和大型建筑物附近，在可能发生位移的土壤中埋地敷设电缆，应选择钢丝铠装电缆。

（4）对于三相四线制供电系统，应选用四芯电力电缆；架空电缆可选择有外护层的电缆或全塑电缆。

对电力电缆截面积的选择，应根据其在使用中所承受的传输容量以及短路电流确定。对标准系列的电缆，应按其载流量选择标称截面积，并按短路电流校核截面积的范围。通常铜芯电缆的载流量选择1～4 A/mm^2，铝芯电缆的载流量选择0.8～3 A/mm^2；电缆标称截面积大时取小值，标称截面积小时取大值，并根据电缆使用时的环境温度

以及散热的好坏进行校正，一般乘以0.6~1的系数即可。对于长距离电缆，为了使供电电压的质量符合要求，还必须进行线路压降的校核。

§2—6 通信电缆和光缆

学习目标

1. 熟悉通信电缆的常见类型和产品型号的编制方式。
2. 熟悉通信光缆的结构、特点及用途，并会选用。

想一想

图2–73所示为HYA型全塑市话通信电缆。它与电气装备用电线电缆、电力电缆相比有什么不同之处？

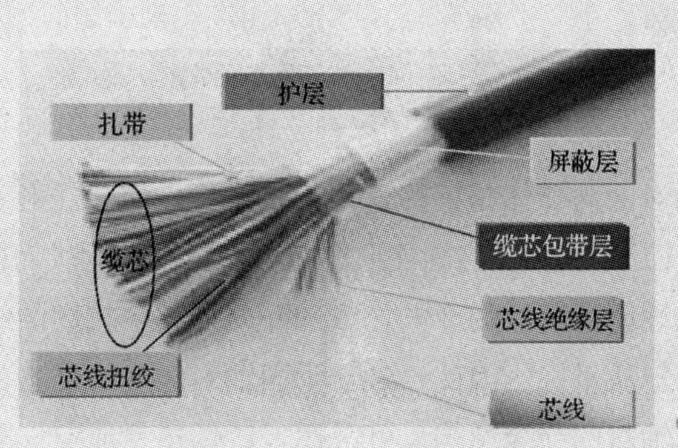

图2–73 HYA型全塑市话通信电缆

一、通信电缆

通信电缆是用来传输电话、电视、广播、传真、网络信息及数据等信息的绝缘电缆，如全塑市话通信电缆、同轴电缆等。它具有传输质量好、复用路数多、可靠性强、使用寿命长且易于保密等特点。通信电缆与电气装备用电线电缆、电力电缆在结构上类似，都是由导电线芯、绝缘层、屏蔽层、护层和填充料等部分组成。

1. 通信电缆的分类

通信电缆是一种低电压、低功率、高频率和衰减小、防干扰性能强的传输电缆。按电缆芯线结构，通信电缆可分为对称电缆和不对称电缆两大类。

（1）对称电缆

对称电缆由芯线两两成对而得名，如对绞电缆，其线对中的两根绝缘芯线与地是对称的。对称电缆的结构示意图如图 2–74a 所示。对称电缆的传输频率通常要求在几百千赫兹以下。

（2）不对称电缆

不对称电缆是指构成通信回路的两根导线的对地分布参数不同的电缆，如同轴电缆，其结构示意图如图 2–74b 所示。同轴电缆由内外芯线同轴而得名，主要元件是同轴对，两根导线与地不对称。其中，一根导线位于另一根导线的中心，并与低损耗的绝缘系统保持着严格的同轴心关系。同轴电缆一般工作在高频，其衰减很小，防护性能很强，特别适宜于长距离和高频率（几十千赫兹至几十兆赫兹）的传输。

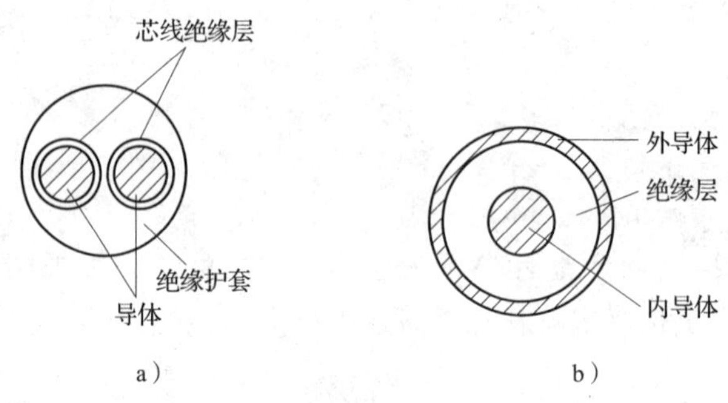

图 2–74 通信电缆的结构示意图
a）对称电缆的结构示意图 b）同轴电缆的结构示意图

我国小同轴对的内导体是标称直径为 1.19 mm 的圆柱形实芯软铜线；中同轴对的内导体是标称直径为 2.6 mm 的圆柱形实芯半硬铜线。同轴对的绝缘结构应具有较高的绝缘性能和耐压性能、较低的介电常数和介质损耗、较高的结构稳定性和均匀性，制造工艺简单，保护质量好。因此，对于小同轴对的绝缘结构，可由高频塑料管及空气组成；对于中同轴对的绝缘结构，可采用聚乙烯垫片或空气 – 聚乙烯垫片的综合绝缘结构。

在实际生产中，同轴电缆由绝缘材料和被隔离的铜线导体组成。里层绝缘材料的外部是另一层环形网状导体及其绝缘体，然后整个电缆由聚氯乙烯或聚四氟乙烯护套包住。实际生产中的同轴电缆结构示意图如图 2–75 所示。

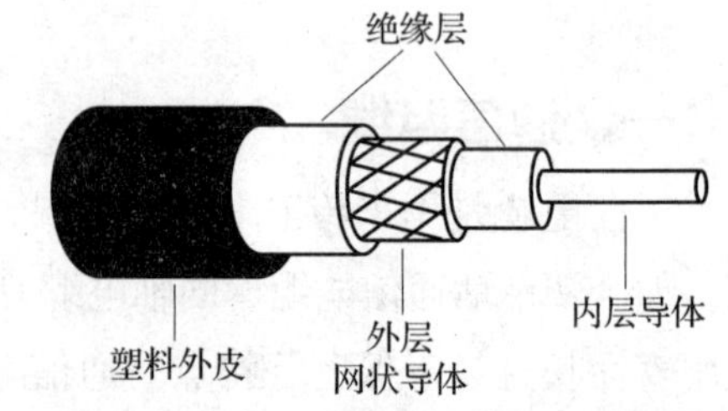

图 2–75 实际生产中的同轴电缆结构示意图

2. 通信电缆产品型号的编制方式

通信电缆产品型号的编制方式与电气装备用电线电缆、电力电缆相似，也是由类别（用途）、导体、绝缘层、内护层、特征、外护层、派生七个部分组成。其产品型号的编制方式及字母含义见表 2-56。

表 2-56 通信电缆产品型号的编制方式及字母含义

类别（用途）	导体	绝缘层	内护层	特征	外护层	派生
H—市内电话缆 HB—通信线 HE—长途通信缆 HH—海底通信缆 HJ—局用电缆 HQ—同轴电缆 HR—电话软线 HP—配线电缆 HU—矿用电缆	（T）—铜线芯 L—铝芯 G—钢芯	V—聚氯乙烯 Y—实心聚烯烃 X—橡胶 YF—泡沫聚乙烯 YP—泡沫 / 实心皮聚乙烯 Z—纸	A—涂塑铝带黏结屏蔽聚乙烯护套 H—橡套 L—铝套 Q—铅套 V—聚氯乙烯	C—自承式 D—带式 E—耳机用 J—交换机用 P—屏蔽 S—水下 Z—综合型 G—高频隔离 T—填充石油膏	见表 2-17	1—第一种 2—第二种

例如，HYA-100×2×0.5 表示铜芯、实心聚烯烃绝缘、涂塑铝带黏结屏蔽聚乙烯护套、容量 100 对、对绞式、线径为 0.5 mm 的全塑市话通信电缆。

涂塑铝带黏结屏蔽护层又称为挡潮层。这样，HYA 又可称为铜芯实心聚烯烃绝缘挡潮层聚乙烯护套全塑市话通信电缆。

3. 常用通信电缆简介

通信电缆的种类较多，常用的主要有全塑市话通信电缆、同轴电缆和数据通信中的对绞电缆等。

（1）全塑市话通信电缆

“全塑”电缆是指电缆的芯线绝缘层、缆芯包带层和护套均采用塑料制成，具有电气性能优良、传输质量好、质量轻、耐腐蚀、故障少、维护方便、造价低、经济实用、效率高及使用寿命长等特点。

1）芯线结构。全塑市话通信电缆的芯线由金属导线和绝缘层组成。

①金属导线为电解软铜，铜线的线径主要有 0.32 mm、0.4 mm、0.5 mm、0.6 mm、0.8 mm 五种。

②芯线的绝缘材料一般选用聚烯烃塑料，它是一种高密度聚乙烯、聚丙烯或乙烯-丙烯共聚物等高分子聚合物塑料。按绝缘形式，全塑市话通信电缆的芯线分为实心绝缘、泡沫绝缘和泡沫 / 实心皮绝缘三种。图 2-76 所示为全塑市话通信电缆芯线的结构。

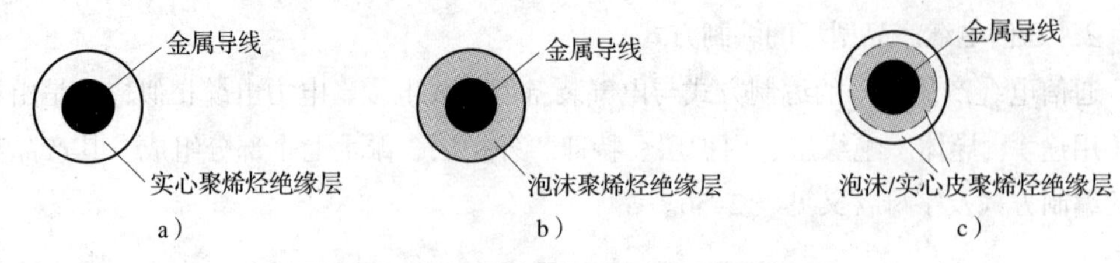

图 2–76　全塑市话通信电缆芯线的结构

a）实心绝缘　b）泡沫绝缘　c）泡沫 / 实心皮绝缘

2）缆芯结构。全塑市话通信电缆的缆芯由芯线扭绞成对（或组）后，再将若干对（或组）按一定规律绞合而成。绞合有对绞和星绞两种形式，我国采用对绞形式。对绞线组是由 a、b 两根芯线用对绞形式进行扭绞构成的一个线组，如图 2–58 所示。星绞线组即四线组绞合，如图 2–59 所示。

对绞线组内绝缘芯线的颜色分为普通色谱和全色谱两种。普通色谱现在已使用不多，全色谱由 10 种颜色组合成 25 个组合，a 线：白、红、黑、黄、紫；b 线：蓝、橘、绿、棕、灰。其组合形式见表 2–57。在一个基本单位 U（25 对为一个基本单位）中，线对编号与颜色存在一一对应的关系，如第 16 对芯线颜色为黄 / 蓝，第 20 对芯线颜色为黄 / 灰等，给施工时的编线及使用提供了很大的方便，这就是工程技术人员常讲的“芯线全色谱”。

表 2–57　全色谱线对编号与颜色

线对编号	颜色		线对编号	颜色		线对编号	颜色		线对编号	颜色		线对编号	颜色	
	a	b		a	b		a	b		a	b		a	b
1	白	蓝	6	红	蓝	11	黑	蓝	16	黄	蓝	21	紫	蓝
2		橘	7		橘	12		橘	17		橘	22		橘
3		绿	8		绿	13		绿	18		绿	23		绿
4		棕	9		棕	14		棕	19		棕	24		棕
5		灰	10		灰	15		灰	20		灰	25		灰

3）全塑市话通信电缆的类型。全塑市话通信电缆属于宽频带对称电缆，可分为普通型和特殊型两大类。

①普通型全塑市话通信电缆的用量最多，适用于架空、管道、墙壁及暗管等场所。常用普通型全塑市话通信电缆的名称及型号见表 2–58。

表 2–58　常用普通型全塑市话通信电缆的名称及型号

名称	型号
铜芯实心聚烯烃绝缘挡潮层聚乙烯护套全塑市话通信电缆	HYA
铜芯泡沫聚烯烃绝缘挡潮层聚乙烯护套全塑市话通信电缆	HYFA
铜芯带皮泡沫聚烯烃绝缘挡潮层聚乙烯护套全塑市话通信电缆	HYPA

图 2-77 所示为 HYA 型全塑市话通信电缆的结构。

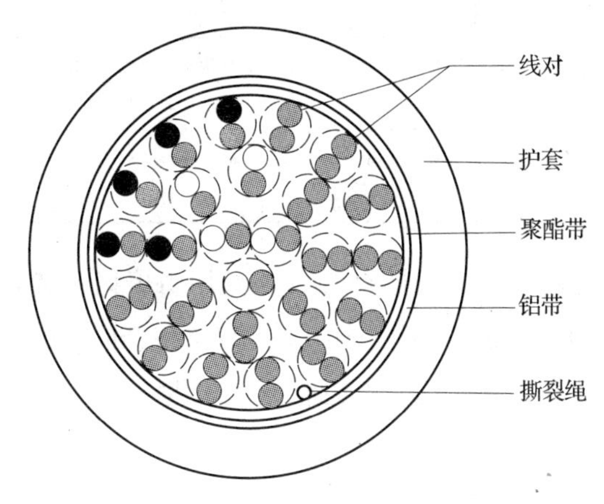

图 2-77 HYA 型全塑市话通信电缆的结构

②特殊型全塑市话通信电缆主要有填充式、自承式和室内电缆三种。

a. 填充式全塑市话通信电缆多为石油膏填充，主要用于无须进行充气维护或对防水性能要求较高的场合。常用填充式全塑市话通信电缆的名称及型号见表 2-59。

表 2-59 常用填充式全塑市话通信电缆的名称及型号

名称	型号
铜芯实心聚烯烃绝缘填充式挡潮层聚乙烯护套全塑市话通信电缆	HYAT
铜芯实心聚烯烃绝缘隔离式（内屏蔽）填充式挡潮层聚乙烯护套全塑市话通信电缆	HYATG
铜芯泡沫聚烯烃绝缘填充式挡潮层聚乙烯护套全塑市话通信电缆	HYFAT
铜芯带皮泡沫聚烯烃绝缘填充式挡潮层聚乙烯护套全塑市话通信电缆	HYPAT

b. 自承式全塑市话通信电缆是一种比较受欢迎的、用于架空场合的全塑电缆，它无须吊线即可直接架挂在电杆上（“自承式”由此得名），多用于墙壁架设。自承式全塑市话通信电缆的结构如图 2-78 所示，其常用产品的名称及型号见表 2-60。

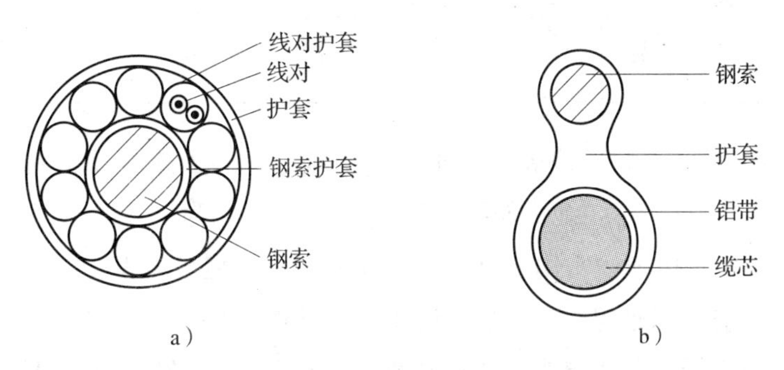

图 2-78 自承式全塑市话通信电缆的结构
a）同心式 b）葫芦形（行标形）

表 2-60　常用自承式全塑市话通信电缆的名称及型号

名称	型号
铜芯实心聚烯烃绝缘（非填充）自承式挡潮层聚乙烯护套全塑市话通信电缆	HYAC
铜芯实心聚烯烃绝缘隔离式（内屏蔽）自承式挡潮层聚乙烯护套全塑市话通信电缆	HYAGC

c. 室内全塑市话通信电缆芯线的绝缘及护套均由聚氯乙烯材料制成，有阻燃性，内部结构与普通型全塑市话通信电缆一样，均为对绞式屏蔽塑套结构。其常见型号为HPVV（聚氯乙烯绝缘聚氯乙烯护套低频通信终端电缆）。

（2）同轴电缆

同轴电缆主要有射频同轴电缆和同轴通信电缆。

1）射频同轴电缆。射频同轴电缆的传输性能和力学性能稳定，阻抗均匀，抗干扰能力强，有基带同轴电缆和宽带同轴电缆两种基本类型。基带同轴电缆适用于基带传输，其屏蔽层是用铜做成的网状形，特性阻抗为 50 Ω。宽带同轴电缆适用于传输数字信号，也可以传输模拟信号，其屏蔽层通常是用铝冲压而成，特性阻抗为 75 Ω。由于 75 Ω 同轴电缆常用于有线电视网，故称为有线电视电缆。

①射频同轴电缆产品型号的编制方式。射频同轴电缆产品型号的编制方式及字母含义见表 2-61。

表 2-61　射频同轴电缆产品型号的编制方式及字母含义

分类代号		绝缘材料		护套材料		派生特征	
符号	含义	符号	含义	符号	含义	符号	含义
S	同轴射频电缆	Y	聚乙烯	V	聚氯乙烯	P	屏蔽
SE	对称射频电缆	W	稳定聚乙烯	Y	聚乙烯	Z	综合
SJ	强力射频电缆	F	氟塑料	F	氟塑料		
SG	高压射频电缆	X	橡胶	B	玻璃丝编织浸硅有机漆		
ST	特性射频电缆	I	聚乙烯空气绝缘	H	橡胶		
SS	电视射频电缆	D	稳定聚乙烯空气绝缘	M	棉纱编织		

例如：SYV-75-3-1 型电缆表示同轴射频电缆，用聚乙烯绝缘，用聚氯乙烯作护套，特性阻抗为 75 Ω，芯线绝缘外经为 3 mm，结构序号为 1。

②常用射频同轴电缆。常用射频同轴电缆的名称及型号见表 2-62。实心聚乙烯绝缘聚氯乙烯护套射频同轴电缆（SYV）适用于无线电通信广播设备和有关无线电电子设备中传输射频信号；电缆分配系统用物理发泡聚乙烯绝缘聚氯乙烯护套射频同轴电缆（SYWV）适用于有线电视系统和其他电子装置中作为电视信号的分配线。

表 2-62 常用射频同轴电缆的名称及型号

名称	型号
实心聚乙烯绝缘聚氯乙烯护套射频同轴电缆	SYV
电缆分配系统用物理发泡聚乙烯绝缘聚氯乙烯护套射频同轴电缆	SYWV

2）同轴通信电缆。根据同轴对的尺寸，同轴通信电缆可划分为微同轴通信电缆（内导体直径 *n*/ 外导体直径 *D* 为 0.6 mm/2 mm、0.9 mm/3.2 mm 等）、小同轴通信电缆（*n*/*D*=1.2 mm/4.4 mm 等）、中同轴电缆（*n*/*D*=2.6 mm/9.5 mm 等）、大同轴通信电缆（*n*/*D*=5 mm/18 mm、11 mm/41 mm 等）。其中，常用同轴通信电缆的品种、名称、型号及用途见表 2-63。典型小同轴通信电缆的结构如图 2-79 所示。

表 2-63 常用同轴通信电缆的品种、名称、型号及用途

品种	名称和型号	用途
小同轴通信电缆	HOL22 铝套钢带铠装聚氯乙烯护套 HOL23 铝套钢带铠装聚乙烯护套 HOQ02 铅套聚氯乙烯护套 HOQ03 铅套聚乙烯护套	小同轴通信电缆供较多话路的载波长途通信用，高频组供多路载波长途通信用，低频组供各种低频业务通信用
中同轴通信电缆	HOL02 铝套聚氯乙烯护套 HOL03 铝套聚乙烯护套 HOQ03 铅套聚乙烯护套 HOQ22 铅套钢带铠装聚氯乙烯护套	中同轴通信电缆供大通路载波长途通信用，也可传输电视及其他信息。高频组供多路载波长途通信用

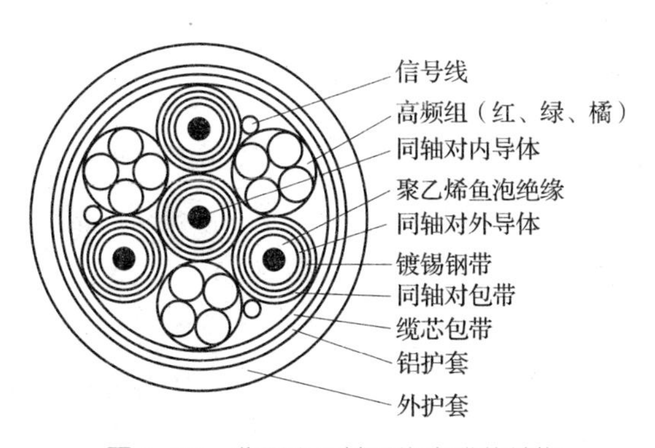

图 2-79 典型小同轴通信电缆的结构

（3）数据通信中的对绞电缆

对绞电缆是一种价格低廉、性能优良的传输介质。目前，由 4 对双绞线按照一定规律相互绞合在一起的电缆是使用最广泛的网络传输介质，主要用作计算机和网络设备的数据传输以及语音和多媒体传输。按照是否有金属屏蔽，对绞电缆分为屏蔽双绞线电缆和非屏蔽双绞线电缆两种。

1）屏蔽双绞线电缆。屏蔽双绞线电缆是指在护套内，甚至在每个线对外增加一层金属屏蔽层，以提高抗电磁干扰能力。屏蔽双绞线分为铝箔屏蔽双绞线和独立双层屏蔽双绞线两类。

①铝箔屏蔽双绞线。铝箔屏蔽双绞线电缆采用整体屏蔽结构，在多对双绞线外包裹铝箔，屏蔽层外是电缆护套。图 2–80 所示为铝箔屏蔽双绞线电缆。铝箔屏蔽双绞线电缆适用于电磁干扰较为严重或对数据传输安全性要求较高的布线区域。

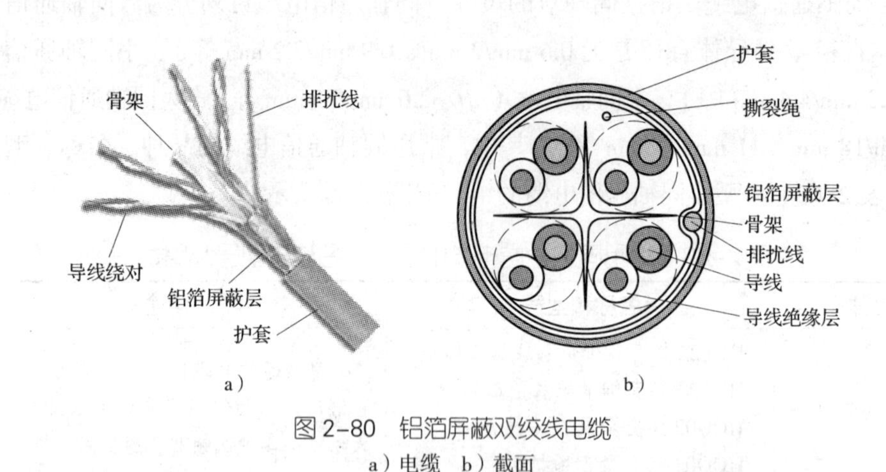

图 2–80　铝箔屏蔽双绞线电缆
a）电缆　b）截面

②独立双层屏蔽双绞线。它是指每对线对都有各自的屏蔽层，在每对线对外包裹铝箔后，再在铝箔外包裹铜编织网。该结构不仅可以减少外界的电磁干扰，而且可以有效控制线对之间的综合串扰。图 2–81 所示为独立双层屏蔽双绞线电缆。独立双层屏蔽双绞线电缆被应用于电磁干扰非常严重、对数据传输安全性要求很高或者对网络数据传输速率要求很高的布线区域。

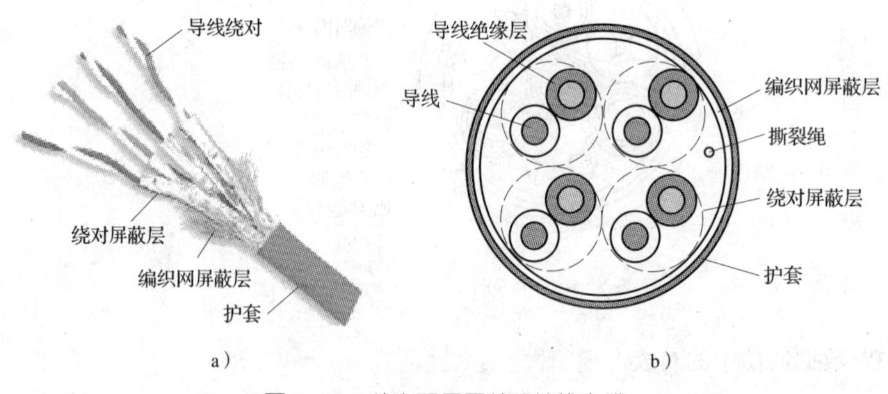

图 2–81　独立双层屏蔽双绞线电缆
a）电缆　b）截面

屏蔽只有在整个电缆均有屏蔽装置，并且两端正确接地的情况下才起作用。因此，要求整个系统全部是屏蔽器件，包括电缆、插座、水晶头和配线架等，同时，建筑物也要有良好的地线系统。事实上，在实际施工时，很难全部完美地接地，从而使屏蔽层本身成为最大的干扰源，导致性能甚至远不如非屏蔽双绞线。铝箔屏蔽双绞线系统不仅在构建时比非屏蔽双绞线系统要多花费一倍以上的资金，而且还要花费大量资金用于维护，对于普通应用负担较重。因此，除非是在电磁干扰非常恶劣的环境中，通常在网络布线中只采用非屏蔽双绞线。

2）非屏蔽双绞线电缆。根据电气性能的不同，非屏蔽双绞线又分为 7 类。这里仅简要介绍使用最多的超五类和六类非屏蔽双绞线。

①超五类非屏蔽双绞线也是 4 个绕对和 1 条撕裂绳。图 2–82 所示为超五类非屏蔽双绞线电缆。

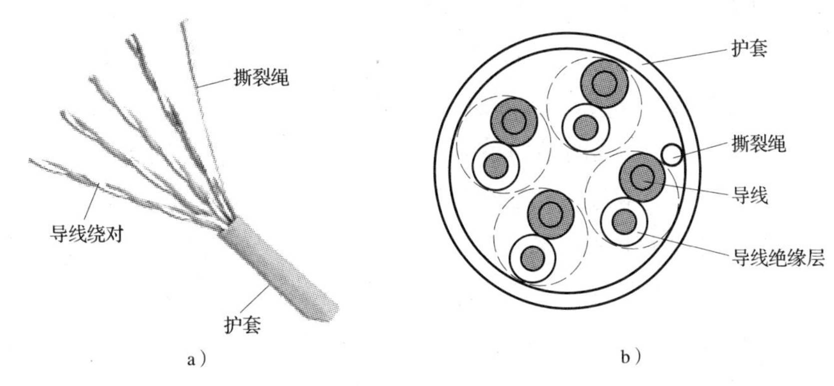

图 2–82 超五类非屏蔽双绞线电缆
a）电缆 b）截面

②六类非屏蔽双绞线在外形上和结构上与超五类双绞线区别较大，不仅增加了绝缘的十字骨架，将双绞线的 4 对线对分别置于十字骨架的 4 个凹槽内，而且电缆的直径也更大。电缆中央的十字骨架的角度随电缆长度的变化而变化，它的作用主要是保持 4 对双绞线的相对位置不变，提高电缆的平衡特性和串扰衰减，此外还用于保护电缆的平衡结构在安装过程中不遭到破坏。图 2–83 所示为六类非屏蔽双绞线电缆。

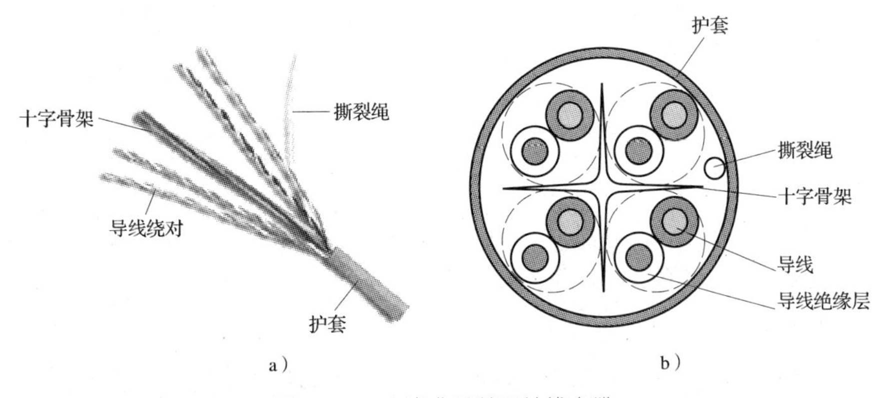

图 2–83 六类非屏蔽双绞线电缆
a）电缆 b）截面

二、通信光缆

通信光缆是一种专门用于传输通信光波的电缆，如图 2–84 所示。通信光缆具有频带宽、通信容量大，线径小、损耗低、质量轻、抗化学腐蚀，不受电磁干扰、保密性能好，成本低、资源丰富、节约有色金属等优点，主要用于公共通信网、专用通信网、通信设备和采用类似技术的装置中。我国对通信光缆（以下简称为光缆）使用温度的要求是在低温地区为 -40~40℃，在高温地区为 -5~60℃。

1. 光纤

裸光纤主要由纤芯和包层构成。纤芯由石英玻璃、塑料之类的材料拉制而成，被包层所包裹。纤芯的折射率比周围包层的折射率略高，使得光信号因与包层的界面全反射而被限制在纤芯层进行传输。包层的主要成分是高纯度二氧化硅和少量掺杂的氟或硼，主要为光信号提供反射边界并起机械保护作用。

图 2–85 所示为光纤芯线的结构示意图。为增加纤芯的力学强度，在包层之外还要加涂覆层（称为一次涂覆层），如在裸光纤的表面涂一层聚氨基甲酸乙酯或硅酮树脂。在涂覆层外就是塑料护套（称为二次涂覆或被覆层），多采用聚乙烯塑料或聚丙烯塑料、尼龙等材料。经过二次涂覆的裸光纤称为光纤芯线（又称为被覆光纤）。被覆层的主要作用是防止吸附水分，增强光纤的耐化学性能，同时起保护作用。

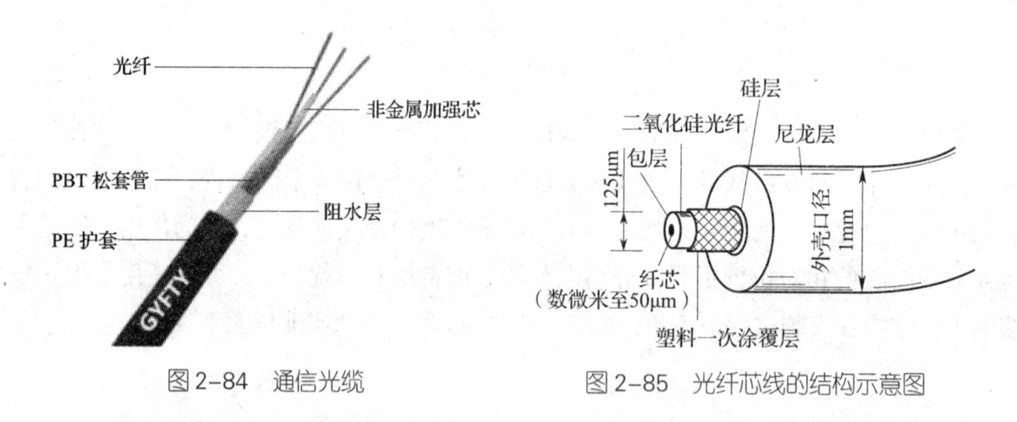

图 2–84　通信光缆　　图 2–85　光纤芯线的结构示意图

2. 光缆的基本结构

光缆一般由缆芯、加强芯（即加强件、张力构件等）和护套三部分组成。

（1）缆芯

缆芯由光纤的芯数决定，可分为单芯型和多芯型两种，单芯型有充实型和管束型两种；多芯型有带状和单位式两种。

（2）加强芯

加强芯主要用于加强承受光缆敷设安装时所加外力的能力。加强芯一般处在缆芯中心，有时也配置在护套中。加强芯通常用钢丝或非金属材料（如芳纶纤维）制成。

（3）护套

护套具有阻燃、防潮、耐压、耐腐蚀等特性，主要是对已成缆的光纤芯线起保护作用，避免受外界机械力和环境损坏。

护套一般是由聚乙烯、聚氯乙烯、聚氨酯聚酰胺、LAP（铝带 / 聚乙烯综合纵包带粘界外护套）、铝带或钢带等材料构成。不同的使用环境和敷设方式对护套的材料和结构有不同的要求。

光缆的结构示例如图 2–86 所示。

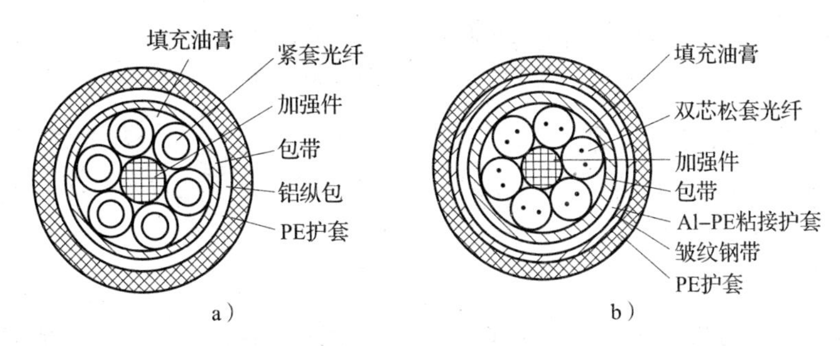

图 2–86 光缆的结构示例

a）6 芯紧套层绞式光缆 b）12 芯松套层绞式直埋光缆

除此之外，有时在护套外部再加以铠装，使光缆具有一定的力学强度，用以承受敷设时所施加的张力。

3. 光缆的分类

按结构特点，光缆分为中心管式光缆、层绞式光缆和骨架式光缆三种。

（1）中心管式光缆

中心管式光缆是由 1 根光纤松套管（无绞合直接放在中心位置，纵包阻水带和双面覆塑钢或铝带）、2 根平行加强圆磷化碳钢丝或玻璃钢圆棒（位于聚乙烯护层中）组成。松套结构是指二次被覆层与一次涂覆层之间存在间隙或充填胶状物，光纤可在其中松动的被覆结构。若二次被覆层与一次涂覆层之间无间隙，则称为紧套结构。

松套结构内可含单根光纤，也可含带有不同色标的多根光纤。按松套管中放入的芯线的特点，中心管式光缆又可分为分离光纤中心管式光缆、光纤束中心管式光缆和光纤带中心管式光缆。三种中心管式光缆的结构如图 2–87 所示。

带状式结构的光缆首先将一次涂覆的光纤放入塑料带内做成光纤带，然后将几层光纤带叠放在一起构成光缆芯。

（2）层绞式光缆

层绞式光缆由多根容纳光纤的套管绕中心加强件绞合成圆缆芯构成，如图 2–86 所示。图 2–86a 为 6 芯紧套层绞式光缆，图 2–86b 为 12 芯松套层绞式直埋光缆，图中，金属或非金属加强件位于光缆的中心，容纳光纤的松套管围绕加强件排列。

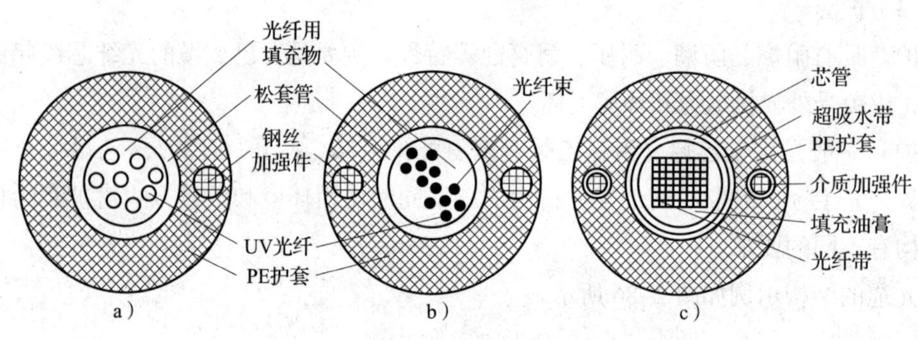

图 2–87　三种中心管式光缆的结构

a）分离光纤　b）光纤束　c）光纤带

按松套管中放入的芯线的特点，层绞式光缆可进一步分为分离光纤层绞式光缆、光纤束层绞式光缆和光纤带层绞式光缆。分离光纤层绞式光缆和光纤带层绞式光缆的结构如图 2–88 所示。

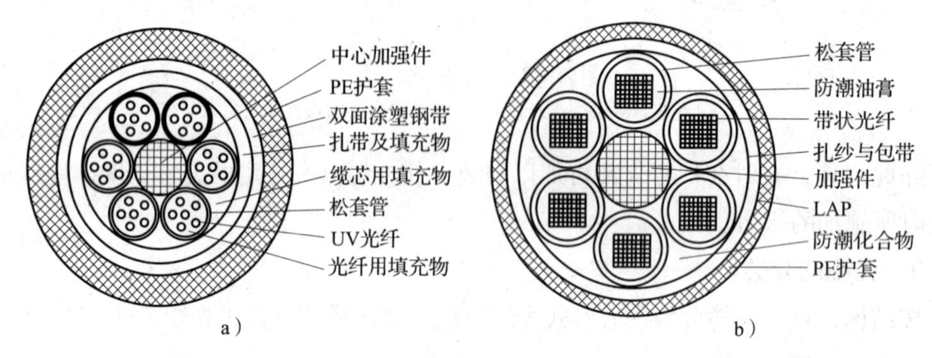

图 2–88　分离光纤层绞式光缆和光纤带层绞式光缆的结构

a）分离光纤　b）光纤带

（3）骨架式光缆

骨架式光缆是将单根或多根光纤放入骨架的螺旋槽内，骨架的中心是张力构件，如图 2–89 所示。由于光纤在骨架沟槽内具有较大的空间，因此，当光纤受到张力时，可在槽内做一定的移位，从而减小光纤芯线的应力应变和微变，故具有耐侧压、抗弯曲和抗拉的特点。

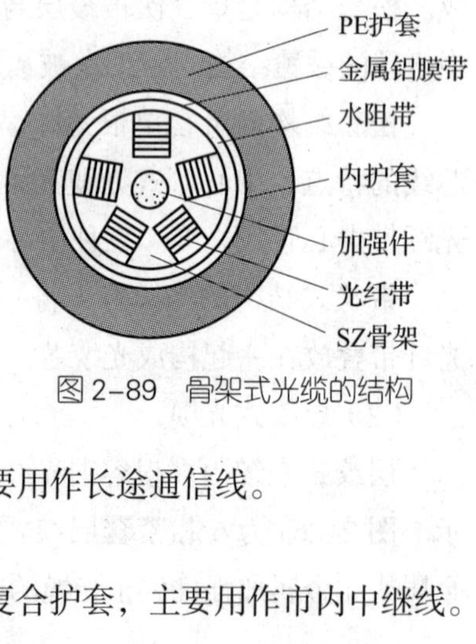

图 2–89　骨架式光缆的结构

4．光缆的常见类型

（1）直埋光缆

直埋光缆直接埋在地下，有防水层和铠装层，主要用作长途通信线。

（2）管道光缆

管道光缆敷设在管道或隧道内，采用铝带聚乙烯复合护套，主要用作市内中继线。

（3）室内光缆

室内光缆主要用在大楼内的局域网中或作为室外光缆线路的室内引入缆，要求光缆必须具有阻燃特性，外护套用低烟无卤材料为佳。

（4）设备内光缆

设备内光缆供设备内光路连接用，一般是轻巧的单芯或双芯光缆。

（5）软光缆

软光缆主要应用在非固定场合，如军用移动通信。它要求光缆柔软，尺寸小，质量轻，具有良好的弯曲性和足够的抗拉伸能力。

（6）海底光缆

海底光缆主要用于洲间的海底通信系统，已代替了原来海底通信同轴电缆。

（7）专用光缆

1）光电综合通信电缆。该产品将光缆和电缆综合成一缆，缆中含有 1 个 8 芯的光纤单位、7 个铜线四线组和 9 个对称线对，主要用于铁路通信系统，其中，光纤用于干线大容量通信，四线组和线对用于铁路的区间通信和信号传输。

2）光纤复合电力电缆。由于光纤是绝缘体，它可放置在三相缆芯的间隙中构成复合缆，既能传输电力，又能实现无感应和无串话的数据通信。

3）光纤复合架空地线。光纤复合架空地线主要用于电力系统的通信网络。其结构特点是将用作通信的光纤光缆置于铝合金（或铝）管内，管外层绞合铝包钢线（或混绞铝合金线），经架设后既可作为架空地线，又可作为通信线路。光缆的主要型号、名称和适用场所见表 2-64。

表 2-64　光缆的主要型号、名称和适用场所

型号	名称	适用场所
GYSA	金属加强构件松套层绞式铝－聚乙烯黏结护套通信光缆	架空、管道或隧道等固定敷设用
GYFSV	非金属加强构件松套层绞式聚氯乙烯护套通信光缆	有强电磁干抗的架空或室内固定敷设用
GYFTY	非金属加强构件松套层填充式聚乙烯护套通信光缆	有强电磁干扰的架空或管道固定敷设用

第三章
特殊功能导电材料

特殊功能导电材料是指不以导电为主要功能，但在电热、电磁、电光、电化学效应等方面具有良好性能的导体材料，如电碳材料、电触头材料、熔体材料、电阻合金、电热材料、弹性合金材料、测温控温热电材料等。它们广泛应用于电工仪表、热工仪表、电器、电子及自动化装置等技术领域。

§3—1 电碳材料

学习目标

1. 了解碳的分类。
2. 熟悉电碳制品的特性及类型。
3. 熟悉常用电碳产品的类型，并会选用。

想一想

图 3–1 所示是由碳元素构成的石墨与金刚石。用石墨制成的铅笔芯能导电吗？石墨有哪些特性？

图 3–1 石墨与金刚石

一、碳的分类

依据结构的不同，碳分为结晶碳和无定形碳两种类型。

1. 结晶碳

常用的结晶碳主要是石墨，是一种天然的结晶碳。其具有类金属的高导电能力和明显的各向异性。当有外力作用时，石墨的层面容易发生滑移，表现为自润滑特性。在电碳制品中，石墨的应用最广，主要用作抗磨材料和润滑剂，还用于制造电极等。

2. 无定形碳

无定形碳主要有焦炭、木炭、炭黑等。无定形碳的碳原子排列是杂乱无章的，不如石墨的层面容易发生滑移，其硬度要比石墨高 4~5 倍。

二、电碳制品的特性及类型

电碳制品是用碳素粉末（或添加金属粉末）与黏结剂经混合、成型、高温热处理（如焙烧、石墨化）等工序制成的。碳素粉末主要有石墨粉、石油焦粉、沥青焦粉、炭黑、木炭粉等。黏结剂主要有煤焦油、煤沥青、酚醛树脂等。

1. 电碳制品的特性

电碳制品的导电性能好，且具有很大的各向异性；导热性能好，具有很高的热导率；热膨胀系数很小，是金属材料的 1/6~1/2，受到急冷急热时，不易碎裂；耐高温，在无氧化性气体中能在 3 000℃左右高温下工作，在 2 500℃以内的力学强度随温度升高而增大；化学稳定性好，在高温下不与液态金属黏连，仅与强氧化剂作用；具有非常好的自润滑性能。

2. 电碳制品的类型

按用途，电碳制品分为电机用电刷、电滑动触点、电真空器件用高纯石墨零件、碳电阻、碳棒、送话器用碳砂、电火花加工用石墨等。

三、电机用电刷

电刷是一种在电机的换向器或滑环上导入 / 导出电流的滑动接触体，具有良好的导电、导热和润滑性能，有一定的力学强度和抑制换向性火花的性能。图 3–2 所示为电刷的应用。

1. 电机用电刷的类型

按材质的不同，电机用电刷可分为石墨电刷（S 系列）、电化石墨电刷（D 系列）、金属石墨电刷（J 系列）和树脂黏合石墨电刷（R 系列）等。

（1）石墨电刷（S 系列）

石墨电刷包括天然石墨电刷和树脂黏合天然石墨电刷两类。

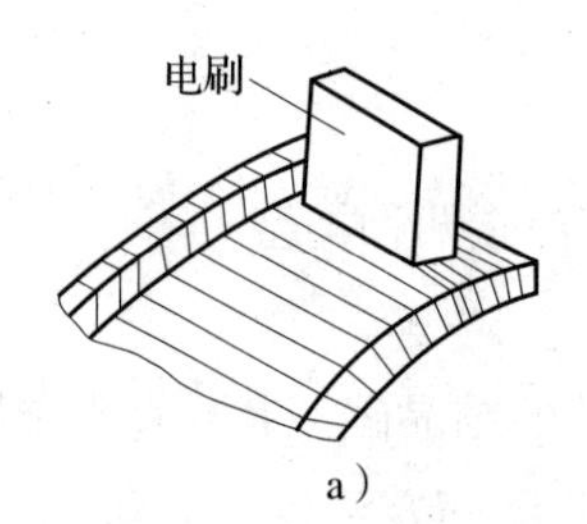

a）

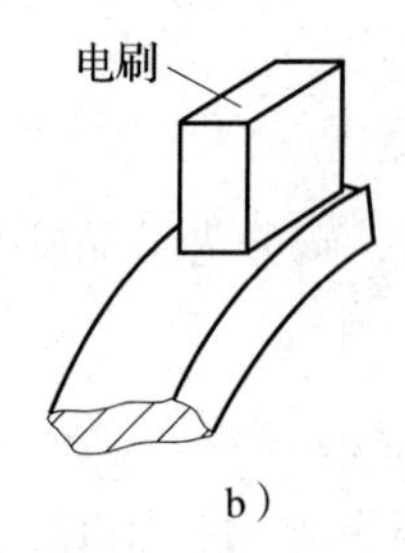

b）

图3–2 电刷的应用

a）用于换向器 b）用于集电环

1）天然石墨电刷。天然石墨电刷用天然石墨制成，具有质地较软、润滑性能好、电阻率低、阻力系数小、可承受较大的电流密度等特点，适用于运行平稳、负载变化不大的直流电机和汽轮发电机的集电环。

2）树脂黏合天然石墨电刷。树脂黏合天然石墨电刷在天然石墨中加入沥青或树脂等黏结剂，经过烘焙或者约1 000℃的高温烧结而成。这类电刷具有良好的润滑性能和集流性能，适用于运行平稳的中小型直流电机和高速汽轮发电机的集电环。

（2）电化石墨电刷（D系列）

电化石墨电刷是用石墨、焦炭作为原料，经2 500℃以上高温处理制成的，具有换向性能好、阻力系数小、润滑性能好、耐磨、易加工等特点，适用于各种类型的电机及整流条件较困难的电机。

（3）金属石墨电刷（J系列）

金属石墨电刷是在石墨中渗入铜及少量锡、铅、银等金属粉末，混合后采用粉末冶金的方法制成的。这类电刷的导电性能优良，润滑性能好，可承受较大的电流密度，电阻系数和瞬间接触电压降很小，适用于低电压、大电流、圆周速度低（35 m/s以下）的直流电机和感应电机。

（4）树脂黏合石墨电刷（R系列）

树脂黏合石墨电刷是以石墨粉等碳素材料为主要原材料，用人造树脂为黏结剂，经混合、压制成型及烘焙等工序制成的。树脂黏合石墨电刷的电阻率非常高，也称为高阻电刷。

电机用电刷的类别、型号、特点及用途见表3–1。

表3–1 电机用电刷的类别、型号、特点及用途

类别	型号	特点	用途
石墨电刷	S–3	硬度较好，润滑性较好	换向正常、负荷均匀、电压为80~120 V的直流电机
	S–4	以天然石墨为基体，以树脂为黏结剂的高阻石墨电刷，硬度和摩擦因数较低	换向困难的电机，如交流整流子电动机、高速微型直流电动机
	S–6	多孔、软质石墨电刷，硬度低	汽轮发电机的集电环，80~230 V的直流电机

续表

类别	型号	特点	用途
电化石墨电刷	D104	硬度低，润滑性好，换向性能好	一般用于0.4~200 kW直流电机、充电用直流发动机、汽轮发电机、绕线转子异步电动机的集电环及电焊直流发电机等
	D213	硬度和强度较D214高	汽车、拖拉机的发电机和具有机械振动的牵引电动机
	D214	硬度和强度较高，润滑、换向性能好	汽轮发电机的励磁机，换向困难、电压在200 V以上的带有冲击负荷的直流电机，如牵引电动机、轧钢电动机
	D308	质地硬，电阻系数大，换向性能好	换向困难的直流牵引电动机、圆周速度较高的小型直流电机、电机扩大机
金属石墨电刷	J104	高含铜量，电阻系数小，允许电流密度大	低电压、大电流的直流发电机，汽车、拖拉机用发电机
	J201	中含铜量，电阻系数较大，允许电流密度较大	电压在60 V以下的低电压、大电流直流发电机和直流电焊机，如汽车发电机、绕线转子异步电动机的集电环
	J220	低含铜量，与高、中含铜量电刷相比，电阻系数较大，允许电流密度较小	电压在80 V以下的直流充电发电机、小型牵引电动机、绕线转子异步电动机的集电环
树脂黏合石墨电刷	R051	硬度较低，电阻率很高，换向性能好	整流困难、具有冲击的直流电动机
	R104		换向困难的交流整流子电动机和微型电机
	R201		电动工具用电动机

注：

1. S代表天然石墨电刷，S后的数字为顺序号。

2. D代表电化石墨电刷，D后第一位数字表示：1—石墨基（即原材料以石墨为基础）；2—焦炭基（即原材料以焦炭为基础）；3—炭黑基（即原材料以炭黑为基础）；4—木炭基（即原材料以木炭为基础）。其余数字为顺序号。

3. J代表金属石墨电刷，J后第一位数字表示：1—无黏结剂电刷；2—有黏结剂电刷。其余数字为顺序号。

4. R代表树脂黏合石墨电刷，最后两位数为顺序号，第一位数字为电阻率的百位数。

此外，还有一种用薄的金属片制成的纯金属电刷。有时为了改善其性能，会在金属片的表面镀一层其他贵金属，如银钯合金。这种电刷的导电性极好，电刷上的损耗也不大，但耐磨性差，电机使用寿命短。由于刷片薄，其也不能承受大电流，常用于微型电机。

2. 电刷的接触特性及影响电刷接触特性的主要因素

（1）电刷的接触特性

通常用瞬间接触电压降和摩擦因数两个参数来衡量电刷的接触特性。

1）瞬间接触电压降。瞬间接触电压降是指当电流通过电刷、接触点薄膜、换向器或集电环时产生的电压降。如果电刷的瞬间接触电压降超过了极限值，滑动接触点的电损耗将增大，并引起过热，若过热时间过长，则会损坏电刷。对换向器来说，如果瞬间接触电压降过低，则可能在电刷上出现火花。

2）摩擦因数。电刷在运行过程中，摩擦因数过大会产生振动现象，造成电刷接触不稳定，并发出噪声，甚至使电刷碎裂。摩擦因数受电刷和换向器（或集电环）的材质、接触面情况及运行条件的影响较大。电刷数量越多、摩擦因数越大及电机的转速越大时，摩擦损耗也就越大，因此，高速电机应选用摩擦因数较小的电刷。

（2）影响电刷接触特性的主要因素

影响电刷接触特性的主要因素有换向器（或集电环）的转速、电流密度、施加于电刷上的单位压力以及周围介质情况等。

1）换向器（或集电环）的转速。电机在运行过程中，若换向器（或集电环）的转速超过电刷的允许范围，会在电刷与换向器（或集电环）之间出现空气薄层，导致瞬间接触电压降快速上升，摩擦因数急剧降低，形成气垫现象，并产生火花，造成电机电刷运行不稳定。在并联较多电刷时，容易在个别电刷中出现这样的现象，使通过各个电刷的电流不均匀。改善的方法是采用刻槽电刷、钻孔电刷或在集电环表面刻螺旋槽。

2）电流密度。单位面积上的电流强度称为电流密度。在电机运行过程中，随着流经电刷的电流密度的增加，瞬间接触电压降会相应增加，但当电流密度达到一定值后，瞬间接触电压降就会趋于饱和。与此同时，电刷电功率的损耗也会增加，导致电刷因过热而产生火花，严重时会使电机不能正常运行。

3）施加于电刷上的单位压力。单位面积上所承受的压力称为单位压力。当增加电刷上的单位压力时，电刷与换向器之间的接触电阻会减小，瞬间接触电压降降低，摩擦因数会略有增加。当减小电刷上的单位压力并达到某一极限值时，接触电阻会增大，使得电刷电功率的损耗增加，造成电刷与换向器之间的接触不稳定，易产生火花。因此，要求压力应适度。对于转速高的小型电机和在振动条件下工作的电机，应适当提高其单位压力，以保证电刷的正常工作。施加于同一台电机上各个电刷的单位压力应当均匀，避免因各个电刷的电流密度不均而造成个别电刷过热或产生火花。

4）周围介质。电刷与换向器（或集电环）的滑动接触点受周围介质的影响很大，如空气中的腐蚀性气体及油污会导致换向不良或引起换向片烧灼。

3. 电刷的理化特性

（1）电阻率

在非金属中，碳是良好的导电材料，但其导电性不如金属，如电化石墨的最低电阻率约为 $70\times10^{-6}\ \Omega\cdot m$，与铜相差 4 000 倍。在运行过程中，电刷电阻引起的损耗较接触电阻和摩擦引起的损耗小。电刷的电阻率波动范围要小，通常根据其电阻率的大小确定它的适用范围。常用电刷的电阻率及其适用范围见表 3–2。

表 3–2 常用电刷的电阻率及其适用范围

电刷的基本类别	电阻率（Ω·m）	适用范围
树脂石墨、炭黑基和木炭基电化石墨电刷	$>5\times10^{-5}$	换向困难的电机
炭黑基和木炭基电化石墨电刷	$(3\sim5)\times10^{-5}$	换向困难的电机
焦炭基电化石墨电刷	$(2\sim3)\times10^{-5}$	一般直流电机
石墨电刷、焦炭基和石墨基电化石墨电刷	$(1\sim2)\times10^{-5}$	一般直流电机
含有 25%~50% 铜的金属石墨电刷	1×10^{-5} 以下	电压较低的电机
含有 60%~75% 铜的金属石墨电刷	$(0.5\sim1)\times10^{-6}$	低压电机
含有大于 75% 铜的金属石墨电刷	$(0.1\sim0.5)\times10^{-6}$	低压大电流电机

（2）硬度

电刷的硬度和电阻率可以综合反映电刷的质量和使用性能。当电阻率数值偏高而硬度值偏低时，易产生较大的磨损；当两者都偏高时，易导致电压降过高，产生机械性火花；当两者都偏低时，磨损率增大，易产生电气性火花；当电阻率值偏低而硬度值偏高时，会产生机械性火花。

（3）灰分杂质

电刷中含有少量极细微的灰分能提高电刷的耐磨性能。若在灰分杂质中含有少量的硬质磨料颗粒，如碳化铁、碳化硅等金刚砂时，会严重磨损换向器或集电环，甚至在其表面拉出沟槽，对电机危害极大。

4. 电刷的外形

电刷主要有辐射式电刷和倾斜式电刷两种外形。

（1）辐射式电刷

辐射式电刷又称为径向式电刷，常用的有平顶面辐射式和上端面倾斜辐射式两种，如图 3–3 所示。平顶面辐射式电刷适用于单向运转和正反向运转的电机。上端面倾斜辐射式电刷只用于单向运转的电机，由于电刷与刷握前壁紧靠，所以能保证稳定运行。

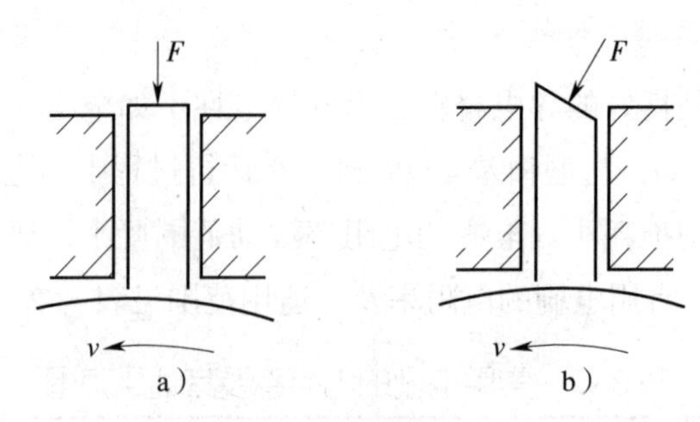

图 3–3　辐射式电刷
a）平顶面辐射式　b）上端面倾斜辐射式

（2）倾斜式电刷

倾斜式电刷分为前倾式电刷和后倾式电刷两种，其刷顶可采用平顶面或倾斜面，如图 3–4 所示。倾斜式电刷对换向器倾斜有一定角度要求，前倾式的倾斜角大于后倾式的，前者约 30°，后者约 15°。前倾式电刷适用于轧钢主发电机和励磁机等单向旋转电机，而后倾式电刷则适用于可逆转电机及大容量单向旋转直流电机。

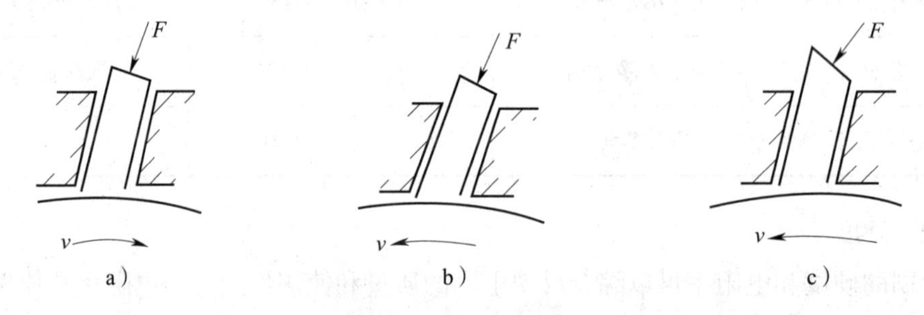

图 3–4　倾斜式电刷
a）平顶面前倾式　b）平顶面后倾式　c）上端面倾斜的后倾式

5．电刷的选用

（1）电刷应满足的要求

1）使用寿命长，同时对换向器或集电环的机械磨损小。

2）电功率损耗和机械损耗要小。

3）在电刷中不出现对电机有害的火花，并且噪声小。

4）在换向器或集电环表面要能形成适宜的由氧化亚铜、石墨和水分等组成的表面薄膜。

（2）选用电刷时的注意事项

1）换向正常、负荷均匀、电压不高的直流电机，可选用润滑性好、硬度小、价格低的石墨电刷。

2）对于电压高、换向比较困难的电机，应选用瞬间接触电压降较高的电化石墨电刷。

3）对于电压比较低，但电流大的电机，应选用金属石墨电刷，可以大大降低能耗，防止过热。

4）对于集电环，宜用接触电阻值较小的电刷。

5）对于高速电机，应选用摩擦因数小的电刷；对于低速电机，宜用金属石墨电刷；对于换向困难的特殊高速电机（70 m/s 以上），则必须选用特殊的电化石墨电刷。

另外，电阻系数大的电刷一般用于换向困难的电机；电阻系数小的电刷适用于低电压电机；电阻系数中等的电刷可用于一般电机。

四、碳－石墨触点

碳－石墨触点具有良好的导电性、导热性、耐电弧烧蚀性、化学稳定性、与金属不熔接性、自润滑性以及接触稳定性等特性，主要用作开关、断路器、接触器、继电器等各种形式的接触点，还用于电力机车用的碳石墨滑板、吊车用碳滑轮等。图 3–5 所示为碳－石墨滑板的应用，图中用碳－石墨滑板制造的动车组受电弓与接触网连接。

图 3–5 碳－石墨滑板的应用

1. 金属石墨触点

金属石墨触点是用石墨粉与金属（铜或银）粉末混合在一起，经压制成型、烧结等工序制成的。其特点是电阻率和接触电阻都比较小，在使用中变化很小，接触性能稳定，耐磨损性能好。例如，C42–1 用于 HD13 型和 HS13 型 600 A 闸刀开关；C43 用于 DW10 型 1 000~4 000 A 自动空气开关。

2. 电力机车用碳－石墨滑板

碳－石墨滑板安装在干线电力机车或工矿电力机车的受电弓上，从供电接触网导线上集取电流输送到机车的牵引电机，从而驱动电力机车运行。碳－石墨滑板的特点是导电性能好，有良好的自润滑性能；对接触导线磨损小，抗磨性能高，使用寿命长；有良好的接触稳定性，能减少对电信号的干扰。常见型号有 C21、C22 等。

3. 吊车用碳－石墨滑轮及滑块

各种龙门吊车、普通桥式吊车等的运行速度较低，但启动、制动频繁，电压较低，负载电流变化较大。碳－石墨滑轮及滑块具有导电性能好、接触电压低、允许通过的电流密度大等特点，在各类吊车中的应用非常广泛。常见型号有 M202、T501、G3、D308 等。

五、碳棒

碳棒具有良好的导电和导热性能，在很高的工作温度下能不经过液态而直接升华变为气体，在燃烧时发射强光。碳棒的品种很多，这里简要介绍照明碳棒、碳弧气刨用碳棒和干电池用碳棒。

1. 照明碳棒

在正负两根碳棒的接触部位有较高的电阻，当强电流通过时会产生很高的温度。在高温下，负极碳棒发射热电子。当正负极碳棒移开一定距离时，其两端便形成电场，产生弧光放电，热电子沿电场方向飞向正极，使正极产生近 4 000℃的高温。正负极间的空气被电离而产生的阳离子则向负极飞去，负极的温度约为 3 300℃。用照明碳棒作为电极的弧光灯是照明设备中发光强度最高的一种。

2. 碳弧气刨用碳棒

碳弧气刨用碳棒如图 3-6 所示，可用于碳弧气刨工艺。碳弧气刨是用碳棒与工件间产生的电弧将金属熔化，并用压缩空气将其吹掉，实现在金属表面加工沟槽的方法。

3. 干电池用碳棒

干电池用碳棒具有导电性和化学稳定性好的特点，通常用作电池组的正极，如图 3-7 所示。干电池用碳棒长期处于腐蚀性介质中不腐蚀、不变质。

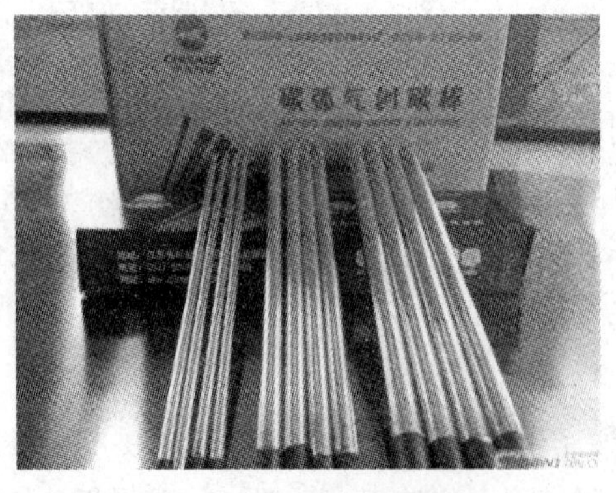

图 3-6　碳弧气刨用碳棒

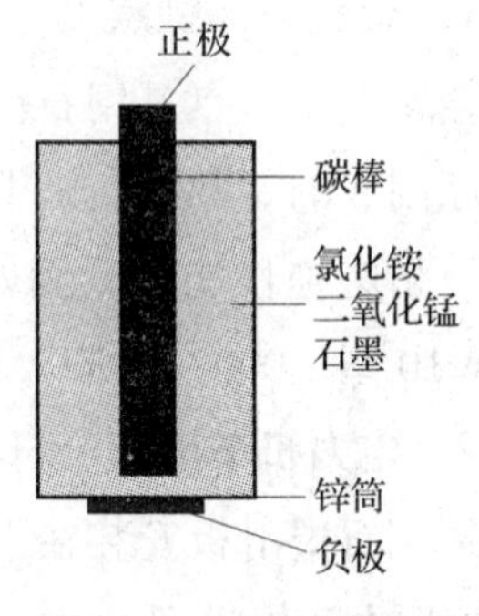

图 3-7　干电池用碳棒

六、其他常用电碳制品

1. 高纯石墨件

高纯石墨件是以石油焦和沥青焦为主要原料经 2 500℃以上高温处理制成的，所含杂质极微，适用于制作大功率电子管的阳极和栅极、电真空器件的石墨件等。常见型号有 G4 等。

2. 碳电阻片柱

碳电阻片柱是由许多平整的碳片或碳圈叠合而成的，其电阻值随压力负荷变化而在较大范围内改变，并能在除去压力负荷之后恢复到原来的电阻值。碳电阻片柱具有电阻变化范围大而机械变形小的特点，适用于发电机的自动电压调整器、电动机转速调整器、连续改变电阻值的各种变阻器和压力调整器等电气设备中。常见型号有 P–1、P–2、P–5 等。

3. 电火花加工用石墨电极

电火花加工用石墨电极是采用细粒度的碳素粉末材料与煤沥青黏结剂，经混合、模压成型、焙烧、浸渍及高温石墨化等工序制成的。这种石墨电极具有导电性能好、力学强度高、结构致密、耐烧蚀性强、耐热冲击能力高等特点。常见型号有 T502、T504、T552 等。

4. 石墨烯

石墨烯具有超强的传导性，传热和传电性能均优于包括铜在内的其他材料，而且比金刚石更坚固，适用于制作电池电极、半导体器件、透明显示屏等。

5. 碳纤维

碳纤维具有密度小、耐高温、抗摩擦、导电、导热及耐腐蚀等特性，其外形呈纤维状，柔软，可加工成各种织物。因为其石墨微晶结构沿纤维轴择优取向，所以沿纤维轴方向有很高的比强度和比模量。碳纤维主要用作增强材料，可与树脂、金属、陶瓷结合制成复合材料。碳纤维增强环氧树脂复合材料的比强度及比模量在现有工程材料中是最高的。碳纤维复合材料可用于电线电缆。

（1）图 3–8 中，用碳纤维复合芯替代钢制电缆芯，如钢芯铝绞电缆，具有减重、降耗、易增容等特点。

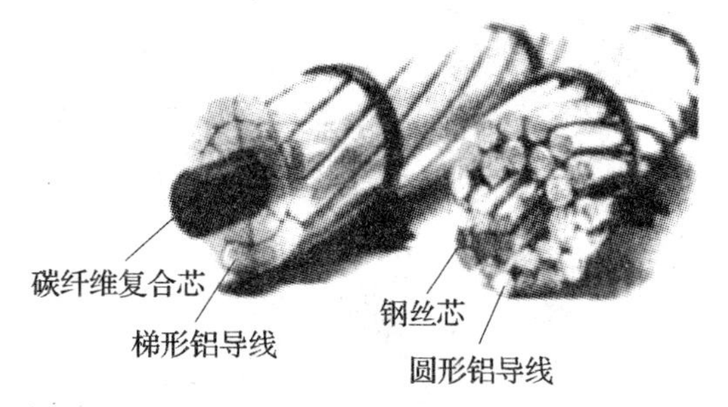

图 3–8　碳纤维复合铝绞电缆（左）和钢芯铝绞电缆（右）

（2）图 3–9 所示为碳纤维加热电缆。在电热应用中，碳纤维的电热转换效率高，在特定的条件下高温不氧化，单位面积的电流负荷强度和力学强度不发生改变。

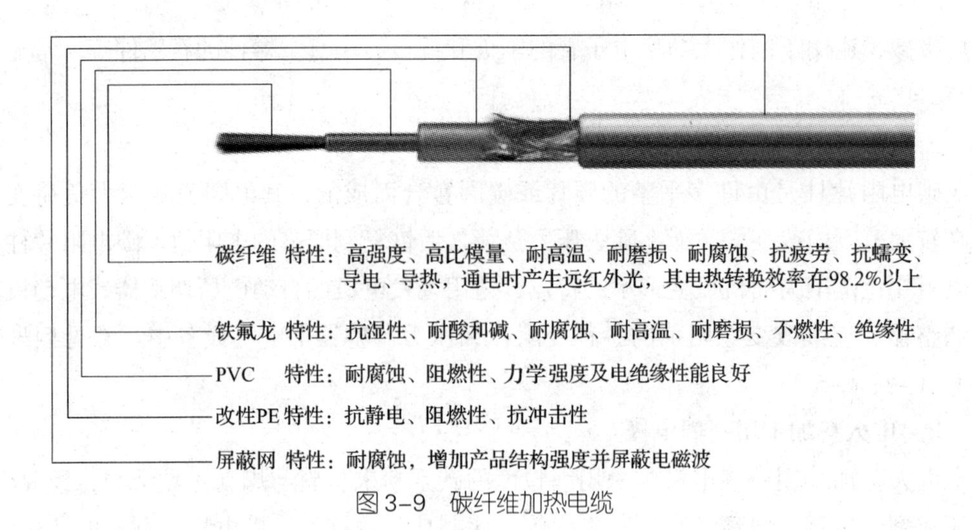

图 3-9 碳纤维加热电缆

§3—2 电触头材料

学习目标

1. 熟悉常用电触头材料的类型，并会选用。
2. 熟悉电触头的接触形式。

想一想

图 3-10 所示为接触器触头及其电接触材料。电触点为什么要采用电接触材料？

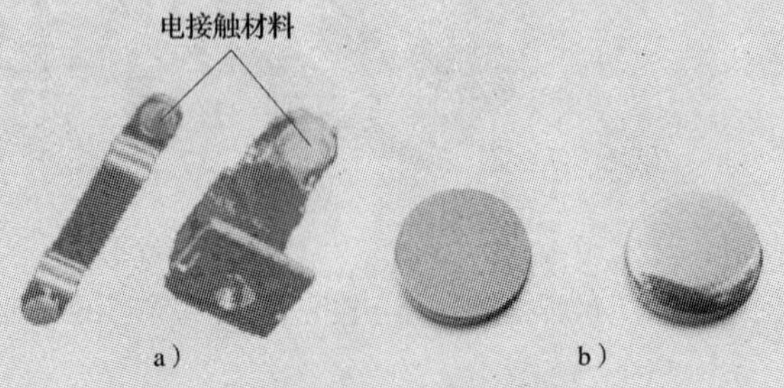

图 3-10 接触器触头及其电接触材料
a）接触器触头 b）电接触材料

电触头材料是一种用于开关、接触器、继电器、电气连接及电气接插件的电接触材料，广泛应用于继电器、接触器、负荷开关及中低压断路器等电气设备中。触头在开闭动作过程中，由于电弧的作用，使触头表面的金属熔融、蒸发、飞溅而散失，这种现象称为电磨损。电磨损的程度决定了触头的使用寿命。在闭合状态下，由于触头通过很大的短路电流或过载电流，使触头发生过热而形成的熔焊称为静熔焊。触头在闭合过程中，由于弹跳而产生电弧，致使触头熔焊称为动熔焊。如果触头熔焊后的强度大于开关的机械分断力，触头将不能正常断开，会造成严重事故。因此，好的电触头材料应具有导电和导热性好、耐电磨损、抗熔焊、接触电阻小等特点。

一、电触头材料的类型

电触头材料的种类很多，常用的有纯金属、合金、碳素等。按使用条件不同，电触头材料分为强电用触头材料和弱电用触头材料两类。

1．强电用触头材料

强电用触头材料是指用于电力系统的接触器、继电器等强电线路中的电接触材料，主要是以银、铜为主的合金材料。

（1）强电用触头材料应满足的要求

1）低的接触电阻，没有高电阻的表面膜，保证长期通过额定电流而不会过热。

2）电磨损和机械磨损要小，以便提高触头的使用寿命。

3）当触头分断一交流大电流时，电弧虽在电流自然过零点时熄灭，但在触头间还存在着一个暂态微小的剩余电流，这一电流越小越好，并且应具备较强的灭弧能力。

4）抗熔焊性能好，要求材料熔点高，在发生故障的情况下也能顺利切断电路。

（2）强电用触头材料的类型及品种

强电用触头材料分为复合触头材料和真空开关触头材料，其类别及品种见表 3–3。

表 3–3 强电用触头材料的类别及品种

类别		品种
复合触头材料	银基	银镍、银石墨、银铜、银铁、银氧化镉、银镍石墨、银钨、银钼、银碳化钨、银氧化锡、银氧化铟、银氧化锌、银氧化铜等
	铜基	铜石墨、铜碳化钨、铜钨等
真空开关触头材料		铜铋铈、铜铋银、钨铜碲、铜钨碳化钨、铜铁镍钴铋、铜碲硒、钨－铜铋锆等

（3）强电用触头材料的特性及用途

强电用触头材料的特性及用途见表 3–4。

表 3–4　强电用触头材料的特性及用途

品种	特性及用途
银氧化镉	具有良好的导电和导热性，耐电磨损，抗熔焊，接触电阻小而稳定，但镉对人体有危害，污染环境，适用于接触器、单极塑壳断路器、漏电断路器、直流快速断路器、凸轮开关、光控开关、室内恒温器、微型开关和断流容量大的继电器以及航空工业用的各种开关
银氧化铜	具有良好的导电和导热性，在通断过程中对电弧有很高的耐热、耐电弧侵蚀及抗熔焊性能，从而保证电器运行的可靠性，提高使用寿命，适用于继电器、接触器、低压断路器、限流开关、电机保护器、微型开关、仪器仪表、家用电器、汽车电器、漏电保护开关等
银氧化锌	
银氧化锡	
银镍	导电和导热性好，接触电阻低而稳定，电损蚀小而均匀，直流条件下应用时产生较少的平面状材料转移，适用于低压中小电流等级的接触器、断路器、精密仪表、继电器等
银石墨	导电性好，接触电阻低，抗熔焊性高，在短路电流下也不会熔焊，滑动性能好，但电损蚀大，灭弧能力较差，在电弧的较长时间作用下烧损剧烈，易使灭弧罩积炭、脆裂和较难焊接，适用于低压断路器、线路保护开关、故障电流保护开关以及滑动电刷、铁道信号继电器等
银铁	具有良好的导电、导热性和加工性能，耐电损蚀，使用寿命高于纯银触头，但抗熔焊性能较差，易受大气侵蚀而形成锈斑，适用于中小电流等级的交流接触器
银钨	银钨和银钼烧结材料将银的高电导率、热导率与高熔点和金属钨、钼的高硬度、抗熔焊、材料转移小、高耐烧损性结合为一体；银碳化钨的接触电阻比银钨、银钼稳定，耐电弧性好，适用于低压断路器、高压断路器及保护开关等
银钼	
银碳化钨	
铜钨	铜钨性能与银钨相似，在油中不氧化，热容量大，耐电弧侵蚀和抗熔焊性好，切削加工性好，但比银钨更易氧化；铜碳化钨的耐电弧作用好，烧损少，适用作高压断路器及中高压范围负荷开关和断路器的弧触头以及油断路器的主触头
铜碳化钨	
铜石墨	强度比银石墨高，价格较低，比银石墨易氧化，适用作隔离开关自润滑抗短路的滑动触头和负荷开关的换向触头

2．弱电用触头材料

弱电用触头材料是指用于仪器仪表及自动控制弱电线路中的电接触材料，其承受的电流小、电压低。

（1）弱电用触头材料应满足的要求

1）具有低的接触电阻、小的接触噪声和电磨损。

2）要求接触平稳、可靠，耐机械磨损，且使用寿命长。

3）工作时要求起弧电压、起弧电流尽量小，使触头在无电弧情况下操作，避免产生电弧腐蚀。

4）在直流电的情况下，要求有尽量小的材料转移。

（2）弱电用触头材料的类型及品种

弱电用触头材料分为铂族合金、金基合金、银及其合金和钨及其合金四类，其类别及品种见表 3–5。

表 3–5　弱电用触头材料的类别及品种

类别	品种
铂族合金	铂铱、钯银、钯铜、钯铱等
金基合金	金镍、金银、金锆等
银及其合金	纯银、银铜、银钯等
钨及其合金	钨、钨钼等

（3）弱电用触头材料的特性及用途

弱电用触头材料的特性及用途见表 3–6。

表 3–6　弱电用触头材料的特性及用途

品种	特性及用途
纯银	导电性能好，表面不易氧化，加工性能良好，适用于各种焊接覆层方法，是最便宜的贵金属，但易硫化，抗熔焊性较差，硬度较低，耐磨损性较差，适用于小电流电器
银铜合金	力学强度、耐损蚀性及抗熔焊性比纯银好，但对硫敏感，含铜量高时加工困难，熔化温度低于银，适用于继电器、开关等的触头，极化继电器的簧片、微电机的换向器和旋转开关等的滑动触头
铂与铂合金（铂、铂铱）	具有低的蒸气压、优良的耐损蚀性及抗氧化性、抗熔焊性，接触电阻稳定，硬度较高，耐磨损性好，但价格贵，适用于高可靠性通信或开闭频繁的轻负载触头，以及强腐蚀条件下的精密触头
钯与钯合金（钯、钯铜、钯铱）	耐损蚀性好，直流时材料转移小，在低的接触压力下具有极低的接触电阻，抗熔焊，使用寿命长，但价格贵，适用于汽车信号装置的继电器触头以及高电压、小电流和开闭频繁的场合
金与金合金（金、金银、金镍、金银铜、金银镍）	耐腐蚀性优良，接触可靠性高。金中添加镍可提高抗熔焊性、硬度与力学强度，降低材料转移。金与银的合金可克服纯金触头容易黏着的缺点。其中，金常用于专用静触头和开闭频率低、可靠性高的触头，以及作为电镀或覆层材料用于接插件和小型继电器的接触件上；金银合金多用于小型继电器触头；金银铜合金多用于滑动触头；金镍和金银镍合金可用作电刷和集电环材料
钨及其合金（钨、钨钼）	熔点、硬度很高，耐机械磨损及电烧损性能好，抗熔焊性好，使用寿命长，但易受大气侵蚀，适用于快速转换的电触头

二、电触头材料的选用

1. 电气性能条件

电触头材料要根据电器开关的特性、功能进行选材，如电流种类和大小（强、弱）、电压种类和高低、短路切断能力、负载的大小、电弧的大小和电寿命等电气性能条件。强电用触头材料的选择见表 3–7，弱电用触头材料的选择见表 3–8。

表 3–7　强电用触头材料的选择

电气条件	选用材料
额定电流 100 A 以下的接触器	Ag–Fe
额定电流 100 A 以上及 100 A 以下弹跳现象严重的接触器	Ag–CdO
额定电流 60 A 以上、分断电流 3 000 A 以下的断路器	Ag–CdO
额定电流 400 A 以下、分断电流 20 000 A 以下的断路器	Ag–C、Ag–Ni
额定电流 600 A 以上、分断电流 25 000 A 以上的断路器	Ag–W、Ag–WC
额定电流 250 A 以上、分断电流 15 000 A 以上的断路器	主触头：Ag、Ag–Ni、Ag–CdO，弧触头：Ag–W、Cu–W

表 3–8　弱电用触头材料的选择

电气条件	选用材料
直流条件下	可选用导热系数不同的两种材料分别制成阳极和阴极触头。导热系数高的材料用作阳极，以防材料从阳极向阴极的正向转移
有电感的回路中或触头运动速度快、分断时将出现高的电压峰值时	应选用电磨损小的触头材料
条件不允许提高接触压力时	贵金属合金
触头的最大间隙受条件限制不能增大时	灭弧能力较好的材料
高湿度下	耐腐蚀性好的铂基、钯基、金基、银基合金等
硫化气体中	耐腐蚀性好的铂基或钯基合金
汽油及其他油料环境中	钨触头

2. 力学性能条件

电触头材料要根据开关电器的动作原理、接触力的大小、闭合力的大小、断开与闭合频率和机械寿命等机械条件进行选材。

（1）高压断路器的闭合力大，触头开距大，电弧强，触头材料将承受大的机械冲击力和电弧的急热急冷作用，一般钨粒度细的（1 μm 左右）银－钨或铜－钨触头材料易产生龟裂与破损。常选用钨粒度较粗的高韧性材料，其电磨损虽稍大，但可消除触头碎裂隐患。

（2）真空接触器操作频繁，常在小电流下分断，应选用电磨损与截流较小的电触头材料，如钨－铜铋锆和铜铁镍钴合金等。较大容量的真空接触器应选用不含钨的触头材料，这是因为钨的剩余电流大，限制了电流分断能力。

（3）真空断路器用来分断大的短路电流或过载电流，这要求触头应具有足够大的抗熔焊和电流分断能力。当分断容量在 100 MV · A 左右时，常选用铜铋合金。若分断容量更大，应选用灭弧能力更强的电触头材料，如铜碲硒合金和铜铋银合金等。

（4）对轻负载触头，当条件不允许提高接触压力时，应选用贵金属合金作为触头材料；若接触压力较高，应选用硬度较高、耐机械磨损的触头材料，以延长触头的使用寿命。

（5）当触头的最大间隙因受条件限制不能增大时，为避免产生持续的电弧，应选用灭弧性能较好的电触头材料。

3. 环境条件

电触头材料要根据电器开关所处环境的温度和湿度，以及触头工作时周围是否有粉尘、易燃易爆气体和腐蚀性气体等条件进行选材。

三、电触头的接触形式

按接触形式，电触头分为点接触、线接触和面接触三种，如图 3-11 所示。

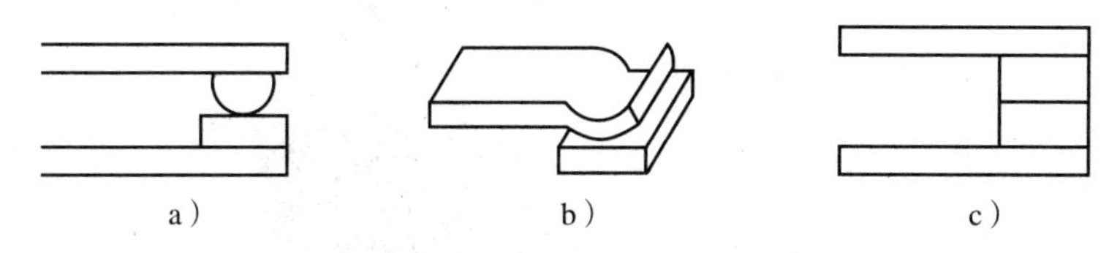

图 3-11 电触头的接触形式

a）点接触 b）线接触 c）面接触

1. 点接触

点接触为球面与平面之间的接触，如图 3-11a 所示。点接触的容量小，接触面较小，接触电阻相对较大，即使增大接触压力，接触电阻的下降也并不迅速，常用于控制电器或开关电器的辅助触点。

2. 线接触

线接触为圆柱面与平面的接触，如图 3-11b 所示。线接触的应用最广，即使在压力不大时接触处的压强也较高，接触电阻较小，触头的自洁作用强。

3. 面接触

面接触为两触头平面之间的接触，如图 3-11c 所示。面接触的接触面大，接触电阻最小，但需要有较大的压力才能使其接触良好，自洁作用差，常用于电流较大的固定连接（如母线）和低压开关电器（如刀开关和插入式熔断器）等。

§3—3 熔体材料

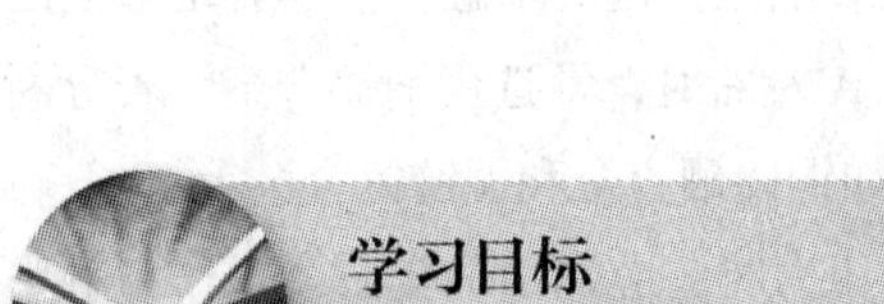

学习目标

1. 熟悉常用熔体材料的类型。
2. 熟悉熔体的形状，了解不同形状的选用原则。
3. 熟悉熔体材料的选用原则。

想一想

图 3-12 所示是熔丝（又称为保险丝）及其应用。熔丝（铅锡合金丝）有什么用途？

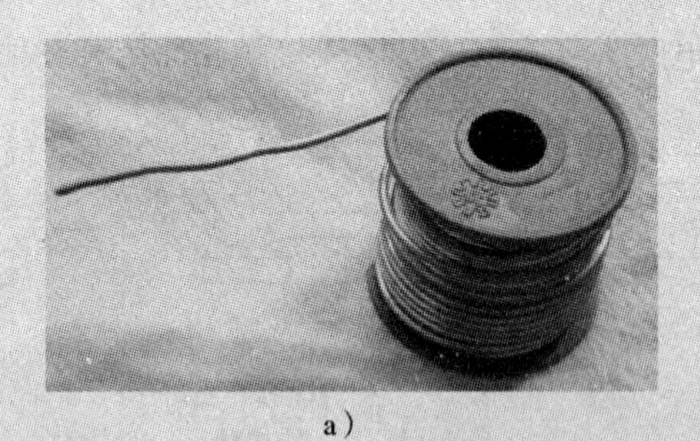

a）

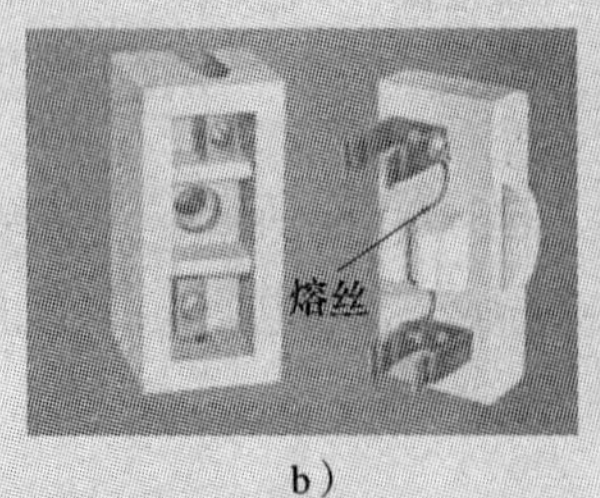

b）

熔丝

c）

图 3-12 熔丝及其应用

a）熔丝 b）应用 1（插入式熔丝盒） c）应用 2（闸刀开关）

熔体材料是一种用来保护线路或电器免受过大电流损害的电工材料，俗称熔丝，适用作熔断器的熔体。当通过熔断器的电流大于规定值时，熔体熔断，自动断开电路，实现对电路和电气设备的短路和过载保护。

一、熔体材料的常见类型

熔体的熔断时间不仅与电流的大小有关，还与熔体材料的特性有关。

1．根据特性分类

根据特性不同，熔体材料分为低熔点合金熔体材料和高熔点纯金属熔体材料两种。

（1）低熔点合金熔体材料

低熔点合金熔体材料是由铋、镉、锡、铅、锑、铟等元素作为主要成分，按一定比例组成不同的共晶型低熔点合金，如铅锡合金丝（Pb75%，Sn25%）。

低熔点合金熔体材料的熔点低（一般为60~200℃），对温度变化反应敏感，容易熔断，电阻率较大，熔体的截面尺寸较大，熔断时产生的金属蒸气较多，只适用于低分断能力的熔断器，常用作保护电热设备用的各种温度熔断器的熔体。

（2）高熔点纯金属熔体材料

高熔点纯金属熔体材料是指熔点温度高于200℃的银、铜、铝、锌、锡、铅、钾、钠、钨等纯金属材料。高熔点纯金属熔体材料的熔点高，不容易熔断，电阻率较低，可制成比低熔点熔体小的截面尺寸，熔断时产生的金属蒸气少，适用于高分断能力的熔断器。

1）银。银具有优良的导电、导热性能，耐腐蚀，与石英砂等填料的相容性好，有足够的强度，焊接性能和加工性能好，容易制成各种精确尺寸和外形复杂的熔体，广泛用于制作高质量、高性能熔断器的熔体。

2）铜。铜具有良好的导电、导热性能，强度高，可加工性能好。铜质熔体的熔断时间短、金属蒸气少，有利于设备的灭弧。但铜质熔体在温度较高时易氧化，而且其熔断特性不够稳定，对周期性变化的负载非常敏感，在负载电流的反复作用下，铜质熔体全部熔化的时间要比其通过连续相同电流所需要的时间短。因此，铜只适用于制作精度要求较低，并且是保护一般电力线路用的熔断器熔体。

3）铝。铝的导电性能仅次于银和铜，并且资源丰富、价格低廉。虽然铝的导电性能比银和铜低，但铝的耐氧化性能比较好。铝在氧化过程中所生成的氧化层同时又起到保护作用，防止其自身的进一步氧化。铝质熔体的熔断特性稳定，特别适用于快速熔断器的熔体，在某些场合还可以部分代替纯银作为高质量、高性能熔断器的熔体。

4）锌、锡和铅。锌、锡和铅的导电性、导热性均不如银、铜、铝等熔体材料，且容易老化，但它们的熔化时间长、强度低，适用作保护小型电动机的慢速熔体，也可焊接在银或铜线上组成复合熔体，用于延时熔断器。用锌、锡和铅制作熔体材料，可以大大降低对其他结构元件的要求，降低制作熔断器的成本。

5）钾、钠。钾和钠均可用作自复式熔断器的熔体材料，但金属钠比钾易操作，更实用一些。自复式熔断器又称为永久熔断器，是一种当线路一旦出现故障时便切断电路起到保护作用，故障消除后又可自动恢复使用的熔断器。

自复式熔断器采用金属钠作为熔体。在常温下金属钠的电导率接近于铜，硬度很低，在外力作用下容易改变形状，其气化温度为885℃。当短路电流通过金属钠时，金属钠迅速加热而气化，气化的金属钠蒸气呈高电阻等离子体状态，于是电路分断。当短路故障消失后，金属钠蒸气很快转变为液体和固体，在外力作用下使金属钠压紧，电阻降低，电路恢复到接通状态。

6）钨。钨丝的电阻率高，几何尺寸精度好，可用作各种小容量熔断器的熔体。

2. 按使用场合和性能要求分类

根据使用场合和性能要求不同，熔体材料可分为一般熔体材料、快速熔体材料和特殊熔体材料三种。

（1）一般熔体材料

一般熔体的特点是具有长期负载电流的能力，在线路故障时，能在规定的时间内分断故障电流。一般熔体所采用的材料，应根据它所保护的对象和功能要求确定。例如，锌或铅锡类合金等低熔点的熔体材料（也称为慢速熔体），其熔断时间长，有一定的延时，适用作电机的过载保护。

（2）快速熔体材料

快速熔体在正常工作条件下的功率损耗较低；在过载或短路的情况下，能有效、准确、迅速地切断故障电流，主要用于半导体整流元件或整流装置的短路保护，其开断电流的能力一般大于50 kA（有效值），并且出现在熔断器两端的电弧电压不大于电路中硅元件的击穿电压。因此，用作快速熔体的材料应具有优良的导电和导热性能，从室温到熔点以及从熔点到沸点的热容量、熔化潜热和气化潜热要小，抗氧化稳定性、机械加工性好，并与石英砂具有良好的相容性。如银、铝等纯金属、高熔点的熔体材料，其熔断时间短，可用于制作快速熔体，作短路保护用。

（3）特殊熔体材料

特殊熔体具有温度大于100℃时的电阻率呈现非线性突变的特点，如金属钠、钾等，可作为自复式熔断器的熔体材料。

此外，还可将快速熔体与慢速熔体串联起来组成复合熔体，适用于制作延时熔断器的熔体，兼有短路保护和过载保护的双重作用。常用熔体材料的品种及用途见表3–9。

表 3-9　常用熔体材料的品种及用途

品种	用途
铜（铜基合金）丝或带	用作一般线路保护用的（gG 和 aM）熔断器
银（银基合金）丝或带、铜银复合带、铝带	用作整流装置用的（gR 和 aR）快速熔断器
铅丝	用作结构较简单的 RC1A 或 RM 型可更换熔体的熔断器，其工作温度较低
锌片	
康铜丝、镍铬丝	用作熔断指示器
金属钠	用作自复式熔断器
钨丝	用作小型熔断器
以锡、铅、铋和镉等为主的共晶型低熔点合金	用作温度熔断器

二、熔体的形状及其选用

1．熔体的形状

熔体的形状一般有线状和带状两种。图 3-13 所示为线状熔体的外形。线状熔体多用于小电流的场合。带状熔体一般用薄金属片冲压制成且常带有宽窄不等的 V 形变截面，或在条形薄片上冲成一些小圆孔。图 3-14 所示为带状熔体的外形。

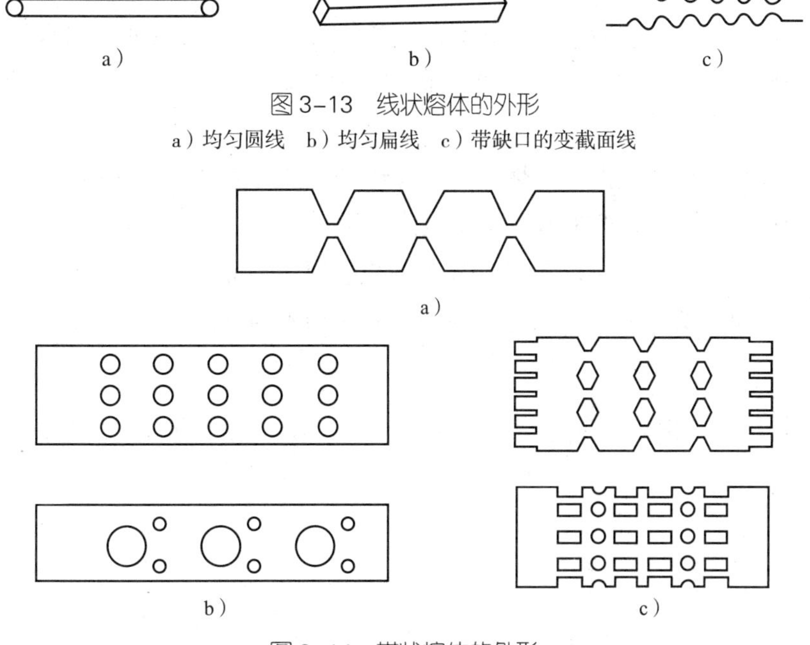

图 3-13　线状熔体的外形

a）均匀圆线　b）均匀扁线　c）带缺口的变截面线

图 3-14　带状熔体的外形

a）V 形　b）圆孔型　c）网状

改变熔体变截面的形状可显著改变熔断器的熔断特性。当熔体通过的电流大于规定值时，截面狭窄处因电阻较大、散热差，故先行熔断，从而使整个熔体变成几段掉落下来，几段串联短弧，有利于熄弧。狭窄部分的段数与额定电压有关，额定电压越高，要求的段数越多，一般每个断口的可承受电压为200~250 V，当并联串数多时一般做成网状。

2. 熔体形状的选用

熔体大多采用圆孔型结构或圆孔型与V形变截面的组合形式，熔体厚度一般小于0.3 mm。目前，快速熔断器的熔体由V形变截面逐步趋向采用圆孔型的结构形式。通常，额定电流在10 A以下的熔体采用线状或等截面矩形狭带状熔体结构；额定电流大于10 A的熔体采用变截面带状结构。

三、熔体材料的选用

根据负载性质、电压高低、电流大小、熔断器类型等因素确定熔体的主要参数，如熔体的额定电流、熔断电流等。熔断电流与熔体的材质、截面、长度以及使用环境等因素有关。在电气工程中，常采用经验法来选择熔体材料。

（1）对照明、电热设备等类型的阻性负载，熔断器主要用作短路与过载保护，选择熔体的额定电流应为负载额定电流的1.3~2倍。

（2）对电动机等感性负载，由于电动机的启动电流约为额定电流的4~7倍，对单台电动机的短路保护，可选择熔体的额定电流为电动机额定电流的1.5~2.5倍，当还不能满足启动要求时，可选取不大于3倍；对多台电动机的短路保护，可选择熔体的额定电流≥1.5~2.5倍容量最大的一台电动机的额定电流，再加上其余电动机的额定电流总和。

（3）对交流弧焊机电路中的熔体，考虑到焊接引弧时的短路冲击电流较大，熔体的额定电流应为交流弧焊机功率（kW）数值的4~6倍（以单机计）。

例如，有一台功率为10 kW的交流弧焊机，熔体的额定电流 =（4~6）×10=40~60（A），一般取下限即可，故可选用额定电流为40 A的熔体。

§3—4 电阻合金和电热材料

学习目标

1. 熟悉常用电阻合金的类型，并会选用。
2. 熟悉常用电热材料的类型，并会选用。

想一想

图3–15所示的电灯调控电路是通过改变滑动变阻器触头的位置来调节灯泡的亮度的。制作滑动变阻器的金属材料与普通导电金属材料有何不同?

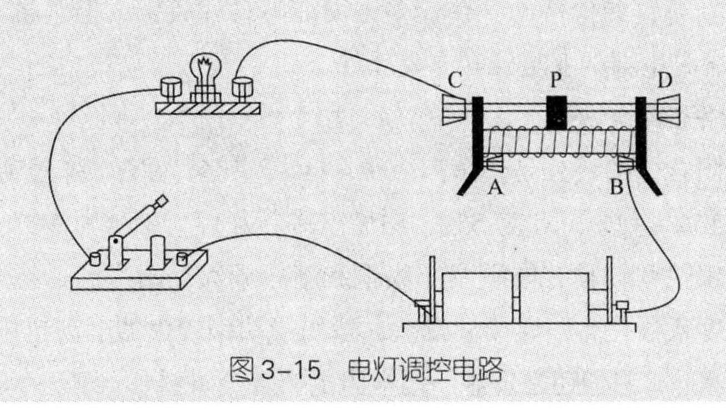

图3–15 电灯调控电路

一、电阻合金

电阻合金是一种用以制造电阻元件的合金导电材料，具有温度系数低、稳定性好、力学强度高、耐腐蚀等特点。其中，温度系数用来表现当温度改变1℃时电阻值的相对变化情况，温度系数越大，电阻值随温度的变化越明显。电阻合金的主要功能不是用于传导电流，而是以其高电阻来限制或控制电路中的电流，广泛用于电机、电器、仪器仪表及电子等工业领域。按用途，电阻合金分为调节元件用电阻合金、精密元件用电阻合金、电位器用电阻合金和传感元件用电阻合金四大类。

1．调节元件用电阻合金

调节元件用电阻合金主要用于电流、电压的调节与控制元件的绕线，如电动机的启动、调速、制动、降压及放电和其他传动装置，具有力学强度高、耐腐蚀、抗氧化性好等特点，工作温度一般为500℃。常用的调节元件用电阻合金有康铜（镍铜）、新康铜、镍铬、镍铬铁、铁铬铝等。

（1）康铜（镍铜）

康铜有线材、片材和带材等品种，其成分是：Ni为39%~41%，Mn为1%~2%，其余为Cu。牌号为6J40。其中，“J”表示精密合金，前面的数字“6”表示该品种为精密合金中的电阻合金类型，“40”为合金牌号的序号，以主元素（除铁外）百分含量中值表示。

康铜具有电阻温度系数较低、电阻率较高、抗氧化性能和机械加工性能良好、耐腐蚀、易钎焊、不易随温度变化而改变其性质等特点，特别适宜在交流电路中使用，用作仪器仪表、电子以及工业设备中的电阻元件，如用于精密电阻、滑动电阻、电阻应变计等，也可用于热电偶和热电偶补偿导线材料，使用温度不高于500℃。

（2）新康铜

新康铜有线材、带材等品种，其成分是：Mn为10.8%~12.5%，Al为2.5%~4.5%，Fe为1.0%~1.6%，其余为Cu。牌号为6J11。

新康铜具有与康铜一样的电阻率，相近似的电阻温度系数和相同的使用温度。与康铜相比，新康铜的价格低，在较多方面能够替代康铜，但其抗氧化性能比康铜差，适用于制造各种电器的变阻器和电阻元件。

（3）镍铬和镍铬铁

镍铬电阻合金的成分是：Cr为20%~23%，其余为Ni。牌号为6J15。镍铬铁的成分是：Cr为15%~18%，Ni为55%~61%，其余为Fe。牌号为6J20。

镍铬和镍铬铁均具有电阻率比康铜和新康铜大、耐高温、抗氧化性能好等特点，但其电阻温度系数较高，焊接性较差，适用于功率较大的电动机中启动、调速、制动用变阻器。此外，它们还是理想的高电阻电热合金材料。

（4）铁铬铝

铁铬铝的成分是：Cr为12%~15%，Al为4%~6%，其余为Fe。牌号为1Cr13Al14。

铁铬铝具有电阻率比康铜类、镍铬类大，抗氧化性能比镍铬类好，耐高温和能承受高负载等特点，但焊接性较差，其带材常用于制作大功率变阻器。

2. 精密元件用电阻合金

精密元件用电阻合金主要用于制作仪器仪表中的电阻元件，一般制成高强度聚酯漆包线，具有电阻温度系数小、稳定性好、对铜的温差电动势小等特点。按使用对象，精密元件用电阻合金分为电工仪表用锰铜电阻合金、分流器用锰铜电阻合金、高电阻值小型精密电阻元件用电阻合金等。

（1）电工仪表用锰铜电阻合金

电工仪表用锰铜电阻合金的成分是：Mn为11%~13%，Ni为2%~3%，其余为

Cu。牌号为 6J12。

电工仪表用锰铜电阻合金具有较高的电阻率（略低于康铜、新康铜）、很小的电阻温度系数，主要用于电桥、电位差计及标准电阻等电工仪表中的电阻元件。在20℃附近的电阻随温度变化的误差很小，所以在恒温（5~45℃）条件下使用时，仪表的准确度和稳定性很高。图 3–16 所示为 BZ3 型直流标准电阻，其用锰铜电阻合金制成。

（2）分流器用锰铜电阻合金

分流器用锰铜电阻合金在 20~50℃范围内的电阻值最大，工作温度在 30~50℃范围内使用较好，可用于温升较高、温度变化范围较宽的分流器或分压器。分流器用锰铜电阻合金分为 F1 级和 F2 级两种。F1 级以铜、锰、硅为主要成分，用于准确度较高的分流器；F2 级以铜、锰、镍为主要成分，用于标准电阻器、普通分流器和一般电阻器。图 3–17 所示为锰铜分流器。分流器用锰铜电阻合金的品种、牌号、主要成分、电阻率及特点见表 3–10。

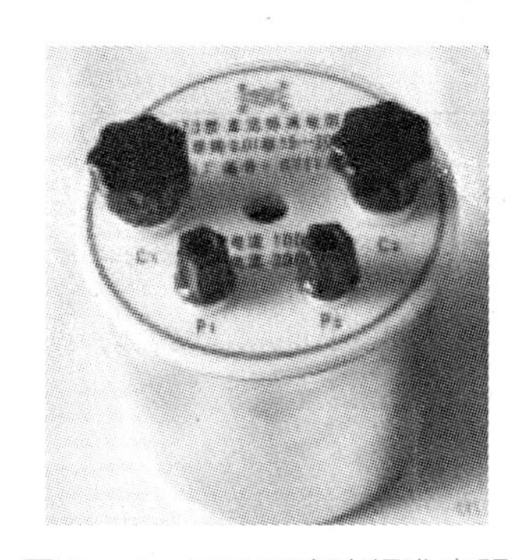

图 3–16　BZ3 型直流标准电阻

图 3–17　锰铜分流器

表 3–10　分流器用锰铜电阻合金的品种、牌号、主要成分、电阻率及特点

品种	牌号	主要成分（%）	电阻率（20℃）（Ω·m）	特点
F1	6J8	Mn 8~10、Si 1~2、Cu 余量	$(0.35 \pm 0.05) \times 10^{-6}$	电阻与温度的特性曲线较平坦，在较宽温度范围内的电阻值误差比 F2 级小
F2	6J13	Mn 1~13、Ni 2~5、Cu 余量	$(0.44 \pm 0.04) \times 10^{-6}$	电阻最高点温度比通用型锰铜高

（3）高电阻值小型精密电阻元件用电阻合金

高电阻值小型精密电阻元件用电阻合金具有电阻率高、能加工成细线（直径为 0.01 mm）或轧制成薄膜（厚度小于 0.01 mm）等特点，分为裸线和聚酯漆包线两种，主要用于高电阻值元件、高电阻值电阻箔、高限位电阻器、小型电阻元件等，也可用

于制作电位器。高电阻值小型精密电阻元件用电阻合金有镍铬铝铁、镍铬铝铜、镍铬锰硅等，其牌号、主要成分、电阻率及特点见表 3–11。

表 3–11　高电阻值小型精密电阻元件用电阻合金的牌号、主要成分、电阻率及特点

名称	牌号	主要成分（%）	电阻率（20℃）（Ω·m）	特点
镍铬铝铁	6J22	Cr18~20、Al1~3、Fe1~3、Ni 余量	1.33×10^{-6}	电阻系数大，电阻温度系数小，对铜的热电动势小，强度高，耐磨，抗氧化，但焊接性能差
镍铬铝铜	6J23	Cr 18~20、Al 2~4、Cu 1~3、Ni 余量	1.33×10^{-6}	焊接性能较好，其他特点与镍铬铝铁相同
镍铬锰硅	—	Cr 17~19，Mn 2~4，Si 1~4，Al、Ni 余量	1.35×10^{-6}	焊接性能较好，其他特点与镍铬铝铁相同

为了适应小型化元件的需要，可制得电阻值在 50 MΩ 以上的玻璃绝缘锰铜或镍铬锰硅微细线（直径 2~8 μm）。此外，还有镍铬系真空蒸发金属膜电阻元件、环氧树脂黏贴电阻合金箔的贴膜平面电阻元件，可使电阻温度系数达到 1×10^{-6}/℃以下。

3. 电位器用电阻合金

电位器用电阻合金具有耐腐蚀性好、表面光洁、接触电阻小而恒定等特点。

（1）常用电位器用电阻合金

电位器用电阻合金一般采用康铜和镍铬合金以及滑线锰铜。但康铜对铜的热电动势较大，仅能用于不受直流热电动势干扰的交流电路中。图 3–18 所示为 WX 型单圈绕线式电位器，其用康铜或镍铬线作为电阻材料。滑线锰铜的特点见表 3–12。

图 3–18　WX 型单圈绕线式电位器

表 3–12　滑线锰铜的特点

主要成分 (%)	电阻率（20℃）(Ω·m)	工作温度（℃）	特点
Mn 12~13，Ni 1~3，Al、Cu 余量	0.45×10^{-6}	20~80	抗氧化性比通用锰铜好，焊接性能好，电阻与温度的特性曲线较平坦，电阻最高点的温度较高

（2）电位器用贵金属电阻合金

在要求较高的电位器中，需采用贵金属电阻合金。电位器用贵金属电阻合金有铂基、钯基、金基及银基等。

1）铂基电阻合金。铂基电阻合金具有适中的电阻率、极优的耐腐蚀性和抗氧化性，在高温、高湿或强腐蚀条件下表面仍能保持初始状态，接触电阻小而稳定，噪声低，耐磨性能优良，可靠性高。但铂基电阻合金在含有机物的环境中工作时，会生成被称为“褐粉”的有机聚合物绝缘性薄膜，使接触电阻成倍增加，致使噪声电平增大。因此，用铂基电阻合金制备的线绕电阻应尽量避免在有机物环境中使用。常用的铂基电阻合金有铂铱、铂铜等。

2）钯基电阻合金。钯基电阻合金具有电阻率高、电阻温度系数低且稳定、焊接性能好等优点，但耐腐蚀性和抗氧化性不如铂基电阻合金，且其在有机物环境中也会生成“褐粉”。常用的钯基电阻合金有钯钼、钯银铜等。

3）金基电阻合金。金对有机蒸气有惰性，适宜在有机物环境中使用。但金基二元电阻合金的电阻率低，电阻温度系数较高，硬度较低，耐磨性较差。可以通过在金基二元电阻合金中添加其他元素，以克服上述缺点。常用的金基电阻合金有金银铜、金镍铬、金镍铜和金钯铁铝等，它们都是铂基电阻合金的代用材料。

4）银基电阻合金。银具有价格相对便宜、电接触性能好等特点，但易被硫或硫化氢气体腐蚀，生成硫化银膜，造成接触不良。另外，银基电阻合金的强度不高，硬度较低，耐磨性差，使用寿命短。常用的银基电阻合金有银锰、银锰锡等，但只有为数不多的银锰电阻合金具有实用价值。银锰电阻合金的电阻温度系数较小，对铜的热电动势小，具有抗硫化和抗腐蚀能力，是制作标准电阻的良好材料。

4. 传感元件用电阻合金

传感元件用电阻合金具有传感灵敏度高、复现性和互换性好、反应快、漂移小及稳定性好等特点，主要用于制造仪器仪表中反映应变、温度、磁场和压力等参数的传感元件。传感元件把这些非电量参数的变化转变为相应的电阻值的变化，从而对它们进行测量、控制或补偿。按所传感的参数和作用，传感元件用电阻合金分为应变元件用电阻合金、温度补偿用电阻合金及测量温度用电阻材料等。

（1）应变元件用电阻合金

应变元件用电阻合金制成的应变元件主要用于测量应变、伸长率和应力等。应变元件用电阻合金的灵敏系数大，电阻温度系数小，对铜的热电动势小。因为电阻值越大，测量准确度越高，所以用合金材料制成的应变元件的线径很细，一般为 0.02 mm（直径）。应变元件用电阻合金有铁基、镍基和贵金属基等。其中，铁基包括铁镍铬钼、铁铬铝等；镍基包括镍铜、镍铬、镍铬铝铁、镍铬铝、镍钼铝等；贵金属基包括铂钨、铂钯钼、铂钨铼、金钯铁等。图 3–19 所示为电阻应变计的结构，电阻应变片用镍铜制成。

（2）温度补偿用电阻合金

温度补偿用电阻合金具有负值电阻温度系数，其电阻值随温度的上升而下降，适用于电工仪表中作为线路的温度补偿。若电工仪表中的铜线电阻因温度上升而导致电阻值增大时，可用这种电阻合金来抵消，使之得以补偿。温度补偿用电阻合金的材料有铁锰铝、铁铬铝等，其主要成分、平均电阻温度系数、工作温度及特点见表3–13。

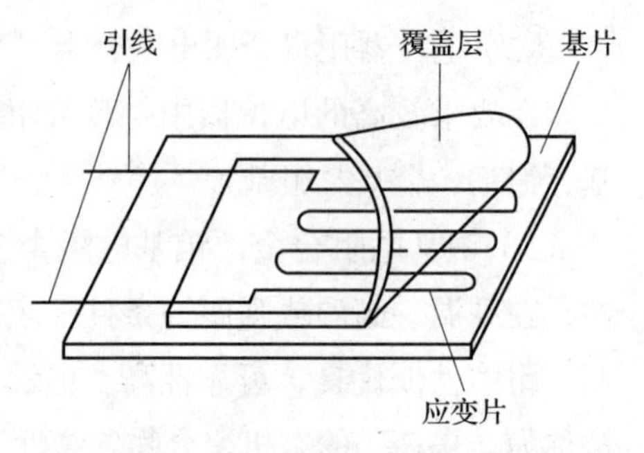

图3–19　电阻应变计的结构

表3–13　温度补偿用电阻合金的主要成分、平均电阻温度系数、工作温度及特点

名称	主要成分（%）	平均电阻温度系数（0~100℃）（10^{-6}℃$^{-1}$）	工作温度（℃）	特点
铁锰铝	Mn 32~37、Al 5~7、Fe 余量	−300~−200	−50~60	加工性能较好，抗氧化性能较差，焊接性能较差
铁铬铝	Cr 21~25、Al 5~7、Fe 余量	−280~−250	−50~60	抗氧化性能好，焊接性能差

（3）测量温度用电阻材料

测量温度用电阻材料具有较高的正值电阻温度系数，并且电阻值随温度的上升而显著增大，利用这一特性对温度进行测量。常用的材料有铂、铜、镍等纯金属线。

二、电热材料

电工用电热材料是一种在电气设备中把电能转变为热能的材料，在高温下具有良好的抗氧化性能和一定的强度，电阻率较高，电阻温度系数较小，易于加工成型。根据不同的使用温度，电工用电热材料有合金、纯金属、非金属和管状电加热元件以及远红外电热元件等不同类型的产品。

1．高电阻电热合金

高电阻电热合金是一种应用广泛的电热材料，主要用于制造各种电阻加热设备的加热元件。高电阻电热合金具有较高的电阻率和稳定性，抗高温氧化性强，耐腐蚀性好，有足够的高温强度和使用寿命，有良好的加工性能，能满足不同类型的结构成型的需要。常用的高电阻电热合金主要有铁铬铝电热合金、镍铬电热合金、镍铁电热合金等，其型号、最高使用温度、特点及用途见表3–14。

表 3–14 常用高电阻电热合金的型号、最高使用温度、特点及用途

品种	型号	最高使用温度（℃）	特点	用途
铁铬铝	1Cr13Al4	1 000	抗高温氧化性及耐温高于镍铬；高温强度低于镍铬，电阻率高，有磁性，高温长期使用时易呈脆性	使用温度高，已能满足大部分工业加热设备的需要，能设计、加工成各种形状的元件，功率范围广，适用于高精度控温
	0Cr13Al6Mo2	1 250		
	0Cr25Al5	1 250		
	0Cr21Al6Nb	1 350		
	0Cr27Al7Mo	1 400		
镍铬	Cr15Ni60	1 150	高温强度高于铁铬铝；抗高温氧化性及耐温略低于铁铬铝；电阻率较高，基本无磁性，加工性能良好	使用条件基本与铁铬铝相同，但耐温较低，适用于工作温度 1 000℃以下的中温加热设备
	Cr20Ni80	1 200		
	Cr30Ni70	1 250		
镍铁	Ni45Fe	350	电阻率较低，电阻温度系数高，具有功率自控作用，有磁性，耐腐蚀性较差	涂覆绝缘层，适用于在电热编织物中作为低温发热元件，可用于快热式设备中
	Ni55Fe	500		

2. 其他电热材料

电热材料除了常用的发热用电阻合金之外，还有纯金属、非金属和管状电加热元件以及远红外电热元件等不同类型的产品，供各种电加热设备选择使用。

（1）纯金属、非金属和管状电加热元件

高熔点纯金属材料的工作温度一般比合金高，但它须在保护气体中工作。非金属电热材料有硅碳（也称为碳化硅）和硅钼（也称为二硅化钼）等，其工作温度也较高，但质硬而脆，使用中不如金属电热材料方便。管状电加热元件是在金属套管内绝缘埋入合金电热线，所用绝缘材料一般为氧化镁粉。常用高熔点纯金属、非金属和管状电加热元件的品种、最高使用温度、特点及用途见表 3–15。

表 3–15 常用高熔点纯金属、非金属和管状电加热元件的品种、最高使用温度、特点及用途

品种		最高使用温度（℃）	特点及用途
高熔点金属	铂（Pt）	1 600	使用温度高。铂可在空气中使用，其氧化物在高温下挥发影响使用寿命；钨、钼须在惰性气体、真空或氢气中使用；钽须在惰性气体或真空中使用。电阻率低，电阻温度系数高，材料价格高，适用于实验室及特殊高温要求的设备
	钼（Mo）	1 800	
	钽（Ta）	2 200	
	钨（W）	2 400	
硅碳棒、硅碳管（SiC）		1 500	高温强度高，质硬而脆，电阻值一致性较差，易老化，电阻率随使用时间而增大

续表

品种	最高使用温度（℃）	特点及用途
硅钼棒（$MoSi_2$）	1 700	抗氧化性好，不易老化，正向电阻温度系数较高，室温下硬而脆，1 350℃时开始变软，低温下不易形成保护性二氧化硅，适应性差，耐急冷急热性能差
石墨（C）	3 000	能耐300℃以上高温，电阻率高，须配低压大电流变压器，须在真空或保护环境中工作，石墨蒸气易污染炉膛和工件，多用于1 700℃以上高温电炉
管状电加热元件	被加热介质温度550℃以下	结构简单，热效率高，可直接在各种介质（空气、液体）中加热，强度高，可制成多种形状，拆装方便，使用温度不高，适用于液体加热、空气加热及日用电热电器等

图3-20所示为硅钼棒，棒的两端较粗，称为冷端，端头喷铝作为连接部分。

管状电加热元件又称为电热管，是由铁铬铝或镍铬电热合金材料烧成的元件作为发热体，外面套以金属护套，中间填以电熔结晶氧化镁原料（绝缘粉），图3-21所示为管状电加热元件的结构示意图。

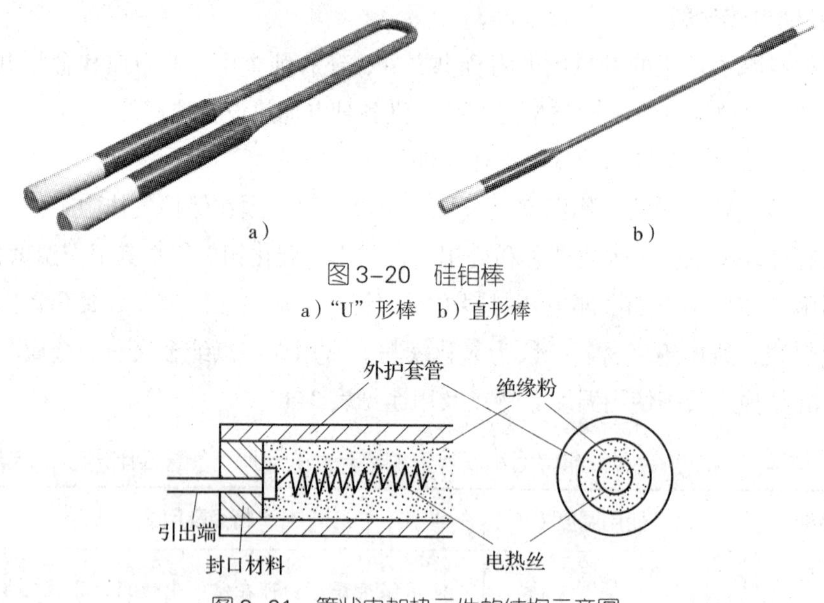

图3-20 硅钼棒

a）"U"形棒 b）直形棒

图3-21 管状电加热元件的结构示意图

（2）远红外电热元件

远红外线加热干燥具有投资小、烘干时间短、升温速度快、占空间小、烘物质量高和消耗电能少等优点，一般可节省30%~50%的用电量。远红外电热元件有金属管状、陶瓷类和直热式等。

1）金属管状远红外元件。金属管状远红外元件是在普通金属管状电加热元件上加涂远红外辐射涂层制成的。它可以制作成不同的长度和各种形状，具有启动升温快、热效率高、使用寿命长以及安装维修方便等特点，但其表面负荷较小，不适用于大功率的高温加热。金属管状远红外元件的基体管有不锈钢和碳钢两种材质。碳钢管面覆盖的远红外辐射涂层不易脱落；不锈钢管适用于有腐蚀性气体的环境或温度较高的场所。

2）陶瓷类远红外元件。陶瓷类远红外元件具有制造工艺简易、使用方便、使用寿命长、节电效果明显等特点，适用于温度较高、辐射强度大的加热炉。其质地较脆，不耐碰撞和振动，安装、检修较麻烦。常用的陶瓷类远红外元件的基材有碳化硅和锆英石等。图 3-22 所示为碳纤维石英远红外加热管。它用碳纤维取代了传统的金属钨丝和 PTC 等发热材料。为了提高辐射管表面的热辐射能力，还在石英管表面涂覆了一层高性能远红外涂料，以调节辐射特性，提高整体性能。

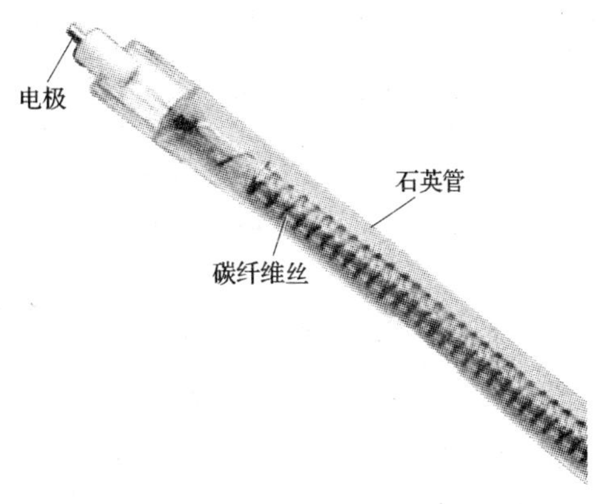

图 3-22　碳纤维石英远红外加热管

3）直热式远红外元件。直热式远红外元件是电阻带朝炉芯的正面涂覆远红外辐射涂层，在电阻带的背面涂覆低辐射的二氧化铝涂层。它的表面负荷率较大，被照射面可得到较大的辐射强度，达到较高的加热温度。

§3—5　热双金属片、热电偶和弹性合金材料

学习目标

熟悉常用热双金属片材料、热电偶材料、弹性合金材料的特点及用途，并会选用。

想一想

图 3-23 所示为日光灯起辉器的结构。U 形动触片是怎样动作的？

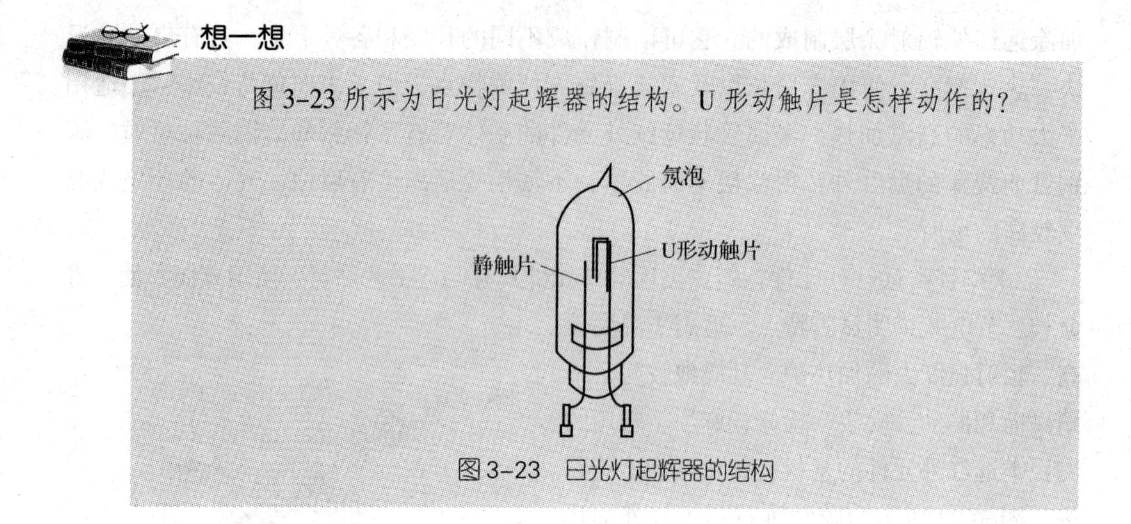

图 3-23 日光灯起辉器的结构

一、热双金属片材料

热双金属片是一种由两层或多层具有不同热膨胀系数的金属、合金或其他材料所组成的复合材料，主要用于温度控制、电流限制、温度指示、温度补偿等测量仪器中，如电气工业中的热继电器和断路器等。图 3-24 所示为电接点双金属温度计，其利用热双金属片制成温度计，可以测量较高的温度。

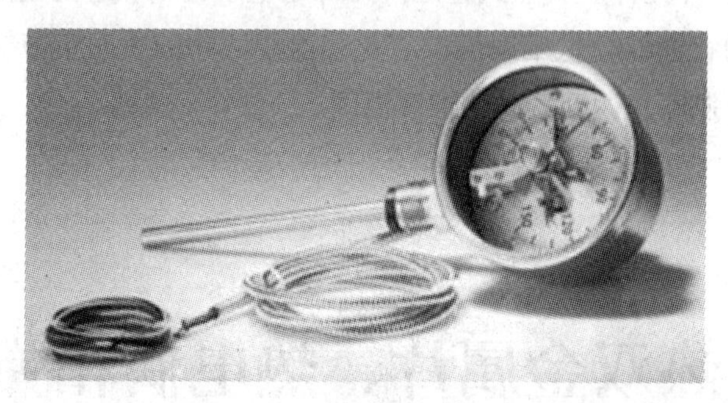

图 3-24 电接点双金属温度计

1. 热双金属片的动作原理

由于热双金属片各层的热膨胀系数不同，当温度变化时，热膨胀系数高的一层产生的形变要大于热膨胀系数低的一层，致使双金属片向热膨胀系数低的一侧弯曲，如图 3-25 所示。当热双金属片冷却到常温时，它又恢复成原来的状态。热膨胀系数高的一层称为主动层；热膨胀系数低的一层称为被动层。有的热双金属片在主动层和被动层之间还夹有铜或镍组成的中间层。主动层的材料主要有锰镍铜合金、镍铬铁合金、镍锰铁合金和镍等；被动层的材料主要是镍铁合金，镍含量为 34%~50%。根据热双金属片受热变形产生位移、当受到限制时会产生推力这一特性，可将热双金属片上的热能转换成机械能，用于驱动、指示、调节以及补偿等。

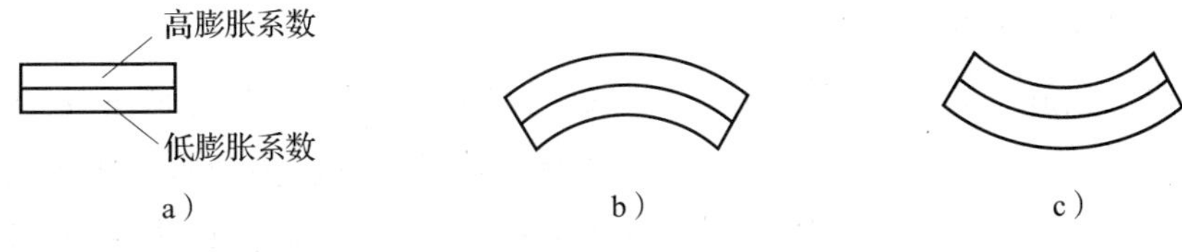

图 3-25 热双金属片

a）常温状态 b）高温受热状态 c）低温冷冻状态

2. 热双金属片的类型、特点和应用

热双金属片包括通用型、低温型、高温型、高灵敏型、电阻型、耐腐蚀型和特殊型等类型。

（1）通用型热双金属片

通用型热双金属片有多种用途，适用于中等温度范围，有较高的灵敏度和强度。

（2）低温型热双金属片

低温型热双金属片适合在 0℃以下工作。

（3）高温型热双金属片

高温型热双金属片的线性温度范围较宽，在高温下有良好的抗氧化性能，为了避免过高的热应力，它的比弯曲值较低，适用于 300℃以上环境，最高的工作温度可达 650℃。

（4）高灵敏型热双金属片

高灵敏型热双金属片具有高灵敏度、高电阻等特性。

（5）电阻型热双金属片

电阻型热双金属片是一种用高导电金属或合金制成的附加层与热双金属组元牢固地结合在一起的制品。附加层夹在热双金属组合层之间或覆盖在热双金属片表面。图 3-26 所示为电阻型热双金属片，其含有中间附加层。改变附加层的厚度比，就可以调整制品的电阻率，根据这一特性，可将电阻型热双金属片用作电气保护装置的敏感元件。同一外形、尺寸的保护装置，只要更换不同电阻率的敏感元件，就可以实现多种不同容量的过载保护。

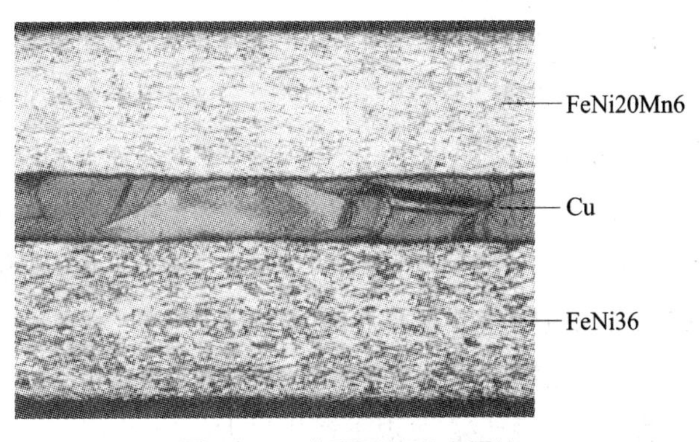

图 3-26 电阻型热双金属片

（6）耐腐蚀型热双金属片

按耐腐蚀措施不同，耐腐蚀型热双金属片材料分为组元合金耐腐蚀型、防腐蚀覆盖型和表面处理型三类。它们均适用于恶劣环境或特定的腐蚀介质，如冷水、热水、蒸气、高湿度空气等的海洋性热带气候或某些工业环境。耐腐蚀型热双金属片的结构及特点见表 3–16。

表 3–16　耐腐蚀型热双金属片的结构及特点

组合层材料				特点
覆盖层	主动层	被动层	覆盖层	
—	Ni10Cr12Mn16	Ni36CuTaNbMo	—	用耐腐蚀型合金作组合层，热敏感性能较低
	1Cr18Ni9Ti	Ni20Cr8Co25		
1Cr18Ni9Ti	Mn75Ni15Cu10	Ni36Nb	0Cr13	用耐腐蚀金属或合金作覆盖层，有较高的热敏感性能，但切边处易锈蚀
1Cr18Ni9Ti	Ni20Mn6	Ni36		
—	3Ni24Cr2	Ni36	—	用表面处理提高耐腐蚀能力，可保持材料原有的性能

（7）特殊型热双金属片

特殊型热双金属片是根据某些特殊要求所制造的具有相应特殊性能的制品，如磁致热双金属片、无磁热双金属片、高强度热双金属片、高温敏感热双金属片、低热敏双金属片等。

1）磁致热双金属片。磁致热双金属片由 Ni22Cr3Fe、Ni36Fe、纯 Ni（具有高的负磁致伸缩系数）和 Ni50Fe（具有正磁致伸缩系数）四种金属组成，必要时在 Ni50Fe 与纯 Ni 之间还加入 Cu 分流层。这种热双金属片既有热敏感性能，又能对磁场产生反应。在断路器中，在过载电流感应所产生的磁场作用下将发生磁弯曲，并与由热引起的热弯曲叠加在一起，使断路器更快地断开。磁弯曲比热弯曲发生得更快，可用来克服动作机构的静摩擦阻力，提高断路器动作的灵敏度。

2）无磁热双金属片。无磁热双金属片的磁化率小，感温灵敏度高。

3）高强度热双金属片。高强度热双金属片的抗拉强度在室温下可达 1 300~1 400 N/mm^2。

4）高温敏感热双金属片。高温敏感热双金属片具有在 10~150℃感温性能很低、在 150℃以上感温性能高及电阻率较低等性能。

5）低热敏双金属片。低热敏双金属片具有热敏感性能和电阻率较低、在 300℃以上温度时停止弯曲等性能，可避免在高温下产生过大的应变。

常用热双金属片的类型、牌号、层材料、特点及用途见表 3–17。

表 3–17　常用热双金属片的类型、牌号、层材料、特点及用途

类型	牌号	层材料			特点及用途
		主动	中间	被动	
通用型	5J1480	Ni22Cr3	—	Ni36	中等灵敏度和使用温度范围，用于温度指示和温度控制，如低压电器、家用电器和仪器仪表等
	5J1580	Ni20Mn6	—	Ni36	
	5J1413	Cu62Zn38	—	Ni36	
低温型	5J1380	Ni19 Mn7	—	Ni34	低温时具有较高的热敏性，用于低温范围的仪器仪表，如温度计、气象仪器等
高温型	5J1070	Ni19Cr11	—	Ni42	线性温度范围宽，具有较高的强度和良好的抗氧化性，用于 300℃及以上高温状态下工作的仪器仪表，最高温度可达 650℃
	5J0756	Ni22Cr3	—	Ni50	
高灵敏型	5J20110	Mn75Ni15Cu10	—	Ni36	具有较高的热敏性能和较高的电阻率，用于温度指示和温度控制，如小型电器和仪器仪表
电阻型	5J1411A	Ni20Mn6	Cu	Ni36	热敏性能基本一致，有一系列的电阻率可供选用，用于小型化、标准化的电器产品
	5J1411B	Ni22Cr3	Cu	Ni36	
耐腐蚀型	5J1075	Ni16Cr11	—	Ni20Co26Cr8	具有良好的耐腐蚀性，用于腐蚀介质中的仪器仪表
特殊型	5J1017	Ni	—	Ni36	具有特殊性能，热敏性和电阻率较低，在 300℃以下停止弯曲，避免高温下产生过大的应变，用于特殊环境下的电器和仪表

注：1. 表中未标出的含量是铁。

2. 牌号中注有 A 的主动层为铁镍锰合金，注有 B 的主动层为铁镍铬合金。

二、热电偶材料

热电偶是温度测量仪表中常用的测温元件。它直接测量温度，并把温度信号转换成热电动势信号，通过电气仪表转换成被测介质的温度。各种热电偶的外形常因需要而极不相同，但是它们的基本结构却大致相同，通常由热电极、绝缘套保护管和接线盒等主要部分组成，通常和显示仪表、记录仪表及电子调节器配套使用。图 3–27 所示为热电偶的应用示例。

热电偶材料是指用于制作热电偶测温元件的材料，有棒状、片状、膜状和丝状，通常用丝状材料。热电偶具有测控精确可靠、结构简单、使用方便等优点，广泛用于测量和控制温度，被测温度可以从 –268.95℃的超低温至 2 800℃的超高温。热电偶包括标准热电偶和非标准热电偶两大类。

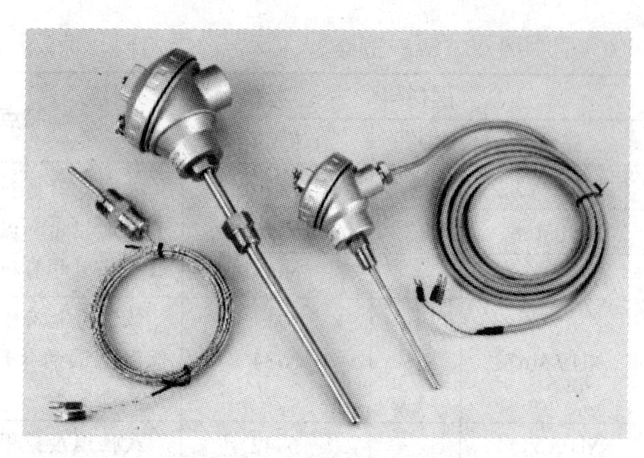

图 3–27　热电偶的应用示例

1. 标准热电偶

标准热电偶是指国家标准规定了热电动势与温度的关系、允许误差，有统一的标准分度表的热电偶，并有与其配套的显示仪表可供选用。常用热电偶的代号、名称、温度范围、特点及用途见表 3–18。常用标准型热电偶整百温度（摄氏度）的热电动势值见附表 5。

表 3–18　常用热电偶的代号、名称、温度范围、特点及用途

代号	名称	温度范围（℃）	特点及用途
S	铂铑 10– 铂	0~1 300	测温精度高，热电动势稳定，温度与热电动势有很好的线性关系。材料的熔点高，化学稳定性好，有良好的抗高温氧化性能，适用于氧化性环境中
R	铂铑 13– 铂		
B	铂铑 30– 铂铑 6	0~1 600	在 100℃以下微分电动势很小，稳定性好，测量温度高，适用于真空、惰性及氧化性环境中
K	镍铬 – 镍硅	0~1 200	在廉金属热电偶中综合性能最优，可代替 1 300℃以下贵金属热电偶，适用于真空、惰性及氧化性环境中
E	镍铬 – 康铜	0~750	在标准热电偶中微分电动势最高，耐腐蚀性及耐热性能好，适用于氧化性环境及弱还原性环境中
J	铁 – 康铜	0~750	微分电动势较高，原材料价格低，适用于石油、化工中的弱还原性环境及氧化性环境中
T	铜 – 康铜	–200~350	在 300℃以下，热电动势的均匀性和稳定性好，测温精度高，低温时灵敏度高，有较好的耐腐蚀性，焊接性能好，适用于 300℃以下的温度测量
N	镍铬硅 – 镍硅	0~1 200	性能比 K 型热电偶优良，适用于 1 300℃以下的温控及需由低温至高温的循环测量

续表

代号	名称	温度范围（℃）	特点及用途
WRe3-WRe25	钨铼 3- 钨铼 25	0~2 300	高温强度和塑性好，灵活度高，是 1 800℃以上的测温唯一可供使用的热电偶，适用于惰性、真空、还原性干燥的氢气中
WRe5-WRe26	钨铼 5- 钨铼 26		

常见的标准热电偶材料主要有铂铑、铂、镍铬、镍、康铜、铜、铁、钨铼等。在热电偶中，用字母“P”表示热电偶的正极，用字母“N”表示热电偶的负极。

（1）铂铑热电偶材料

铂铑合金的熔点、电阻率、强度和热电动势均随着铑的含量增加而提高，其配制的热电偶在温度与热电动势关系上呈现的线性较好。负极加入铑可以提高抗污性和热电动势的稳定性。BN、SP、RP、BP 热电偶材料中铬的含量分别为 6%、10%、13%、30%。

（2）铂热电偶材料

SN、RN 热电偶材料是由纯铂丝制成的，适用于氧化性、惰性环境中的测量。

（3）镍铬热电偶材料

KP、EP 镍铬热电偶材料的成分中铬的含量为 9%~10%，硅的含量小于 1%，含微量的抗氧化元素，其余为镍；NP 改良型镍铬热电偶材料的成分中铬的含量为 14.2%，硅的含量为 1.4%。铬含量的增加消除了在 250~500℃时，由于其结构不稳定造成的热电动势变化，硅含量的增加促进了合金表面保护膜的形成。这几种热电偶材料的测温范围均为 250~500℃，适用于氧化性、惰性环境中的测量。

（4）镍热电偶材料

KN 镍热电偶材料的成分中硅的含量为 2.5%，钴的含量小于 0.6%，锰的含量小于 0.7%。NN 镍热电偶材料的成分中硅的含量为 4.5%，锰的含量为 0.05%~1%，其抗氧化性好，磁性转变温度降到室温以下。这两种材料均能在氧化性、惰性环境中测温，但不能在含硫环境中使用，否则会使材料腐蚀变脆。

（5）康铜热电偶材料

JN、TN、EN 康铜热电偶材料的成分中镍的含量为 39%~45%，硅和锰少量。由于合金成分不同，热电偶的热电动势温度曲线也有差异，不能混乱使用。这三种热电偶材料适合在氧化性、惰性、还原性和真空环境中使用。

（6）铜热电偶材料

TP 为 1 号纯铜热电偶材料，铜在潮湿环境中具有较好的耐腐蚀性，但在 400℃以上会加速氧化，适用于真空、氧化性、还原性和 0℃以下环境中的测量。

（7）铁热电偶材料

JP 铁热电偶材料是由含铁量为 99.5% 的纯铁制成的，铁在 540℃以上会加速老化，在潮湿的环境中易生锈，需经表面处理来提高耐腐蚀能力。这种材料适合在真空、氧化性、惰性、还原性环境中使用。

（8）钨铼热电偶材料

钨铼热电偶材料的使用温度上限比铂铑热电偶材料还高，可达到 2 300℃，测量在 1 300℃以上的温度。这种材料多用于航空和高温技术测量。

用作低温热电偶材料的有 E、T、J、K 和 N 型，测量温度下限为 -200℃。镍铬 - 金铁和铜 - 金铁热电偶可用到 4.2 K。

2. 非标准热电偶

非标准型热电偶在使用范围或数量级上均不及标准热电偶，一般没有统一的分度表，主要用于某些特殊场合的测量。

（1）NiCr-CuFe 和 Cu-CuFe 低温用热电偶材料

该材料比 NiCr-AuFe 热电偶材料的热电动势高，强度高，加工性好，价格低。

（2）镍基合金热电偶材料

NiMo20-NiCo19 热电偶材料主要用于还原性环境中，使用温度可达 1 205℃。因为它的抗氧化性差，所以不能在 650℃以上温度及氧化性环境中使用。NiCr20-NiSi3 热电偶材料抗氧化性好，并在还原性环境中的使用温度可达 1 200℃，但微分电动势较小。

（3）铱基合金热电偶材料

其主要有 IrRh40-Ir、IrRh50-Ir、IrRh60-Ir 等热电偶材料，它们的测温上限可达 2 100℃，适合在真空、空气、惰性及弱氧化性环境中测温。

（4）难熔金属热电偶材料

W-Mo、W-Re 热电偶材料多用于炼钢测温，可测量 2 400℃高温。其中，W-Mo 热电偶材料还可用于测量核反应堆的温度。

（5）非金属热电偶材料

WSi_2-$MoSi_2$ 热电偶材料可以在金属蒸气、水蒸气、一氧化碳、二氧化碳等环境中使用，测温上限可达 1 700℃。

碳 - 碳化钛热电偶材料可以在渗碳介质中以及一氧化碳、含氮的环境中使用，测温上限可达 2 000℃。

三、弹性合金材料

弹性合金材料除了具有良好的弹性之外，还有一定的导电性，具有无磁性或一定的导磁性以及耐热、耐腐蚀、耐磨和高硬度等性能，适用于制作精密仪器仪表中的弹性元件，如游丝、张丝、簧片等。图 3-28 所示为磁电系仪表的测量机构，游丝除了具有弹性作用外，还

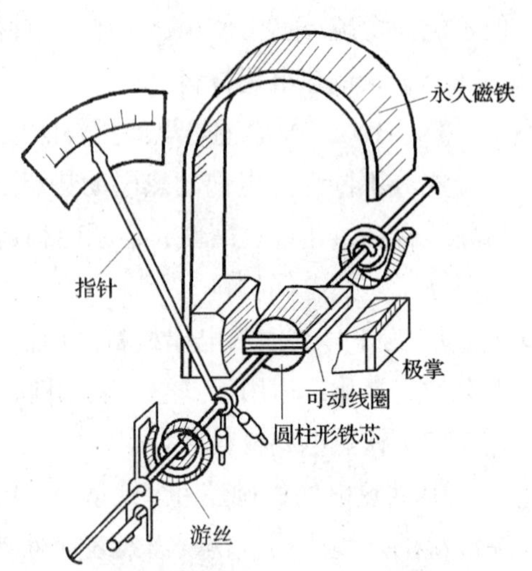

图 3-28　磁电系仪表的测量机构

有导流作用。弹性合金材料主要有高弹性合金材料、高温高弹性合金材料、恒弹性合金材料、耐腐蚀性弹性合金材料和铜基弹性合金材料等。

1. 高弹性合金材料

高弹性合金材料具有较高的弹性极限和弹性模量、较好的不锈性、耐腐蚀性等性能，但导电性能差。大部分的高弹性合金材料呈弱碱性，有些可在高温下使用。这类合金材料主要有铁镍铬基、镍铍基和钴铬镍钼基等。

（1）铁镍铬基高弹性合金材料

铁镍铬基高弹性合金材料在淬火状态下具有良好的塑性，时效硬化后具有高弹性和低的弹性后效等性能，还具有较好的耐磁性和耐腐蚀性。这类合金材料的常用品种、主要成分、最高工作温度、特点及用途见表 3-19。

表 3-19 铁镍铬基高弹性合金材料的常用品种、主要成分、最高工作温度、特点及用途

品种	主要成分（%）	最高工作温度（℃）	特点及用途
3J1	Ni36、Cr12、Ti3 Al1、Fe 余量	200	耐腐蚀性、工艺性较好，经时效处理后可获得良好的弹性，适用于膜片（盒）、波纹管、螺旋弹簧以及压力传感器的传送杆、转子发动机刮片弹簧等
3J2	Ni36、Cr12、Ti3、Al1、Mo5、Fe 余量	300	耐热性较高，从室温至 300℃，强度下降不超过 4%，其余同 3J1
3J3	Ni36、Cr12、Ti3、Al1、Mo8、Fe 余量	350	耐热性较 3J2 更高，从室温至 500℃，强度下降不超过 11%，其余同 3J1

（2）镍铍基高弹性合金材料

镍铍基高弹性合金材料又称为高导电高弹性合金材料，在淬火状态下具有良好的塑性，经时效处理后可获得高导电性、高强度、高抗疲劳性和耐腐蚀性，具有磁性。这类合金材料的常用品种、主要成分、最高工作温度、特点及用途见表 3-20。

表 3-20 镍铍基高弹性合金材料的常用品种、主要成分、最高工作温度、特点及用途

品种	主要成分（%）	最高工作温度（℃）	特点及用途
NiBe2	Be2、Ni 余量	250	室温及高温弹性均优于 3J1，适用于微动开关接触簧片、高温下使用的特殊弹簧等
NiBe2Ti	Be2、Ti0.5、Ni 余量	250	在 NiBe2 合金中加入钛，抗疲劳和耐腐蚀性较好，用途同 NiBe2
NiBe2Co3W6	Be1.7、Co3、W6、Ni 余量	400	耐热性优于 NiBe2，电阻温度系数较低，用途同 NiBe2

续表

品种	主要成分（%）	最高工作温度（℃）	特点及用途
NiBe2Co3W8	Be1.7、Co3、W8、Ni 余量	450	耐热性高，用途同 NiBe2

（3）钴铬镍钼基高弹性合金材料

钴铬镍钼基高弹性合金材料在淬火后需通过大的冷加工变形再进行时效处理方能获得高的弹性和硬度。这类合金材料具有优良的耐热性和耐腐蚀性。其常用品种、主要成分、最高工作温度、特点及用途见表 3-21。

表 3-21 钴铬镍钼基高弹性合金材料的常用品种、主要成分、最高工作温度、特点及用途

品种	主要成分（%）	最高工作温度（℃）	特点及用途
3J21	Co40、Ni15、Cr20、Mo7、Mn2、C<0.12、Fe 余量	400	弹性高，耐腐蚀、无磁，具有高强度和良好的抗疲劳性能，适用于 400℃以下的航空仪表用弹簧，精密机械的轴尖、平膜片、发条、游丝等
3J22	Co40、Ni15、Cr20、Mo3.5、W4、Mn2、C<0.12、Fe 余量	450	冷、热加工性能比 3J21 有所改善，有较高的加工时效强化效果。用途同 3J21
3J24	Co40、Ni19、Cr12、Mo3.5、Ti2、Mn2、Al0.5、C<0.12、Fe 余量	400	具有很高的冷变形能力，适用于形状较复杂的弹性元件

2. 高温高弹性合金材料

高温高弹性合金材料的工作温度通常在 500℃左右，具有良好的耐腐蚀性。作为耐热弹性元件，其冷变形不宜超过 30%。这类合金材料主要有镍铬铌基、铁镍铬基等。其常用品种、主要成分、最高工作温度、特点及用途见表 3-22。

表 3-22 高温高弹性合金材料的常用品种、主要成分、最高工作温度、特点及用途

品种	主要成分（%）	最高工作温度（℃）	特点及用途
NiCr19W10Co6Ti3Al	Cr19、W10、Co6、Ti3、Al1.5、C0.05、Ni 余量	500	无磁性，500℃以下的塑性、弹性及强度均优于 3J1、3J2、3J3，在热带气候及腐蚀介质中的稳定性良好，适用于弹性敏感元件，如膜片、弹簧等
NiCr15Nb9Mo3Al	Cr15、Nb9、Mo3、Al1、C0.06、Ni 余量	550	无磁性，固溶处理后塑性优于 3J21，在 500~550℃有高的抗松弛性能，在 20~50℃的浓硝酸中耐腐蚀性极好。用途同上

续表

品种	主要成分（%）	最高工作温度（℃）	特点及用途
Cr15Ni26Ti2Mo	Cr15、Ni26、Ti2、Mo1、Fe 余量	500	固溶状态下的塑性良好，经时效处理后的弹性与3J1相当，高低温力学性能良好，适用于高温弹性元件及结构部件

3. 恒弹性合金材料

恒弹性合金材料淬火后塑性良好，易于加工成型，经时效处理后具有较高的弹性，但对磁场较敏感，使用温度范围较窄。这类合金材料主要有铁镍铬系恒弹性合金材料、镍钴系恒弹性合金材料等。其常用品种、主要成分、工作温度范围、特点及用途见表3–23。

表 3–23　恒弹性合金材料的常用品种、主要成分、工作温度范围、特点及用途

品种	主要成分（%）	工作温度范围（℃）	特点及用途
3J53	Ni42、Cr5.5、Ti2.5、C0.05、Fe 余量	−40～80	具有低的弹性模量温度系数与频率温度系数，适用于弹性敏感元件，如膜片、弹簧管等
3J58	Ni43、Cr5.5、Ti2.5、C0.05、Fe 余量	−40～120	频率温度系数比3J53小，工作温度范围有所扩大。用途同上
NbTi39Al5	Ti39.5、Al5.5、Nb 余量	20～500	无磁性镍基合金，高温及耐腐蚀性均好，弹性模量及其温度系数均较小，适用于无磁恒弹性张丝和特殊用途弹簧

4. 耐腐蚀性弹性合金材料

耐腐蚀性弹性合金材料具有耐各种强酸、强碱等腐蚀的性能，有时效硬化型和加工硬化型两大类型。

（1）时效硬化型耐腐蚀性弹性合金材料

时效硬化型耐腐蚀性弹性合金材料在淬火后具有良好的塑性，经时效处理后可获得较高的强度和弹性。常用的时效硬化型耐腐蚀性弹性合金材料主要有镍基、铁镍铬基等。

（2）加工硬化型耐腐蚀性弹性合金材料

加工硬化型耐腐蚀性弹性合金材料在淬火后不能进行时效硬化，主要以冷加工变形提高其强度和弹性，冷加工变形后，再进行低温退火，可进一步提高其弹性。常用

的加工硬化型耐腐蚀性弹性合金材料主要有镍基、铁镍铬基等。

5. 铜基弹性合金材料

铜基弹性合金材料具有导电性和耐大气腐蚀性好等特性，用于制作弹性敏感组件和高导电性的弹性组件，如电器中的刷片、弹簧及仪表中的张丝、游丝等。铜基弹性合金材料有时效硬化型和加工硬化型两大类型。

（1）时效硬化型铜基弹性合金材料

时效硬化型铜基弹性合金材料淬火后塑性好，便于加工成各种复杂的形状，同时还具有良好的导电、导热、抗疲劳及低温性能，撞击时不产生火花。经时效硬化后可显著提高弹性极限。常用的时效硬化型铜基弹性合金材料主要有铜铍合金材料、铜镍锡合金材料等。其中，铜铍合金材料的综合性能最好，具有很高的弹性、硬度、强度和耐磨性，而且导电和导热性好，耐腐蚀，耐低温，无磁，弹性后效小，弹性模量低，用途很广。铜铍合金材料适用于制造膜片、波纹管、游丝、簧片、电刷弹簧、弹簧接触片、继电器与断路器弹簧、仪表弹簧等。铜镍锡合金材料的性能与铜铍合金材料相近，其加工性好，价格便宜，可用作继电器弹簧。

（2）加工硬化型铜基弹性合金材料

加工硬化型铜基弹性合金材料主要是依靠冷加工变形后获得弹性。经冷加工硬化后，可进行低温退火，进一步提高弹性极限，以及降低弹性后效。常用的加工硬化型铜基弹性合金材料主要有黄铜、青铜、锌白铜等。其中，黄铜的强度较高，加工性好，对应力、腐蚀敏感，适用于非腐蚀性介质和精度不高的仪表等。青铜的弹性、耐磨性、抗磁性、焊接性均好，疲劳极限高，耐大气和海水腐蚀，适用作膜片、波纹管、弹簧片、簧片等。锌白铜的化学稳定性和加工性好，弹性优于锡磷青铜，但焊接性较差，适用作弹簧管、簧片等。

§3—6 半导体材料

学习目标

1. 熟悉半导体材料的特性及作用。
2. 熟悉半导体材料的分类及应用。

想一想

图 3-29 所示为一款常见的半导体收音机。你还能说出其他几种含有半导体器件的产品吗？

图 3-29 半导体收音机

一、半导体材料的特性及作用

1. 半导体材料的特性

半导体有别于导体和绝缘体的主要特征不仅在于电导率的高低，还在于导电性对内外条件（如光、热、磁、电等）的敏感程度，如温度效应、光生伏特效应、整流效应和光电导效应等。

半导体的温度效应是指半导体的电阻随温度的升高而降低的现象；光生伏特效应是指半导体和电解质接触形成的结在光照下会产生一个电压的现象；整流效应是指半导体的电导与所加电场的方向有关的现象，即导电有方向性；光电导效应是指半导体材料在光照下电导增加的现象。

2. 半导体材料的作用

半导体材料是用来制作半导体器件和集成电路的基本材料，在光通信设备信息的储存、处理、加工及显示方面都有重要应用，如制作半导体激光器、二极管、三极管、半导体集成电路、半导体储存器和光电二极管等，如图 3-30 所示。

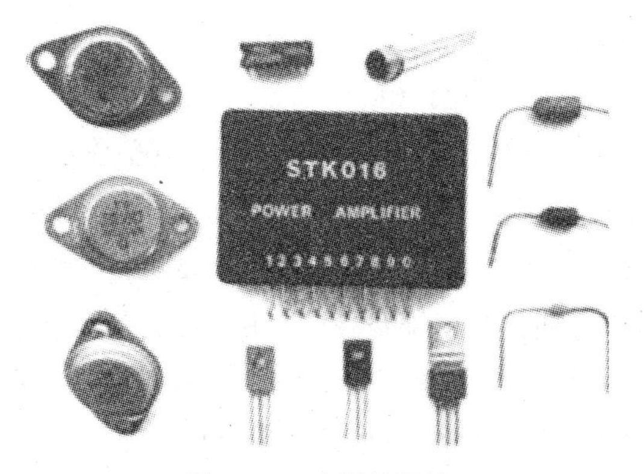

图 3-30 半导体器件

二、半导体材料的分类

半导体材料按化学组成、结构及性能分为元素半导体、无机化合物半导体（也称为化合物半导体）、非晶态半导体和有机化合物半导体。

1. 元素半导体

元素半导体是指由单一元素组成的具有半导体特性的半导体材料，如目前工业上应用最多的半导体材料硅、锗、硒。此外，硼、碳（金刚石、石墨）、碲、碘及红磷、灰砷、灰锑、灰铅、硫也是元素半导体，但都尚未得到应用。元素半导体主要用于制作各种晶体管、整流器、集成电路、太阳能电池等。图 3-31 所示为硅晶体。

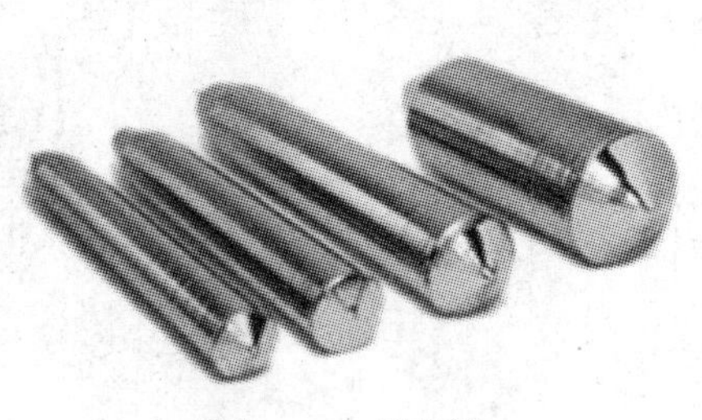

图 3-31 硅晶体

2. 无机化合物半导体

无机化合物半导体是指由两种或两种以上的元素化合而成的具有半导体特性的化合物，通常指晶态无机化合物半导体。无机化合物半导体的种类很多，常用的主要有砷化镓（GaAs）、磷化铟（InP）、锑化铟（InSb）、氮化镓（GaN）、碳化硅（SiC）、硫化镉（CdS）等，广泛应用于发光、激光、微波等器件中，如发光二极管、激光器等。

3. 非晶态半导体

非晶态半导体是指具有半导体性质的非晶态材料，广泛用于显示、图像传感和静电复印感光膜、光信息储存片（光盘）及各种传感器。

非晶态半导体的种类繁多，目前颇有实用价值的非晶态半导体材料首推氢化非晶硅（a-SiH）及其合金材料（a-SiC : H、a-SiN : H），用于低成本太阳能电池和静电光敏感材料。其次，非晶硒（a-Se）、硫系玻璃及氧化物玻璃等，其在传感器、开关电路及信息储存方面也有广泛的应用前景。

4. 有机化合物半导体

有机化合物半导体是一种具有半导体特性的有机高分子材料，其特点是原材料丰富，制备简便，可塑性大，有特殊的电、磁、光学等特性，现研究十分活跃。其中聚苯胺是第一个能实际使用的有机半导体材料。典型应用如有机发光二极管、有机场效应晶体管、有机光伏电池以及有机传感器等有机电子器件和有机光电子器件。

与液晶显示器相比，有机发光二极管具有可视度更佳、图像质量更好、显示器更薄等优点，有的还可以弯曲折叠、随身携带。图 3-32 所示为有机发光二极管柔性显示屏，这种屏幕能随意弯曲，还具有较好的抗跌与耐磨性。目前，有机发光二极管已经在一些小型设备中得到应用，如移动电话、数码相机等。

图 3-32 有机发光二极管柔性显示屏

三、半导体材料的应用

1. 半导体材料在集成电路上的应用

（1）锗

锗（Ge）器件的耐高温和抗辐射性能较差，热稳定性不如硅，所以逐渐被硅取代。但锗的电子和空穴迁移率较硅高，适合制作高频器件和低噪声器件；同时，锗又是非常好的红外材料和光导材料，目前，在激光和红外技术领域中得到广泛应用。迁移率是一个描述电子或空穴在电场作用下移动快慢程度的物理量。

（2）硅

硅（Si）是半导体工业的主要材料，它资源丰富，禁带较宽，使用温度较高，具有高、中阻值的硅单晶主要用来制造整流二极管和可控硅整流器，只有中阻值的 P 型单晶硅主要用于集成电路。

（3）砷化镓

砷化镓（GaAs）是目前应用最广泛的无机化合物半导体材料，其电子的迁移率较高，适于制作高速集成电路、微波集成电路和光集成电路，在光电器件、固体微波器件、发光二极管及电子计算机中得到广泛应用。

2. 半导体材料在光电子器件中的应用

（1）信息显示

半导体材料用于各种仪器仪表的数字显示和红、黄、绿指示灯。图 3-33 所示为 LED 交通信号显示屏，用发光二极管制造。此类半导体材料有 GaAs、GaP、GaAlAs、GaAsP 等。

（2）半导体太阳能电池材料

硅是重要的半导体太阳能电池材料，除此之外，还有其他许多半导体材料均可制作太阳能电池，如 GaAs 和 InAs。图 3-34 所示为太阳能电池板。

图 3-33　LED 交通信号显示屏

图 3-34　太阳能电池板

（3）半导体光电阴极材料

光照到半导体表面时，若光子能量较大，半导体表面的电子受到激发就可能逸出体外，这种现象称为光电子发射，利用这个原理做成的阴极称为光电阴极。有光电子发射的阴极，通过电场加速并配以荧光成像，可制成光转换器、微光管、光电倍增器、高灵敏电视摄像管、图像增加器等场效应器件。此类半导体材料有 GaAs、InGaAs、InGaAsP 等。

（4）半导体激光器材料

半导体激光器是以一定的半导体材料作为工作物质而产生受激发射作用的器件，如应用较广的 GaAs-GaAlAs（砷化镓 - 镓铝砷）激光器。

3. 半导体在传感器上的应用

半导体传感器是利用半导体材料的各种物理、化学和生物学特性制成的传感器。半导体传感器的种类繁多，根据检出对象，半导体传感器可分为物理传感器、化学传感器和生物传感器。物理传感器的检出对象为光、温度、磁、压力、湿度等；化学传感器的检出对象为气体分子、离子、有机分子等；生物传感器的检出对象为生物化学物质。此类半导体材料多采用硅以及无机化合物半导体。

§3—7　特殊光、电功能材料

学习目标

熟悉特殊光、电功能材料的常见类型，并会选用。

想一想

图 3–35 所示为光敏电阻。举例说明光敏电阻在日常生产、生活中的应用。

图 3–35 光敏电阻

一、光电材料

1. 光电导材料

光电导材料是指在光照下电导急剧增加的材料，主要有硒系光电导材料、有机光电导材料和无定形硅系列光电导材料。光电导材料广泛用于静电复印、静电制版、激光打印等领域。

（1）硒系光电导材料

无定形硒具有高电阻率、高光电导等特点，耐腐蚀，可重复使用，至今在复印感光体中仍占主体地位。硒感光体主要有硒板和硒鼓。硒板主要用于 X 光探伤和 X 光诊断。硒鼓如图 3–36 所示，主要用于复印机和激光打印机。

图 3–36 硒鼓

（2）有机光电导材料

有机光电导材料具有成本低、工艺简单、使用寿命长、质量轻等特点，广泛用于普通复印机、激光打印机及智能激光复印机等产品。常用的有机光电导材料主要有偶氮系、酞菁系产品。

（3）无定形硅系光电材料

无定形硅系感光体具有感光度高、无公害、使用寿命长、可靠性高等特点，是一种非常理想的感光材料，广泛用于复印机和打印机的感光体。

2. 光敏电阻材料

光敏电阻材料是一类在光照下电导率能发生改变的材料，常见的光敏电阻材料见

表 3-24。使用较多的有硫化铅、碲化铅、砷化铅、硫化镉、锑化铟等，广泛用于制作光敏电阻等均质型半导体光电器件。图 3-37 所示为光敏电阻的结构示意图。

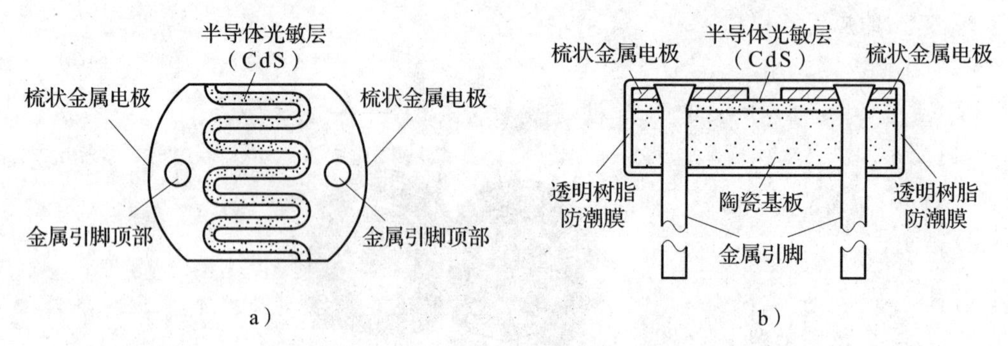

图 3-37　光敏电阻的结构示意图
a）顶部示意　b）剖面示意

表 3-24　常见的光敏电阻材料

类别	材料	类别	材料	类别	材料
元素	Se、Ge、Si	化合物	CdS、CdSe、CdTe	其他	InSb、Sb_2S_3
氧化物	ZnO、PbO	铅化合物	PbS、PbSe、PbTe		

3. 光电二极管材料

光电二极管材料主要有硅、锗和砷化镓等Ⅲ～Ⅴ族化合物半导体，广泛用于制作光电二极管。

4. 红外探测器材料

大多数探测器是用本征半导体材料制成的，具有效率高、响应时间较短、不要求极低的工作温度、使用方便等特点。制作红外探测器的非本征材料主要有掺杂锗、掺杂锗硅合金和掺硼、铝、镓、磷、砷、锑等杂质的硅。

常见制造光敏电阻、光电二极管和红外探测器的材料及其长波限见表 3-25。

表 3-25　常见制造光敏电阻、光电二极管和红外探测器的材料及其长波限

材料	探测器	长波限（μm）	材料	探测器	长波限（μm）
Si	光电二极管	1.0	PbSe 薄膜	红外探测器	4.5
Ge	光电二极管	1.5	InSb	红外探测器	7.5、5.5
PbS	光敏电阻	3.0	PbSnTe	光伏探测器	12.1
PbS 单晶	光导探测器	—	HgCdTe	光导探测器	10.0
	光伏探测器	—		光电二极管	10.6、2.5、5.0
InAs 单晶	光伏探测器	3.8			

二、发光材料

能把其他能量转变为光能的材料称为发光材料，主要有电致发光材料、荧光材料、磷光体和激光器材料等。

1. 电致发光材料

电致发光材料是将电能直接转换成光能的材料，有有机电致发光材料和无机电致发光材料两大类。

（1）有机电致发光器件具有直流低电压驱动、高亮度、高发光效率和低成本等优点，可用于制造平板显示器件。

（2）无机电致发光器件可分为低场型和高场型两种。低场型电致发光器件通常被称为发光二极管。常用红光发光二极管材料有 GaP : ZnO 和 GaAsP 系；绿光发光二极管材料有 GaP : N；橙、黄光发光二极管材料有 InGaAlP 系；蓝光发光二极管材料有 GaN 系等。发光二极管最突出的优点是低电压（约 2 V）、低电流（20~50 mA）、高效、使用寿命长和小型化，已被广泛用于广告、家用电器等场合。

2. 荧光材料和磷光体

（1）荧光材料

荧光材料的特点是分子或原子吸收能量后即刻发光，供给能量中断时，发光几乎立即停止。图 3-38 所示为日光灯，日光灯中的荧光粉涂于玻璃管内壁。荧光材料分为光致荧光、电致荧光和射线荧光等类型。只有以苯环为骨干的芳香族化合物和杂环化合物才能产生荧光。

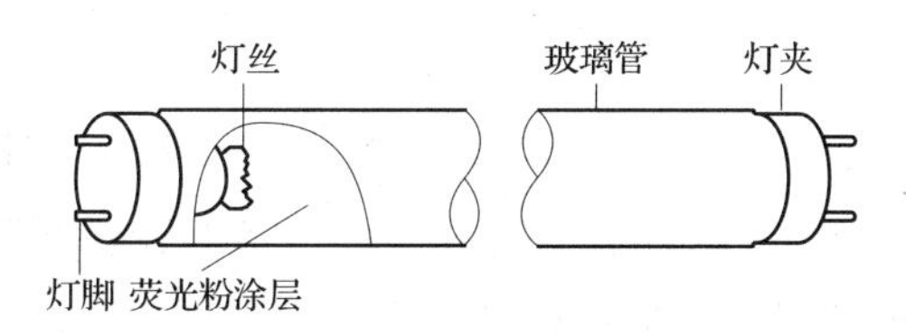

图 3-38 日光灯

（2）磷光体

在吸收能量后，磷光体发射的光与荧光材料发射的光一样，但激发态持续时间长。磷光体由基质和激活剂两部分组成，基质多半是Ⅱ族金属的硫化物、硒化物和氧化物，如 CaS、BaS、ZnS、CdS 等；激活剂是重金属，如 Ag、Cu、Mn 等。磷光体最重要的应用是显示和照明，其应用示例见表 2-26。

表 2-26 磷光体的应用示例

磷光体	要求	应用
ZnS : Ag; ZnS : Cu 涂层	涂层物质余辉短	α 射线
NaI : Tl	透明单晶	γ 射线

续表

磷光体	要求	应用
$CaWO_4$，Y_2O_2S : Tb; BaFCl : Eu	灵敏度高	X 射线
[$3Ca_3(PO_4)_2 \cdot Ca(F, Cl)_2$: Sb，Mn]; $BaMg_2$: $Al_{16}O_{27}$: Eu; [(Ce，Tb) Mg $Al_{11}O_{19}$，Y_2O_3 : Eu]	提高显色性和亮度	荧光灯
蓝：ZnS : Ag; 绿：(Zn，Cd) S : Cu，Al 和 ZnS : Cu; 红：Y_2O_3S : Eu 和 Y_2O_3 : Eu	蓝、绿、红三色	彩色电视

3．激光器材料

常用的激光器材料主要有半导体、晶体等。半导体激光材料有硫化铅、砷化镓、锑化铟、砷化铟、锑化镓、磷化铟等。晶体激光材料大体又可分为氟化物、盐类和氧化物三类，目前使用的晶体激光材料主要有红宝石（Al_2O_3）等。

三、压电材料

压电材料是指受到压力作用时会在两端面间出现电压，且具有可逆性质的材料，主要有压电晶体、压电陶瓷和高分子压电材料等。

1．压电晶体

常见的压电晶体主要是石英。石英又称为水晶，是使用最早、现在仍被广泛应用的压电材料。其品质因素高，压电呈现各向异性，在常温常压下稳定性很好，加工容易，损失少。缺点是由于耦合系数小而带宽窄，输入损耗大，造成频率降低时阻抗值过大而难以匹配，主要用于晶体拾音器、扬声器和传声器等。

2．压电陶瓷

压电陶瓷是人工制造的多晶体压电材料，主要有钛酸钡、锆钛酸铅、铌镁酸铅等。压电陶瓷在极化之前没有压电效应，只有在 100~175℃温度下对两个极化面施加高压电场极化处理，才有压电特性。图 3-39 所示为压电陶瓷点火器，即打火机。

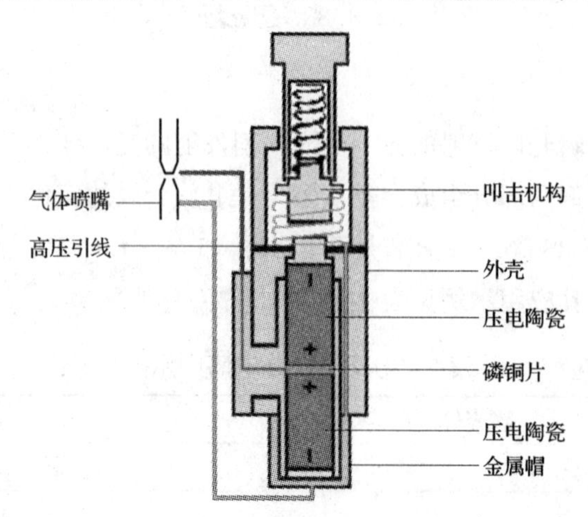

图 3-39　压电陶瓷点火器

3. 高分子压电材料

高分子压电材料有聚偏二氟乙烯（PVDF）、聚氟乙烯（PVF）、聚氯乙烯等，都是有机高分子半晶态聚合物，可制成薄膜、厚膜和管状等各种形状。其中，薄膜状的聚偏二氟乙烯材料用量最多。当薄膜受外力作用时，剩余极化强度改变，薄膜呈现出压电效应。PVDF 薄膜具有极高的电压灵敏度和柔软、不脆、耐冲击、价格便宜等优点，可用于制作电声器件等。

四、敏感材料

敏感材料主要有电压敏感材料、热敏及 PTC 陶瓷材料、力敏材料、湿敏材料、气敏材料等。

1. 电压敏感材料

电压敏感材料是指具有电流－电压非线性特性的材料。例如，氧化锌是最重要的压敏陶瓷材料，在电气设备中得到广泛应用，尤其在过电压保护、高能浪涌的吸收以及高压稳定等方面更为突出。

2. 热敏及 PTC 陶瓷材料

（1）热敏材料

热敏材料是指电阻率随温度发生显著变化的材料，主要分为以下三类：

1）负温度系数（NTC）热敏材料，广泛用于控温和测温传感器，如 Mn-Co-Ni 系，使用温度低于 200℃。

2）正温度系数（PTC）热敏材料，具有温度开关特性。

3）负电阻突变特性（CTR）热敏材料，即临界温度热敏电阻，如 Ag_2S-CuS 系和 V 系氧化物材料，用于火灾报警器。

（2）PTC 陶瓷材料

PTC 陶瓷材料具有明显的温度敏感特性，主要化学组成是钛酸钡（$BaTiO_3$）。这种材料的电阻率随温度显现了非常特殊的变化规律：室温下，电阻率随着温度升高而逐渐降低，即为负温度系数特征；当温度达到 120℃（即钛酸钡的居里温度）附近时，电阻率急剧增加，使材料处于高电阻状态（如钛酸钡陶瓷在这一温度范围内显现强烈的正温度系数，即 PTC）。PTC 陶瓷材料主要用于火警探测传感器、温度自控、过电流及过热保护等场合。

3. 力敏材料

力敏材料是指电学特性随外力作用而发生显著变化的材料。在生产实践中，一般应用电阻型力敏材料，主要有金属应变电阻材料和半导体压阻材料两类。目前，制造力敏元件最常见的材料是硅半导体材料，元件的电特性取决于制造过程中掺入或扩散到硅单晶中的杂质。

4. 湿敏材料

湿敏材料是指电学特性随湿度发生显著变化的材料。一般是利用表面吸附引起的电导率变化获得有用信号。电阻率通常为 10^{-6} ~ $10^{6}\Omega \cdot m$。常见湿敏材料主要是 Fe_3O_4 粉。

5. 气敏材料

气敏材料是指物理参量随外界气体种类和浓度而变化的材料。例如，表面控制型陶瓷气敏材料以 SnO_2、ZnO 为主体，添加贵金属 Pt、Pd、Ag 等催化剂而制成，适于制作可燃还原性气体传感器，如在 SnO_2 中添加 Pt 和 Pd，可检测 CO、C_3H_8；添加 PdO 和 Pd，可检测 CO、C_3H_8 和酒精。

第四章
磁性材料

磁性材料是一种古老而用途十分广泛的功能材料，主要是利用其磁特性进行电、机械、声、光等能量的转换，如制作电机、变压器和磁卡等。

§4—1 磁性材料的基本特性

学习目标

1. 熟悉物质的磁性。
2. 了解磁性材料的特性曲线。
3. 了解影响磁性能的外在因素。

想一想

司南（图4-1）是我国古代辨别方向用的一种仪器，用天然磁铁矿石琢成一个勺形的东西，放在一个光滑的盘上，盘上刻着方位，利用磁铁指南的作用可以辨别方向，是现在指南针的始祖。在日常生活、生产中磁铁还有哪些用途?

图4-1　司南

一、物质的磁性

1．磁性

磁性是指能吸引铁、钴、镍等物质的性质。图 4–2 所示为用 U 形磁铁吸附图钉。磁铁两端磁性强的区域称为磁极，一端称为北极（N 极），一端称为南极（S 极）。实验证明，同名磁极相互排斥，异名磁极相互吸引。自然界的物质按其导磁性能分为顺磁物质、反磁物质和铁磁物质。

图 4–2　用 U 形磁铁吸附图钉

（1）顺磁物质

顺磁物质的相对磁导率（μ_γ）稍大于 1，如空气、氧、铝、铂和锡等。

（2）反磁物质

反磁物质的相对磁导率（μ_γ）稍小于 1，如氢、铜、银、金等。

（3）铁磁物质

铁磁物质的相对磁导率（μ_γ）远大于 1，甚至可以达到几百、几万，如铁、钴、镍及其合金等。

顺磁物质、反磁物质的磁导率与真空磁导率相近似，称为弱磁性物质，铁磁物质称为强磁性物质。

2．磁化

铁磁物质通常对外不显现磁性，若将其放入磁场内，磁场会显著加强，磁感应强度明显增大，使铁磁物质显现磁性，这种过程叫磁化。

在铁磁物质的内部存在着由分子电流建立的许多天然磁化小区域，称为磁畴。磁畴就像一个个小磁铁，无外磁场作用时，这些磁畴由于热运动杂乱无章地排列着，它们的磁场相互抵消，合磁场为零，对外界不显现磁性，如图 4–3a 所示。在外磁场作用下，磁畴会转到与外磁场基本一致的方向上来，产生了附加磁场，与外磁场叠加后使磁场显著加强，如图 4–3b 所示。

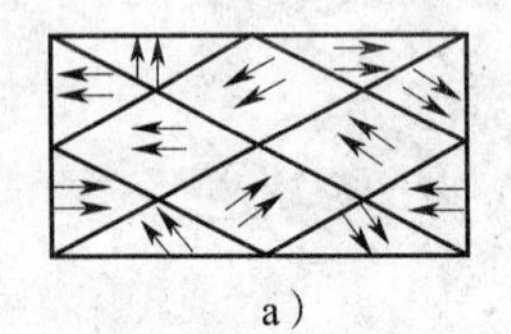
a）

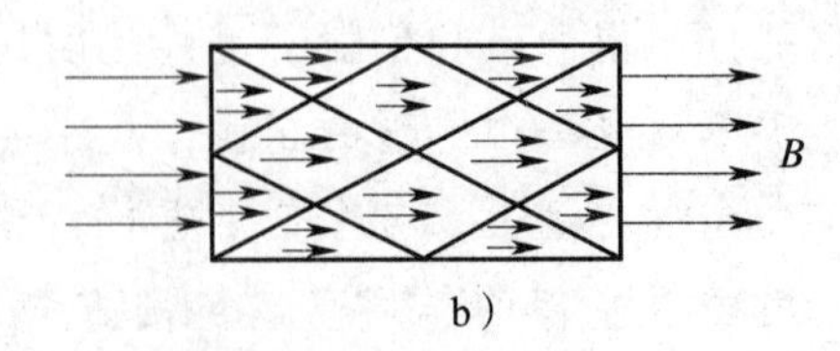

b）

图 4–3　铁磁物质的磁化

a）没有外磁场作用　b）有外磁场作用

二、磁性材料的特性曲线

1. 起始磁化曲线

给未被磁化的磁性材料施加单调增加的外磁场，所测得的 B 随 H 的单调增大而非线性地增大的曲线称为起始磁化曲线，如图 4-4 所示。

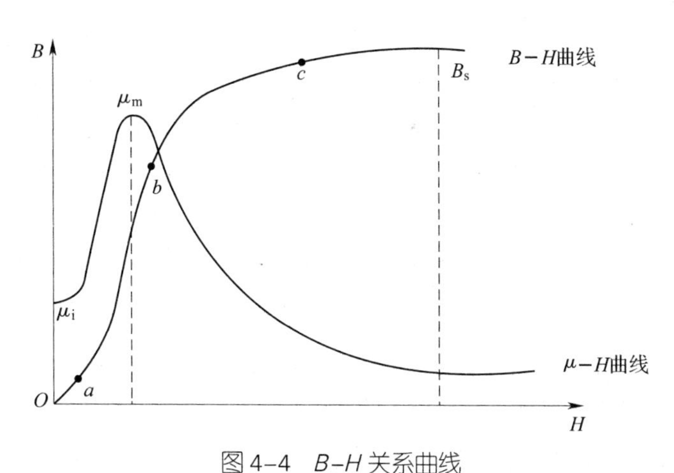

图 4-4　B-H 关系曲线

μ_i—起始磁导率　μ_m—最大磁导率　B_s—饱和磁感应强度

在 c 点以后，B 值几乎不再随 H 增加，这种特性称为磁饱和。磁化曲线上任一点的 B 与 H 之比为磁导率 μ。μ-H 曲线上 μ_i 和 μ_m 值分别为起始磁导率和最大磁导率。

2. 磁滞回线

磁滞回线是指磁性材料经过一个循环的反复磁化而形成一个与原点对称的闭合曲线，如图 4-5 所示。

磁性材料在交变外磁场的反复磁化过程中，当 B 随 H 沿起始磁化曲线达到饱和以后，逐渐减小 H 的数值，发现这时 B 并不是沿起始磁化曲线减小，而是沿另一条在它上面的曲线 ab 下降。当 H 单调地减至零时，B 值却不等于零，仍保持一个相当的值 B_r，这个值叫作剩磁感应强度，简称为剩磁。

为了消除剩磁，必须外加反方向的磁场。随着反方向 H 单调地增大，磁性材料逐渐退磁。当反方向 H 增大到一定值时，B 值由 B_r 逐渐变小，直至为零，这一过程称为去磁（或退磁），bc 这一段曲线叫作退磁曲线。当 H 反向增加到 H_c 时，才使 B 等于零，剩磁完全消失。这时的磁场强度的值 H_c 叫作矫顽力。矫顽力是指使已被磁化后的铁磁体的磁感应强度降为零所必须施加的磁场强度，矫顽力的大小反映了磁性材料保存剩磁的

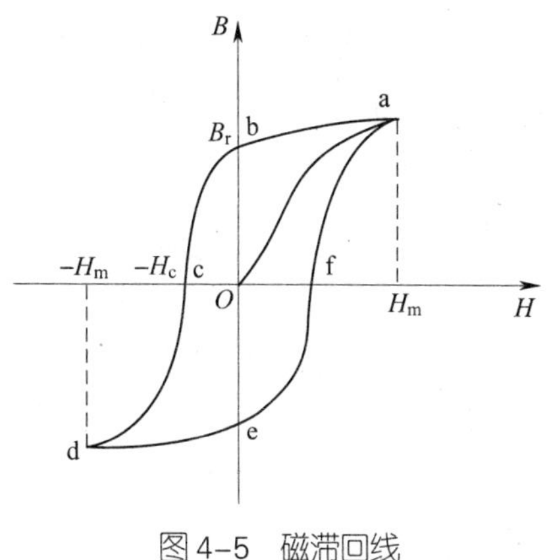

图 4-5　磁滞回线

能力。

在描述磁性材料性能时还常用到最大磁能积的概念。最大磁能积描述了磁性材料储存磁能的能力与体积的关系，粗略地说，要达到同样的磁性效果，最大磁能积越大，所需要的体积越小。

从整个过程看，B 的变化总是落后于 H 的变化，这种现象称为磁滞现象。磁性材料经过一个循环的反复磁化，即磁场强度从正最大值 H_m 到负最大值 $-H_m$，再到 H_m，得到一个与原点对称的闭合曲线，如 abcdefa，这就形成了磁滞回线。随着磁场强度 H_m 的增加，磁滞回线的面积也随之增大。当磁化达到饱和时，再增大磁场强度，磁滞回线的面积基本不变，这时的磁滞回线称为极限磁滞回线。不同磁性材料的极限磁滞回线，其面积和形状是不同的。

在交变磁化过程中，磁畴的翻转（或转动）会产生摩擦并消耗一定的能量，这种能量损耗叫作磁滞损耗。磁滞损耗与磁滞回线的面积成正比。此外，磁性材料在交变磁化过程中，还会因铁芯的涡流而产生损耗，这种能量损耗叫作涡流损耗。铁磁材料的铁损主要包括磁滞损耗和涡流损耗两部分。

磁性材料除了特性曲线反映的各种磁特性外，由于生产工艺的差别，往往同种磁性材料又有各向同性和各向异性之分。各向异性磁性材料的磁性与磁化方向有关，在使用这类材料时，要特别注意选取磁性最好的方向为磁化方向。另外，磁性材料在外磁场中磁化时，在磁化方向上会发生伸长或缩短的磁致伸缩现象，这种效应可以用磁致伸缩系数 λ 来表示。λ 的大小等于沿着磁化方向的伸长量与原长度的比值。$\lambda>0$ 表示沿着磁化方向上的尺寸伸长，称为正磁致伸缩，如铁；反之称为负磁致伸缩，如镍。

三、影响磁性能的外在因素

影响磁性能的外在因素主要有温度和频率。

1．温度

温度对磁性材料的磁性能影响特别显著。一般金属类磁性材料的磁导率和饱和磁感应强度随温度的升高而降低。当温度超过某一数值时，磁性材料将失去磁性，而成为顺磁物质。磁性材料失去磁性的这一临界温度称为居里温度（或居里点）。居里温度限制了磁性材料的工作温度，如铁的居里点为 770℃、镍为 358℃等。

2．频率

频率升高会使材料的导磁性能降低，铁芯损耗增加。

此外，磁性材料的磁性能不仅取决于其化学成分，还与机械加工的方法和热处理条件有关。在对金属类磁性材料进行机械加工时会产生内应力，此力能使材料的磁导率下降，矫顽力加大，损耗增加。为消除内应力、恢复磁性，必须进行退火处理。

§4—2 软磁材料

学习目标

1. 熟悉软磁材料的特点及作用。
2. 熟悉软磁材料的常见类型，并会选用。
3. 了解软磁材料的表面处理方法。

想一想

普通三相笼型感应电动机的定子铁芯和转子铁芯是用什么材料制成的？该材料有何特点？

一、软磁材料的特点及作用

软磁材料是一种既容易磁化又容易去磁的磁性材料，其磁滞回线很窄，如图4-6所示。软磁材料具有磁导率高、剩磁和矫顽力低、磁滞损耗小等特点，适用于导磁回路，以减少磁回路的磁阻，增强磁回路的磁通量，如在交变磁场中工作的电气设备的铁芯等。

二、常用软磁材料

1. 电工用纯铁

铁具有饱和磁感应强度高、磁导率高、矫顽力低等特点，纯度越高，磁性能越好。电工用纯铁是一种铁含量为99.5%以上、碳含量极低的软钢。电工用纯铁分为原料纯铁、电子管纯铁和电磁纯铁三种，其中，电磁纯铁在电气工业中应用最广。

电磁纯铁的磁化特性优良，具有饱和磁感应强度高（2.15 T）、磁导率高、矫顽力低、居里温度高（770℃）、冷加工性好等特点。但其电阻率太低（约

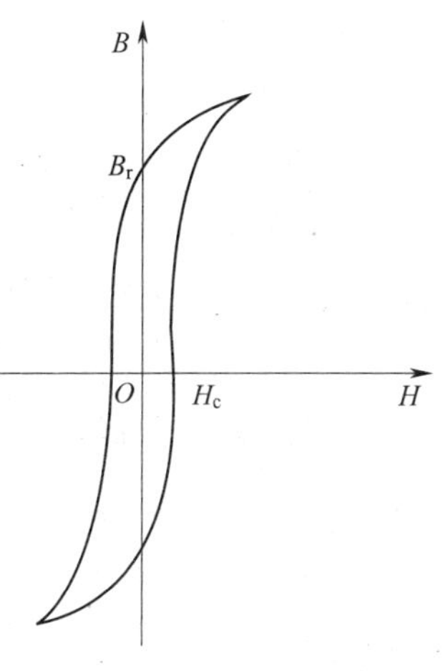

图4-6 软磁材料的磁滞回线

为 1.1×10^{-7} Ω·m），在交流磁场中铁损太大，只适宜作直流磁路的材料，如用作电磁铁、直流电机和小型异步电机的导磁材料以及继电器铁芯和直流磁屏蔽材料等。按冶炼工艺，电磁纯铁分为铝镇静纯铁和硅铝镇静纯铁两类，其名称、代号及用途见表4-1。目前，电工用纯铁基本上已被铁磁合金取代。

表 4-1 电磁纯铁的名称、代号及用途

种类	名称	代号	用途
铝镇静纯铁	电铁 3	DT3	不考虑磁时效（即磁性随使用时间而变化的情况）的一般电磁元件
	电铁 4	DT4	保证无磁时效的电磁元件
硅铝镇静纯铁	电铁 5	DT5	不考虑磁时效的一般电磁元件
	电铁 6	DT6	保证无磁时效、磁性范围较稳定的电磁元件

2. 电工用硅钢片

电工用硅钢片是一种含硅量为 0.5%~4.8% 的铁硅合金板材和带材，适用作工频交流电磁器件，如电机、变压器、互感器、开关、继电器等的铁芯。它与电工用纯铁相比，磁导率明显升高，电阻率增大，磁滞损耗减小。软磁材料的磁性能随时间增长出现由于材料结构变化而引起的不可逆变化，这种现象称为磁老化，相比纯铁，硅钢片的磁老化现象得到显著改善，但其饱和磁感应强度和导热性能降低，硬度升高，脆性增大。

电工用硅钢片按制造工艺分为热轧和冷轧两种，其中，热轧硅钢片现已基本停产。常用冷轧硅钢片有无取向硅钢片和单取向硅钢片两种。

（1）冷轧无取向硅钢片

冷轧无取向硅钢片中硅的含量为 0.5%~3.0%。通过冷轧与热处理的相互配合，使材料基本上各向同性。由于含硅量低于取向硅钢片，因而其饱和磁感应强度更高。材料厚度有 0.35 mm 和 0.5 mm 两种，主要用于电机铁芯，所以这种硅钢片又称为冷轧电机硅钢片。

冷轧无取向硅钢片与热轧硅钢片相比，具有表面光滑、厚度均匀、利用率较高等特点，逐步取代热轧硅钢片。

（2）冷轧单取向硅钢片

冷轧单取向硅钢片中硅的含量为 2.5%~3.5%，与热轧硅钢片相比，具有更优越的磁性能，更好的塑性和表面质量，带材平滑，主要用于制造变压器，所以这种硅钢片又称为冷轧变压器电工钢带。此外，电信用冷轧单取向硅钢片具有在弱磁场范围内的磁感应强度和磁导率高、在高频率下涡流损耗小等特点，适用于制造各种变压器、扼流圈等电磁元件。为了减少涡流损耗和提高交变磁场下的有效磁导率，硅钢片一般做得很薄，通常为 0.05～0.2 mm。

冷轧硅钢片的分类、牌号、厚度和用途见表 4–2。

表 4–2 冷轧硅钢片的分类、牌号、厚度和用途

分类		牌号	厚度（mm）	用途
无取向	电机用	DW530–50、DW470–50	0.50	大型直流电机、大中小型交流电机
		DW360–50、DW330–50	0.50	大型交流电机
	变压器用	DW530–50、DW470–50	0.50	电焊变压器、扼流圈
		DW310–35、DW270–35	0.35	电力变压器、电抗器
		DW360–50、DW330–50	0.50	
单取向	电机用	DQ230–35、DQ200–35	0.35	大型发电机
		DQ350–50、DQ320–50	0.50	
	变压器用	DQ230–35、DQ200–35	0.35	电力变压器、高频变压器
		DQ290–35、DQ260–35	0.35	电抗器、互感器

3. 铁镍合金

铁镍合金又称为坡莫合金，是一种含镍量为 36%～81% 的铁磁材料。在弱磁场下，铁镍合金具有极高的磁导率和很低的矫顽力，但其电阻率不高，饱和磁感应强度较低，成本较高，多制成小功率的磁性元件，在直流和低频（150～400 Hz）的弱磁场中使用。常用铁镍合金的牌号、特点及用途见表 4–3。

表 4–3 常用铁镍合金的牌号、特点及用途

牌号	特点及用途
1J46、1J50、1J54	Ni 含量为 36%～50%，具有较高的饱和磁感应强度，适用于中等磁场下工作的中小功率变压器、微电机、继电器、扼流圈、电磁离合器的铁芯、屏蔽罩、麦克风振动膜片以及力矩电动机衔铁和导磁体等
1J34、1J51	Ni 含量为 34%～50%，具有矩形磁滞回线，在中等磁场下具有较高的磁导率和高饱和磁感应强度，适用于中小功率高灵敏度的磁放大器、磁调制器、脉冲变压器、计算机元件等
1J52、1J65、1J67	Ni 含量为 65% 左右，最大磁导率很高，具有矩形磁滞回线，主要用于中功率磁放大器、继电器、扼流圈和计算机元件
1J76、1J79、1J80、1J83	Ni 含量为 74%～80%，又称为高 Ni 坡莫合金。在弱磁场下具有很高的起始磁导率和最大磁导率，但合金的饱和磁感应强度较低，主要用于弱磁场下的高灵敏度小功率变压器、小功率磁放大器、继电器、扼流圈、磁屏蔽等

续表

牌号	特点及用途
1J77、1J85、1J86	具有最高的起始磁导率、极低的矫顽力和相当高的最大磁导率，对微弱信号反应灵敏，主要用于扼流圈、音频变压器、高精度电桥变压器、互感器、磁调制器、快速磁放大器、录音机磁头等的铁芯上。其中，1J85 合金超薄带具有铁损低的特点，还可用作 20kHz 以下开关电源的铁芯
1J403	含 N、Co 和 Mo，最大磁导率很高，具有矩形磁滞回线，适用于直流变换器、磁放大器、扼流圈及计算机元件

铁镍合金加工性好，可制作形状复杂、尺寸精确的元件，是仪器仪表工业中常用的一种高级软磁材料。

4．铁铝合金

铁铝合金是一种含铝量为 6%~16% 的铁磁材料，具有很高的电阻率。其密度小，硬度高，耐磨性好，抗振动、冲击性能好，制成器件的涡流损耗小，质量轻，在某些场合可以代替铁镍合金使用。常用铁铝合金的牌号、含铝量、特点及用途见表 4–4。

表 4–4　常用铁铝合金的牌号、含铝量、特点及用途

牌号	含铝量（%）	特点及用途
1J6	5.5~6.0	在铁铝合金中具有最高的饱和磁感应强度，有较好的耐腐蚀性，但其磁性能不如硅钢片，适用作微电机、电磁阀等的铁芯
1J12	11.6~12.4	磁导率和饱和磁感应强度介于 1J6 与 1J16 之间，与 1J50 属于同类型的合金，有高的电阻率，抗应力、耐辐照等，适用作微电机、中等功率的音频变压器、脉冲变压器和继电器等的铁芯
1J13	12.8~14.0	与纯镍相比，其饱和磁感应强度高，矫顽力低，饱和磁致伸缩系数高，但耐腐蚀性不如纯镍，适用作水声和超声器件
1J16	15.5~16.3	在铁铝合金中它的磁导率最高、矫顽力最低，但饱和磁感应强度不高，适用作在低磁场下工作的小功率变压器、互感器、磁屏蔽等

5．软磁铁氧体

铁氧体是一种用陶瓷工艺制作的非金属磁性材料。软磁铁氧体与金属软磁材料相比，其具有较高的电阻率，在高频磁场中的涡流损耗小，饱和磁感应强度低，温度稳定性较差，适用于制造高频或较高频范围的电磁元件。常用的软磁铁氧体包括铁氧体软磁材料和铁氧体矩磁材料。

（1）铁氧体软磁材料

铁氧体软磁材料的电阻率为 $10^6 \sim 10^{12}$（μΩ·cm），适用于几千赫兹到几百兆赫兹的频率范围，初始磁导率高，磁导率随温度变化小。常用品种主要有镍锌铁氧体和锰锌铁氧体，适用于制作滤波线圈、脉冲变压器、可调电感器、高频扼流圈和天线等的铁芯。牌号有 R20、R60 等。

（2）铁氧体矩磁材料

铁氧体矩磁材料的磁滞回线接近矩形，矫顽力越低，磁性能越好。其电阻率比金属矩磁材料要高得多，涡流损耗极小。它的开关时间短，抗辐射性强，制造工艺简单，成本低，但其饱和磁感应强度低，温度稳定性也较差，主要用于电子计算机、自动控制和远程控制中作为记忆元件、开关元件和逻辑元件。

铁氧体矩磁材料通常分为两类：一类是在常温下使用的，称为常温矩磁材料，典型品种是镁锰铁氧体；另一类是在较宽温度范围内使用的，称为宽矩磁材料，典型品种是锂锰铁氧体。锂锰铁氧体与镁锰铁氧体相比，其温度系数小，开关时间短，但其磁滞回线的矩形性稍差，矫顽力稍大。

6. 铁钴合金

铁钴合金常称为高饱和磁感应合金，它是一种含钴 50%、钒 1.4%~1.8%，其余为铁的铁钴合金，其牌号为 1J22。

在软磁材料中，铁钴合金的饱和磁感应强度最高，适用于制作质量轻、体积小的空间技术用器件，如微电机、电磁铁、继电器等。它有很高的居里温度（980℃），适合高温环境工作，此外，它还具有很高的饱和磁致伸缩系数，利用它制作磁致伸缩换能器，输出能量高。但其电阻率低，高频环境下铁损骤增，加工性差，容易氧化，价格昂贵。

7. 高硬度高电阻高磁导合金

高硬度高电阻高磁导合金具有初始磁导率高、硬度高、电阻率高、耐磨性好等特点，而且磁性对应力不敏感，适用于制作录音机和磁带机磁头芯片以及微型特种电机、变压器、传感器、磁放大器中各种高频电感元件的铁芯，其牌号为 1J87、1J88、1J89、1J90 和 1J91。

8. 恒导磁合金

恒导磁合金是一种含镍 45%、钴 25% 及铝 7% 的铁镍钴和铁镍钴钼合金，在相当宽的磁感应强度、一定宽的温度和频率范围内磁导率基本不变，其牌号为 1J66，常用于制作恒电感和中等功率的单极性脉冲变压器的铁芯。

9. 非晶态软磁合金

非晶态软磁合金具有磁导率高、饱和磁感应强度高、矫顽力低、功率损耗低、强度和硬度高等特点，适用于节能型电力变压器磁芯、开关电源平滑电路扼流圈、磁放大器型开关电源可饱和扼流圈、磁屏蔽及磁传感器等。常用的非晶态软磁合金有钴基非晶合金、铁基非晶合金和铁镍基非晶合金等。

（1）钴基非晶合金

钴基非晶合金具有磁导率高、矫顽力低、电阻率较大、高频损耗低等特点，适用于磁头芯片、变压器、互感器铁芯及磁屏蔽等。目前，钴基非晶合金已大量用作图书防盗传感器、高频开关（频率为 20~500 kHz）铁芯。

（2）铁基非晶合金

铁基非晶合金的饱和磁感应强度高，损耗为硅钢的 1/4~1/3，可取代硅钢片作为铁磁材料，主要用作电力变压器、电源变压器的铁芯，还可用作电磁传感器和电机芯片。该类合金的缺点是饱和磁感应强度和铁芯占空系数较低，性硬，机械加工性差，在较高温度下性能不稳定。

（3）铁镍基非晶合金

铁镍基非晶合金的性能介于钴基和铁基非晶合金之间，具有较高的饱和磁感应强度和较高的磁导率，主要用于传递中等磁场强度、中等功率电信号的变压器铁芯中。目前，铁镍基非晶合金在 50 Hz 漏电保护开关的零序互感器铁芯中获得较大应用，可取代高 Ni 坡莫合金。

10. 纳米结晶软磁材料

纳米结晶软磁材料具有饱和磁感应强度高（可达 1.24~1.70 T）、磁导率高、电阻率高、磁芯损耗低、热磁稳定性好等特点，可用作薄膜磁头、大功率变压器、高频变压器、开关电源变压器、数据通信接口元件（脉冲变压器），在电磁兼容技术中作共模扼流圈、零序电抗器、可饱和电抗器、磁屏蔽、磁传感器等。纳米结晶软磁材料的品种有 Fe90Zr7B3、Fe89Zr7B3Cu1、Fe89Zr7B3Pd1、Fe90Hf7B3、Fe84Nb7B9 等合金。

11. 磁致伸缩材料

磁致伸缩材料具有强度高、饱和磁致伸缩系数大等特点，主要用于超声波传输信号测量仪表和通信仪表以及用超声波能量作动力的场合。磁致伸缩材料的品种很多，根据成分和工艺特点大致分为金属磁致伸缩材料和铁氧体磁致伸缩材料。

（1）金属磁致伸缩材料

金属磁致伸缩材料具有高的饱和磁致伸缩系数和低的矫顽力，主要有纯镍、镍铁合金、铁钴合金和铁铝合金等。其中，纯镍具有高的负磁致伸缩系数和优良的塑性及耐腐蚀性。Ni95Co 具有高的动态磁致伸缩系数，对弹性、机械应力具有特别高的敏感性，适用于水声器件。

（2）铁氧体磁致伸缩材料

铁氧体磁致伸缩材料具有电阻率高、电声效率高、机械品质因数高、居里点较低等特点，主要有 Ni-Cu-Co 系和 Ni-Zn-Co 系两大类，此外，还有正在开发应用的具有高磁致伸缩系数的稀土铁超磁致伸缩材料。

12. 磁温度补偿合金

磁温度补偿合金是一种居里点一般在 25~200℃，在居里点以下磁感应强度值随温度升高而近似线性地急剧减小的软磁材料。一般永磁体的磁性随温度升高而减弱，影响到仪表中永磁体磁极气隙间的磁通密度，导致仪表存在测量误差。通常采用磁温度补偿合金在永磁体两极间设置一磁分路，能补偿磁路的温度特性，使永磁体磁极间的磁通密度基本保持不变。

常用的磁温度补偿合金主要是含镍量为 30% 左右、低居里点（25~200℃）的铁镍合金，其牌号主要有 1J30、1J31、1J32、1J33、1J38 等，其中，1J30、1J31、1J32 适用于风向风速表、行波管、磁控管，1J33 适用于电压调整器，1J38 适用于里程速度表、汽油表及电能表等。

三、软磁材料的表面处理方法

在交流状态下使用的软磁材料，为了减少涡流损耗，必须将材料制成薄片（带），还需在它的表面涂覆绝缘层，或采用一定的方法，在其表面形成氧化绝缘层，使片与片之间相互绝缘。涂层材料要求有好的绝缘性、耐热性、耐油性和防潮性，且干燥要快。涂层厚度要均匀，坚硬、光滑，硅钢片涂层厚度一般为 0.015~0.02 mm，不致使叠装系数过分下降，并且要有强附着力，能抗冲击和弯曲。常用的涂层材料有油性硅钢片漆、醇酸硅钢片漆、环氧酚醛硅钢片漆、有机硅钢片漆、聚酰胺酰亚胺硅钢片漆和氧化镁等。冷轧硅钢片出厂时表面已涂绝缘层，使用时一般不用再涂漆。热轧硅钢片使用时需自行涂漆。铁铝合金表面有绝缘的氧化层。铁镍、铁钴和恒磁导合金常采用氧化镁电泳涂层。

§4—3 硬磁材料

学习目标

1. 熟悉硬磁材料的特点及用途。
2. 熟悉硬磁材料的常见类型，并会选用。

想一想

图 4-7 所示为常用磁体。它们是用什么材料制成的？该材料有何特点？

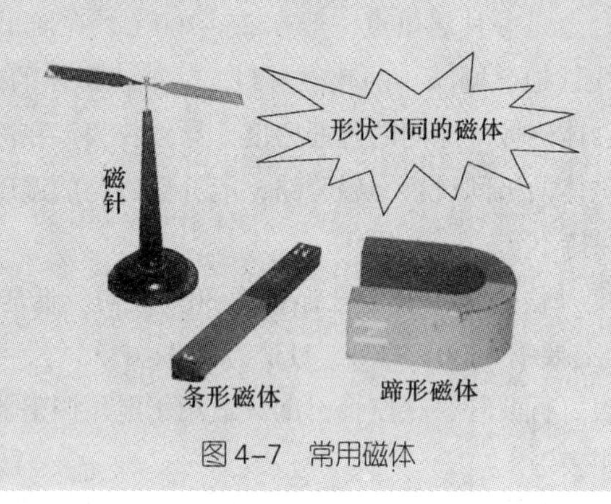

图 4-7　常用磁体

一、硬磁材料的特点及作用

硬磁材料也称为永磁材料，是一种不容易去磁的材料，其磁滞回线很宽，如图 4-8 所示。硬磁材料的特点是必须用较强的外磁场才能使其磁化，经强磁场饱和磁化后，具有较高的剩磁和矫顽力，即使将外磁场去掉，在较长时间内仍能保持强而稳定的磁性。

硬磁材料常用作磁源，在给定的空间内产生一定强度的磁场，适宜制造永久磁铁，被广泛用于磁电系测量仪表、电声器件、永磁发电机及通信装置中。

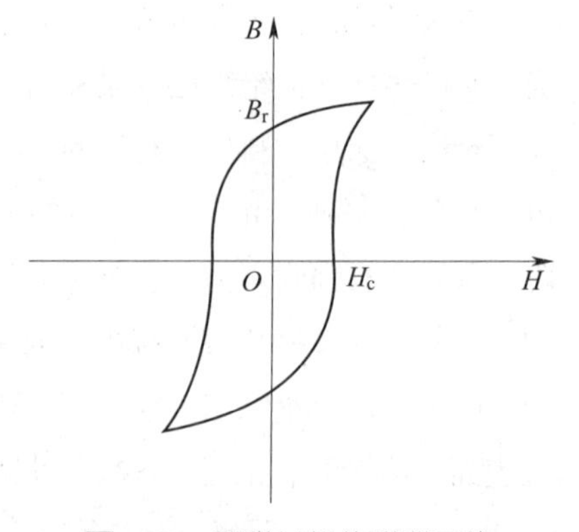

图 4-8　硬磁材料的磁滞回线

二、常用硬磁材料

1. 铝镍钴合金永磁材料

铝镍钴合金永磁材料分为铸造铝镍钴合金永磁材料和粉末烧结铝镍钴合金永磁材料两类。

（1）铸造铝镍钴合金永磁材料

铸造铝镍钴合金永磁材料具有较大的剩磁、很小的磁感应温度系数和较高的居里温度，其矫顽力和最大磁能积在永磁材料中居中等以上的水平，且组织结构稳定，是电机工业中应用广泛的一种永磁材料。此类材料按制造工艺和合金组合的特点又分为以下三类：

1）各向同性铝镍型和铝镍钴型永磁材料。其制造工艺简单，可制作成大体积或多对磁极的永磁体，但磁性能在铸造铝镍钴系中是最低的，一般应用于磁电式仪表、微电机、永磁电机、磁分离器、速度计、里程表等。常用产品有 LN9、LN10 和 LN12 等。

2）热磁处理各向异性铝镍钴型和铝镍钴钛型永磁材料。其剩磁和最大磁能积比各向同性系列的大得多，且制造工艺复杂并对性能影响较为敏感，磨削加工比较困难，适宜制造尺寸比较小或体积较小的永磁体。该系列磁性材料适用于精密磁电式测量仪表、永磁电机、流量计、微电机、扬声器、传感器、磁性支座、微波器件等。其中，铝镍钴型与铝镍钴钛型相比，后者剩余磁感应强度较低，矫顽力较高。常用产品有 LNG16、LNG34、LNG37、LNG28 和 LNG32 等。

3）定向结晶各向异性铝镍钴型和铝镍钴钛型永磁材料。其磁性能在铝镍钴永磁材料中是最优良的，但制造工艺复杂，材料脆性大，易折断。该系列的铝镍钴钛型合金的特点与热磁处理各向异性铝镍钴钛型合金相似。该系列磁性材料适用于精密磁电式测量仪表、永磁电机、微电机、行波管、磁控管、地震检波器、扬声器、微波器件等。常用产品有 LNG52、LNGT60 和 LNGT72 等。

（2）粉末烧结铝镍钴合金永磁材料

粉末烧结铝镍钴合金永磁材料具有力学性能好、表面光洁、无须磨削加工、尺寸精确、密度小、原料消耗低、磁性均匀并可钻孔和切削等特点，但磁性能略低，适用于体积小或要求工作磁通均匀性高的永磁体。这类材料可分为各向同性铝镍型和铝镍钴型、热磁处理各向异性铝镍钴型和铝镍钴钛型两种，它们的特点与铸造铝镍钴系永磁材料相应系列的特点相似。该系列磁性材料适用于微电机、永磁电机、继电器、小型仪表等的永磁体。

2. 铁氧体硬磁材料

铁氧体硬磁材料是一类氧化物永磁材料，与铝镍钴合金永磁材料相比，具有矫顽力高、磁性和化学稳定性好、剩磁感应强度小、温度系数大、时效变化小、电阻率高、密度小、制造简单、原料丰富、价格便宜等特点，是目前产量最大、应用广泛的硬磁材料，在许多场合已逐渐替代了铝镍钴合金。铁氧体硬磁材料常用于微电机、微波器件、磁疗片和拾音器、扬声器、电话机等电信器件。铁氧体硬磁材料分为烧结永磁体铁氧体材料和黏结永磁体铁氧体材料。烧结永磁体铁氧体材料的常用产品有 Y8T（T 表示各向同性）、Y20、Y22H（H 表示高矫顽力）等，黏结永磁体铁氧体材料的常用产品有 YN1T、YN10、YN15 等。

3. 稀土钴硬磁材料

稀土钴硬磁材料是钴与稀土元素的金属间化合物。在现有产品中，该类材料的磁性能较高，常见的材料主要有钐钴、镨钴、镨钐钴和铈钴铜等。其特点是剩磁与铝镍钴合金相当；矫顽力是铁氧体的 3~4 倍，稳定性好，不易受外磁场的影响；最大磁能积是高性能铝镍钴的 2~4 倍。但其价格较高，居里温度比铝镍钴合金稍低，耐腐蚀性弱，会产生高温退磁，且磁体脆硬。该类材料宜制成微型或薄片状永磁体，能使设备小型化、轻型化，主要用于微电机、传感器和磁性轴承等。常用产品有 XGS80/36、XGS96/40、XGS240/46 等。

4．塑性变形硬磁材料

塑性变形硬磁材料是一种金属硬磁材料，主要有永磁钢（碳钢、钨铬钢等）、铁钴钼型、铁钴钒型、铂钴和铁铬钴型等合金。该类材料经过适当的热处理之后，具有良好的塑性，易于进行机械加工，可加工成棒、带或薄板材，甚至加工成线材，适用于对磁性和力学性能有特殊要求及有特殊形状要求的永磁体。其中，永磁钢、铁钴钼型和铁钴钒型合金具有相当大的剩磁，但矫顽力较小。铂钴合金有很大的矫顽力和最大磁能积，磁稳定性好，耐腐蚀性强，但剩磁感应强度不大，价格很高，适用作有特殊要求的微型永磁体。铁铬钴型合金的性能接近某些品种的铝镍钴合金，它除用作特殊形状的永磁体外，还可在某些场合替代铝镍钴合金。

5．钕铁硼合金永磁材料

钕铁硼合金是一种新型稀土铁永磁材料，其磁性能是现今永磁材料中最高的，且资源丰富，相对成本低，强度比其他永磁材料高，密度小，适用于制作稀土永磁发电机、同步电机、起动电机、驱动电机、伺服电机和电动工具用钕铁硼永磁直流电动机等。

用钕铁硼永磁体制作的电机，在功率、功率因数和效率等方面都有大幅度的提高，如采用钕铁硼合金磁体的永磁发电机，与普通的永磁发电机相比，在相同输出功率的情况下，整机的体积和质量可以减少 30% 以上，在同样体积和质量的情况下，输出功率可以提高 50% 以上。在电机励磁结构方面，钕铁硼永磁体结构将进一步取代传统的电励磁结构，同时正大量取代铝镍钴及其他磁钢，正不断取代永磁铁氧体。常用产品有 NTP208G、NTP208C、NTP240D 等。

6．黏结永磁材料

黏结永磁材料是把永磁磁粉与高分子黏结剂以及各种加工助剂相混合而成的复合永磁材料。它与烧结或铸造磁体相比，其优点是成品率高，成本低，宜大批量生产，材料可再利用，尺寸精度高，无须二次加工，力学性能好，磁性均匀，一致性好。黏结永磁材料能制成形状复杂的、细的或薄的磁体，与其他部件可一体成型，可制成径向取向磁体和多极充磁。

目前，常见的黏结永磁材料有黏结铁氧体和黏结稀土永磁两类。黏结铁氧体主要用于冰箱磁性门封、微型电机等。黏结稀土永磁主要用于旋转电机、音响设备、通信设备等。

7．磁滞合金永磁材料

磁滞合金永磁材料的磁特性介于软磁材料和永磁材料之间，磁滞回线面积较大，磁性能比较接近永磁材料。常用塑性变形磁滞合金永磁材料有各向同性铁钴钼、各向异性铁钴钒以及铁钴钨、铁钴钨钼、铁锰镍等，多数磁滞合金永磁材料具有良好的塑性，可进行锻轧、冲压、弯曲等。该材料主要用于磁滞电机和磁簧继电器等。各向同性铁钴钼的常用产品有 2J21、2J23、2J25 等，各向异性铁钴钒的常用产品有 2J3、2J4、2J11 等，铁钴钨的常用产品有 2J51，铁钴钨钼的常用产品有 2J52，铁锰镍的常用产品有 2J53。

第五章
其他电工材料

§5—1　钎料、钎剂和清洗剂

学习目标

熟悉常用钎料、钎剂、清洗剂产品的特点及用途，并会选用。

想一想

图 5-1 所示为用电烙铁焊接印制电路板。焊锡丝有什么特点？

图 5-1　用电烙铁焊接印制电路板

电气工程中的焊接主要是钎焊。钎焊是用比焊件熔点低的金属材料作钎料，将焊件和钎料加热到高于钎料熔点、低于焊件熔点的温度，利用液态钎料浸润焊件，填充接头间隙，冷却后形成牢固接头，并使其具有良好的导电、导热性能的连接方法。图 5-2 所示为钎焊。

一、钎料

钎料是指用作形成钎缝的填充金属，图 5–3 所示为强力牌钎料。通常钎料按熔化温度范围分类：熔化温度低于 450℃的钎料称为软钎料，熔化温度高于 450℃、低于 950℃的钎料称为硬钎料，熔化温度高于 950℃的钎料称为高温钎料。有时根据熔化温度和钎焊接头的强度不同，将钎料分为易熔钎料（软钎料）和难熔钎料（硬钎料）。其中，常用的软钎料有锡基、铅基、锌基、铋基、铟基和镉基钎料等，常用的硬钎料有铝基、银基、铜基、镍基、锰基和金基钎料等。常用钎料的熔化温度范围见表 5–1。

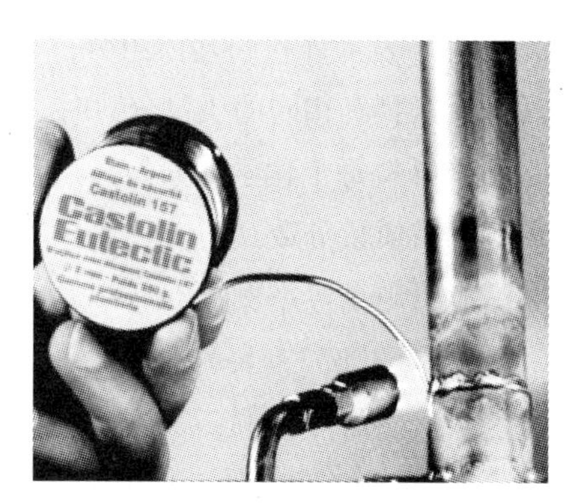

图 5–2 钎焊

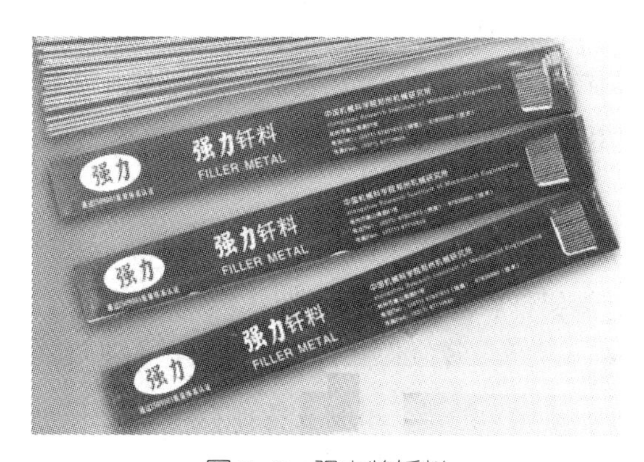

图 5–3 强力牌钎料

表 5–1 常用钎料的熔化温度范围

软钎料		硬钎料	
组成	熔点范围（℃）	组成	熔点范围（℃）
Zn–Al 钎料	380～500	镍基钎料	780～1 200
Cd–Zn 钎料	260～350	钯基钎料	800～1 230
Pb–Ag 钎料	300～500	金基钎料	900～1 020
Sn–Zn 钎料	190～380	铜基钎料	1 080～1 130
Sn–Ag 钎料	210～250	黄铜钎料	820～1 050
Sn–Pb 钎料	180～280	铜磷钎料	700～900
Bi 基钎料	40～180	银基钎料	600～970
In 基钎料	30～140	铝基钎料	460～630

1. 钎料的型号

钎料的型号由两部分组成，两部分之间用“–”分开。钎料型号中第一部分用一个大写英文字母表示钎料的类型：首字母“S”表示软钎料，“B”表示硬钎料。

钎料型号中的第二部分由主要组分的化学元素符号组成。在这部分中第一个化学元素符号表示钎料的基体组分；其他化学元素符号按其质量分数（%）顺序排列，当几种元素具有相同的质量分数时，按其原子序数顺序排列。

软钎料每个化学元素符号后都要标出其质量分数；硬钎料仅第一个化学元素符号后标出其质量分数。

软钎料型号举例：

S-Sn63Pb37，表示一种含锡 63%、含铅 37% 的软钎料。

硬钎料型号举例：

B-Ag72Cu，表示一种银基硬钎料，含银 72%，并含铜等元素。

每个钎料型号中最多只能标出 6 个化学元素符号。特殊要求内容符号置于型号末尾，如符号“E”用以表示是电子工业用软钎料。如 S-Sn63Pb37E，表示一种含锡 63%、含铅 37% 的电子工业用软钎料。真空级钎料用字母“V”表示；既可用作钎料，又可用作气焊焊丝的铜锌合金用字母“R”表示，两者均用“-”与前面的合金组分分开，如 B-Ag72Cu-V、B-Cu48ZnNi-R 等。

2. 常用钎料

（1）锡基钎料

常用的锡基钎料有锡铅钎料和无铅焊锡等。

1）锡铅钎料。纯锡是较好的钎料，熔点为 232℃，钎焊强度高，耐腐蚀性好，但价格较高。若在锡中加一定比例的铅，可制成各种不同熔点的锡铅钎料，俗称焊锡。锡铅钎料不仅价格较低，而且具有良好的钎焊性能，具有熔点低（185~256℃），流动性和浸润性好，导电、导热和耐腐蚀性优，施焊方便，焊缝牢固等特点，但铅蒸气有毒。锡铅钎料可用于钎焊铜、铜合金、钢铁、锌及镀锌铁皮等焊件。

图 5-4　焊锡丝

锡铅钎料产品的主要形式有无助钎剂芯的丝材、棒材、扁带和三角条，有松香助钎剂的焊管（俗称松香焊锡丝）和活性焊锡丝（松香芯中加入活性剂）。图 5-4 所示为焊锡丝。常用锡铅钎料的型号及用途见表 5-2。

表 5-2　常用锡铅钎料的型号及用途

型号	用途
S-Sn95Pb、S-Sn90Pb	用于电气、电子工业中的耐高温器件
S-Sn63Pb、S-Sn60Pb	用于电气、电子工业及航空工业，如印制电路及镀层金属的焊接
S-Sn50Pb、S-Sn50PbSb	用于普通电气、电子工业（电视机、收录机、石英钟）及航空工业

续表

型号	用途
S-Sn40Pb、S-Sn40PbSb	钣金、铅管焊接，电缆线、换热器、金属器材、辐射体、制罐等焊接
S-Sn5PbAg	电气工业、高温工作条件
S-Sn63PbAg	同 S-Sn63Pb，但焊点质量等诸方面优于 S-Sn63Pb
S-Sn40PbSbP	对抗氧化有较高要求的场合

锑、铜、铋对锡铅钎料的影响：加锑（如 5%），可提高焊缝强度和光泽，但浸润性变差；加铜，熔点增高，变硬脆，通常限量为 0.5% 以下；加铋，熔点降低，有使锡变脆的倾向，如含铋（Bi）量为 5% 的锡铅钎料属特低温（70℃）钎料。

2）无铅焊锡。图 5-5 所示为无铅焊锡丝。无铅焊锡可替代有毒的锡铅钎料，它是以 Sn 为主，添加 Ag、Zn、Cu、Sb、Bi、In 等金属元素。目前常用的无铅焊料主要是以 Sn-Ag、Sn-Zn、Sn-Bi 为基体，添加适量其他金属元素组成的合金，其种类及特点见表 5-3。

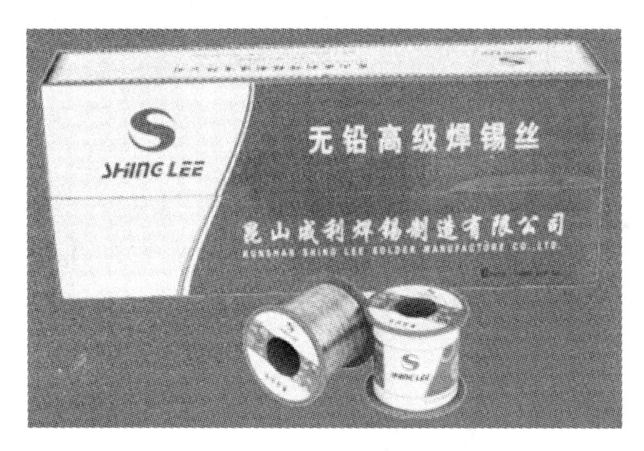

图 5-5 无铅焊锡丝

表 5-3 常用无铅焊料的种类及特点

种类	优点	缺点
Sn-Ag	具有优良的力学性能、拉伸强度、蠕变特性及耐热性，耐老化性能比 Sn-Pb 焊料稍差，但不存在延展性随时间加长而劣化的问题	熔点偏高，比 Sn-Pb 高 30~40℃，润湿性差，成本高
Sn-Zn	力学性能好，拉伸强度比 Sn-Pb 焊料好，可拉制成丝材使用；具有良好的蠕变特性，变形速度慢，至断裂时间长	Zn 极易氧化，润湿性和稳定性差，具有腐蚀性
Sn-Bi	熔点和力学性能与 Sn-Pb 焊料接近，蠕变特性好，并增大了合金的拉伸强度	延展性变坏，变得硬而脆，加工性差，不能加工成线材使用

（2）铜基钎料

常用的铜基钎料有铜锌（黄铜）钎料和铜磷钎料。它们都属于难熔焊料，其熔点和强度都较高，能保证钎焊接头具有较高的强度和能在较高温度下工作。

1）铜锌钎料。铜锌钎料的熔点为 800~905℃，具有较好的耐腐蚀性，主要用于气体火焰、高频等钎焊，焊接时与助钎剂共同使用，可用于钎焊铜、含锌较少的黄铜、钢及铸铁等。常用铜锌钎料的型号及用途见表 5–4。

表 5–4　常用铜锌钎料的型号及用途

型号	用途
B–Cu48ZnNi–R	用于钎焊不受冲击和弯曲的接头，质量较好，常用于钎焊铜质量分数大于 68% 的铜合金
B–Cu54Zn	用于钎焊铜、青铜和钢等不受冲击和弯曲的制件
B–Cu62ZnNiMnSi	用于钎焊钢管和其他钢件
B–Cu58ZnMn	钎焊硬质合金刀具等
B–Cu57ZnMnCo	钎焊硬质合金刀具，石油、矿山钻头等

2）铜磷钎料。它是以铜磷合金为基材的钎料，一般含磷量为 5%~9%。它具有良好的流动性，适用于气体火焰、高频、电接触钎焊，可以钎焊铜和黄铜，但不能钎焊钢。其熔点为 640~750℃，其突出优点是钎焊纯铜不需要助钎剂。此外，用铜磷钎料钎焊的接头能很好地在拉伸状态下工作，导电性良好，但塑性较差，不耐冲击和振动。常用铜磷钎料的型号及用途见表 5–5。

表 5–5　常用铜磷钎料的型号及用途

型号	用途
B–Cu93P	钎焊铜及铜合金，工艺性能良好，塑性较差，广泛用于电机制造和仪表工业
B–Cu94P	同 B–Cu93P，但熔点较高，塑性略有改善
B–Cu92PSb	同 B–Cu93P，由于加入适量的锑，使熔点降低
B–Cu80PAg	钎焊铜及铜合金、银、钼等。熔点低，强度、塑性、导电性及漫流性较好，在电机制造中使用最广

（3）银基钎料

银基钎料是以银铜锌合金为基材的钎料，熔点为 600~850℃。其特点是导电、导热性好，耐腐蚀，浸润性好，强度高，塑性良好，操作方便，常用于铜、不锈钢、硬质合金等除低熔点外的多数黑色金属及有色合金的钎焊，在机械、仪表中得到广泛应用。常用银基钎料的型号及用途见表 5–6。

表 5–6　常用银基钎料的型号及用途

型号	用途
B–Ag25CuZn	钎焊铜及铜合金、钢及不锈钢。熔点稍高，漫流性较好，钎缝表面光洁
B–Ag45CuZn	钎焊铜及铜合金、钢及不锈钢。熔点较低，漫流性良好，钎缝表面光洁，强度高，耐冲击性能好
B–Ag40CuZnCdNi	钎焊铜及铜合金、钢及不锈钢等
B–Ag50CuZnCd	
B–Ag35CuZnCd	钎焊钢、铜等零部件

二、钎剂

钎剂是钎焊时使用的熔剂，其主要作用是清除钎料和母材表面的氧化物，并保护焊件和液态钎料在钎焊过程中免于氧化，改善液态钎料对焊件的润湿性。对于大多数钎焊方法，钎剂是不可缺少的。

1. 对钎剂的基本要求

（1）钎剂的熔点和最低活性温度比钎料低，在活性温度范围内有足够的流动性。在钎料熔化之前钎剂就应熔化并开始起作用，去除钎缝间隙和钎料表面的氧化膜，为液态钎料的铺展和润湿创造条件。

（2）钎剂应具有良好的热稳定性，使其在加热过程中保持其成分和作用稳定不变。一般说来钎剂应具有不小于 100℃的热稳定温度范围。

（3）钎剂能很好地溶解或破坏被钎焊金属和钎料表面的氧化膜。钎剂中各组分的气化（蒸发）温度比钎焊温度高，以避免钎剂挥发而丧失作用。

（4）在钎焊温度范围内钎剂应黏度小、流动性好，能很好地润湿钎焊金属，减少液态钎料的界面张力。

（5）熔融钎剂及清除氧化膜后的生成物密度应较小，有利于上浮，呈薄膜层均匀覆盖在钎焊金属表面，有效地隔绝空气，促进钎料润湿和铺展，不致滞留在钎缝中形成夹渣。

（6）熔融钎剂残渣不应对钎焊金属和钎缝有强烈的腐蚀作用，钎剂挥发物的毒性应小。

2. 钎剂的分类

钎剂的分类与钎料的分类相适应，通常分为软钎剂、硬钎剂、铝合金用钎剂等，分别适用于不同的场合。

（1）软钎剂

软钎剂是指在450℃以下钎焊用的钎剂，由成膜物质、活化物质、助剂、稀释剂和溶剂等组成，可分为无机软钎剂和有机软钎剂两类。

1）无机软钎剂。它具有很高的化学活性，去除氧化物的能力很强，热稳定性好，能促进液态钎料对钎焊金属的润湿，保证钎焊质量。这类钎剂适用的钎焊温度范围较宽，但其残渣有强烈的腐蚀作用，故又称为腐蚀性软钎料，钎焊后必须清除干净。无机软钎剂可用于钎焊不锈钢、耐热钢、镍基合金等。

2）有机软钎剂。有机软钎剂有水溶性和天然树脂（松香）之分，对焊件几乎没有腐蚀性，故称为非腐蚀性软钎剂。

常用软钎剂的类别、型号、特点及用途见表5–7。

表5–7　常用软钎剂的类别、型号、特点及用途

类别	型号	特点及用途
无机盐软钎剂	FS312A	除氧化膜的能力有限，主要用于锡铅钎料钎焊钢、铜及铜合金
	FS322A	有较强的去除氧化物的能力，主要用于锡铅钎料钎焊铬钢、不锈钢、镍铬合金
无机酸软钎剂	FS321	具有较强的去除氧化物的能力，钎焊铝青铜、不锈钢等合金时最为有效，也是最常用的无机酸软钎剂
水溶性有机软钎剂	FS213	具有较强的去除氧化物的能力，热稳定性较好，残渣有一定的腐蚀性，属弱腐蚀性钎剂，主要用于电气零件的钎焊
松香类有机软钎剂	FS111B	在温度高于150℃时，能溶解银、铜、锡的氧化物，适用于铜、镉、锡、银的钎焊
	FS113A	适用于铜及铜合金的焊接
	FS112A	适用于铜、铜合金、镀锌铁及镍等的钎焊

（2）硬钎剂

硬钎剂是指在450℃以上钎焊用的钎剂。黑色金属常用的硬钎剂的主要组分是硼砂、硼酸及其混合物。这些钎剂的黏度大，活性温度相当高，必须在800℃以上使用，

并且钎剂残渣难以清除。在硼化物中加入碱金属和碱土金属的氟化物及氯化物，可以改善硼砂、硼酸钎剂的润湿能力，提高其去除氧化物的能力，以及降低钎剂的熔化温度和活性温度。常用硬钎剂的型号、特点及用途见表 5–8。

表 5–8 常用硬钎剂的型号、特点及用途

型号	特点及用途
FB101	银钎料钎剂
FB102	应用最广的银钎料钎剂
FB103	钎焊温度最低，用于银铜锌镉钎料
FB104	用于在银基钎料炉中钎焊，钎剂不易挥发，在加热速度较慢的情况下仍可保持较长时间的活性

（3）铝合金用钎剂

图 5–6 所示为铝合金用钎剂。铝合金用钎剂分为铝用软钎剂和铝用硬钎剂两种。

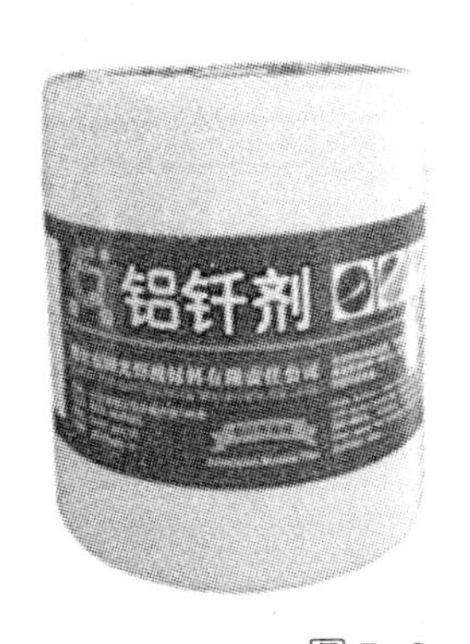

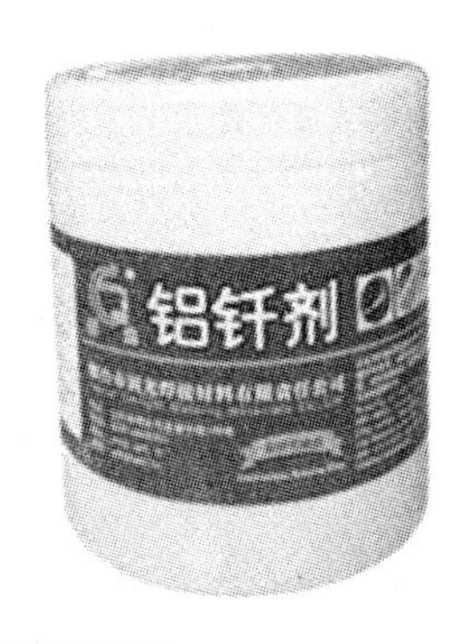

图 5–6 铝合金用钎剂

1）铝用软钎剂。铝用软钎剂在钎焊时会产生大量白色有刺激性和腐蚀性的浓烟，因此，钎焊操作时必须注意通风。按去除氧化膜的方式，铝用软钎剂分为有机软钎剂和反应软钎剂两类。

①有机软钎剂。有机软钎剂的主要组分为三乙醇胺。为提高活性，可加入氟硼酸或氟硼酸盐。钎焊温度不得超过 275℃，钎焊热源也不准直接与钎剂接触。

②反应软钎剂。反应软钎剂的主要组分为锌、锡等重金属的氯化物，加热时在铝表面析出锌、锡等金属，大大提高了钎料的润湿能力。反应钎剂一般制成粉末状，也可采用不与氯化物反应的乙醇、甲醇、凡士林等调成糊状使用。

常用铝用软钎剂的类别、牌号、特点及用途见表 5–9。

表 5-9　常用铝用软钎剂的类别、牌号、特点及用途

类别	牌号	特点及用途
有机软钎剂	QJ204	可在 180~270℃温度下破坏 Al_2O_3 膜，残渣对焊件有一定的腐蚀性，主要用于钎焊铝及铝合金，也可用于钎焊铝青铜和铝黄铜
反应软钎剂	QJ203	当温度大于 270℃时能有效地破坏 Al_2O_3 膜，但极易吸潮而失去活性，应密封保存，主要用于钎焊铝及铝合金，也可用于铜及铜合金、钢件等

2）铝用硬钎剂。铝用硬钎剂的主要组分是碱金属及碱土金属的氯化物，加入氟化物可以去除铝表面的氧化物。在火焰钎焊及某些炉中钎焊时，为了进一步提高钎剂的活性，除加入氟化物外，还可加入重金属的氯化物。常用铝用硬钎剂的牌号、特点及用途见表 5-10。

表 5-10　常用铝用硬钎剂的牌号、特点及用途

牌号	特点及用途
QJ201	极易吸潮，能有效地去除 Al_2O_3 膜，促进钎料在铝合金上漫流。活性极强，适用于在 450~620℃温度范围火焰钎焊铝及铝合金，也可用于某些炉中钎焊，是一种应用较广的铝钎剂
QJ202	极易吸潮，活性强，能有效地去除 Al_2O_3 膜，可用于火焰钎焊铝及铝合金
QJ206	高温铝钎焊钎剂，极易吸潮，活性强，适用于火焰或炉中钎焊铝及铝合金
QJ207	极易吸潮，耐腐蚀性比 QJ201 好，黏度小，湿润性好，能有效地破坏 Al_2O_3 膜，焊缝光滑，用于火焰或炉中钎焊纯铝、LF21（铝锰系合金）及 LD2（铝硅合金板材）等

三、清洗剂

使用清洗剂的目的是在焊前除去被焊件上的油污以利于施焊，在焊后清除残留物。常用的清洗剂有无水酒精、汽油和三氟三氯乙烷等。

1．无水酒精

无水酒精是指乙醇含量在 99.5% 以上的酒精。其特点是易挥发，主要用于焊后清洗。

2．汽油

汽油易挥发、易燃，使用时应特别注意安全。汽油可用于焊前清洗油污，常用的型号为 60 号或 70 号。当用松香酒精助钎剂与锡铅钎料焊接工件时，应先用酒精清洗工件，然后再用汽油清洗。

3．三氟三氯乙烷

三氟三氯乙烷是一种高档清洗剂，具有不燃不爆、无腐蚀、绝缘好、去油能力强等特点，主要用于清洗高档仪器仪表。

§5—2　常用胶黏剂

学习目标

1. 熟悉胶黏剂的组成和分类。
2. 熟悉常用的胶黏剂产品，并会选用。

想一想

图 5-7 所示为用黏合剂黏结元器件的场景。在日常生产、生活中，你还见过哪几种黏合剂？举例说明。

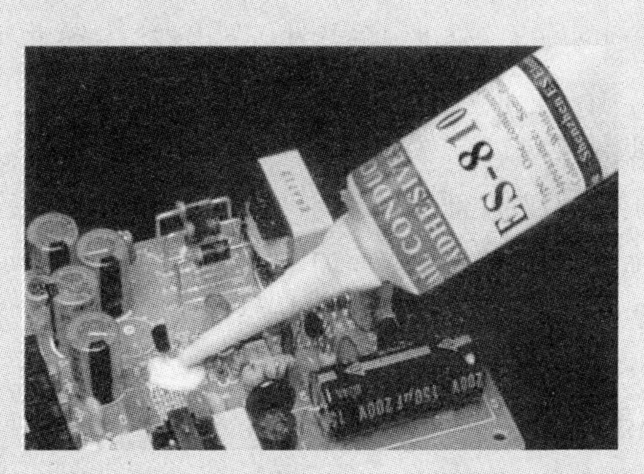

图 5-7　用黏合剂黏结元器件

胶黏剂又称为黏合剂，它能将两个相同或不同材料的物体黏在一起。胶黏剂按来源可分为天然胶黏剂和合成胶黏剂，现在主要使用合成胶黏剂。

一、胶黏剂的组成

胶黏剂由基料、固化剂、增塑剂、稀释剂、填料及其他辅助材料组成，但并不是每个配方都全部需要这几种材料。

1. 基料

基料是赋予胶黏剂胶黏性的根本材料，如环氧树脂、酚醛树脂、合成有机硅树脂、橡胶等高分子化合物。

2. 固化剂

固化剂又称为硬化剂，是能使基料固化硬接的物质。固化剂的种类繁多，如胺类固化剂、潜伏性固化剂等。固化剂的选择应根据胶黏剂的基料品种和性能而定。

3. 增塑剂

增塑剂又称为增韧剂，是提高胶黏剂的柔韧性、增进熔融流动性的物质。增塑剂可提高胶黏剂的耐寒性和抗冲击性，但抗拉强度、刚度和软化点则有所下降。常用的增塑剂有邻苯二甲酸酯类、磷酯类、乙二酸酯和癸二酸酯等，使用时应注意增塑剂与基料的相容性。

4. 稀释剂

稀释剂又称为稀料或溶剂，主要用于降低胶黏剂的黏度，提高浸润能力，以利于胶黏工艺。常用的稀释剂主要有脂肪烃、酯类、醇类、酮类等多种类型，选择稀释剂时也应注意选择与基料有良好相容性的物质。

5. 填料

填料是不与主体材料发生化学反应，但可以改变其性能和降低成本的固体材料。填料提高了胶黏剂的硬度、强度、耐热性、导电性、导热性和耐磨性，也增加了胶黏剂的黏度。

6. 其他辅助材料

常见的辅助材料有改性剂、防老剂、促进剂等。例如，改性剂是为了改善胶黏剂的某一方面性能，以满足特殊要求而加入的一些组分，如为增加胶接强度，可以加入偶联剂，还可以加入防腐剂、防霉剂、阻燃剂和稳定剂等。

二、胶黏剂的分类

胶黏剂的种类繁多，组分复杂，按不同的标准可对胶黏剂进行简单的分类。

（1）按胶料的主要化学成分，胶黏剂可分为无机胶黏剂和有机胶黏剂两大类。无机胶黏剂包括硅酸盐类、磷酸盐类、硫酸盐类等；有机胶黏剂又可分为天然有机胶黏剂和合成有机胶黏剂。合成有机胶黏剂还可分为树脂型、橡胶型、复合型胶黏剂等，它们还可继续分为其他更小的类型，如环氧树脂胶黏剂、三醛胶黏剂、聚氨酯胶黏剂、丙烯酸酯胶黏剂、改性酚醛胶黏剂、聚醋酸乙烯胶黏剂等。

（2）按照分子结构，有机胶黏剂分为热塑性树脂、热固性树脂、橡胶胶黏剂等。

（3）按照物理状态，胶黏剂分为液态、固态和膏状胶黏剂，其中固态胶黏剂又分为粉末状和薄膜状；液态胶黏剂又分为水溶液型、有机溶液型、水乳液型和非水介质分散型。

（4）按应用方式，胶黏剂分为压敏胶、再湿胶黏剂、瞬干胶黏剂、延迟胶黏剂等。

三、常用的胶黏剂

1. 三醛胶

三醛胶是指酚醛树脂胶黏剂、脲醛树脂胶黏剂和三聚氰胺甲醛树脂胶黏剂，主要用于木材加工业。其中，脲醛树脂胶黏剂固化后胶层无色，工艺性能好，成本低廉，具有优良的胶接性能和较好的耐湿性，是木材工业中使用量最大的合成树脂胶黏剂；酚醛树脂胶黏剂具有优异的胶接强度，耐水、耐热、耐磨及化学稳定性好，用量仅次于脲醛树脂胶黏剂。三聚氰胺甲醛树脂胶黏剂的硬度和脆性高，易产生裂纹。

2. 醋酸乙烯系胶黏剂

醋酸乙烯系胶黏剂主要是指以醋酸乙烯为单体的聚醋酸乙烯胶黏剂。在该类胶黏剂中，最常见的主要是聚醋酸乙烯乳液胶黏剂，简称为“白乳胶”或“白胶”，适用于电玉粉制品、陶瓷制品、木材、混凝土构件的黏结。

3. 丙烯酸酯胶黏剂

丙烯酸酯胶黏剂具有干燥成型迅速、透明性好、对多种材料具有良好的黏结性能以及好的耐气候性、耐水性、耐化学药品性等特点。丙烯酸酯胶黏剂的适用范围非常广泛，几乎所有的金属、非金属材料都能用丙烯酸酯胶黏剂黏结。在电力系统中，丙烯酸酯胶黏剂常用于电力充油设备的快速堵漏。

4. α-氰基丙烯酸酯胶黏剂

α-氰基丙烯酸酯胶黏剂，即常用的501、502、504胶等，具有优良的电气性能、耐老化性能和耐溶剂性能。α-氰基丙烯酸酯胶黏剂的黏结范围很广，除氟塑料、聚烯烃等外，几乎可以黏结所有物质，所以有“万能胶”之称。此类胶黏剂的黏结速度非常快，在数秒内即可完成。

5. 环氧树脂胶黏剂

环氧树脂胶黏剂是一种胶接性能好、耐腐蚀且绝缘性能和力学强度都很高的热固性树脂，对金属和非金属都有很好的胶接效果，也被称为“万能胶”，适用于电子器件的密封。

（1）ab环氧胶（605、630）

ab环氧胶是一种双组分快速固化透明环氧树脂胶黏剂。其固化后的黏结强度高，硬度较好，有一定韧性；固化物耐酸碱性能好，防潮防水、防油防尘性能佳，耐湿热和大气老化；具有良好的绝缘、抗压性能。ab环氧胶适用于电子元器件的黏结固定。

（2）单组分电子灌封胶（6105）

单组分电子灌封胶主要是指中温固化单组分环氧灌封胶，其储存稳定，黏结强度高，绝缘性能良好，固化时具有流平性，适用性强，适用于继电器、电容器、触发器、集成电路等各类电子、电器元件的密封和黏结。

（3）邦定胶（6201、6205）

邦定胶有热胶和冷胶之分。

1）热胶。热胶为高温固化单组分环氧胶黏剂，具有储存稳定、黏结强度高、电气性能良好、使用方便、固化时不流淌、适用性强等特点，适用于金属、线圈及电子元器件的邦定黏结、密封。

2）冷胶。冷胶是单组分环氧树脂黑胶，具有优秀的黏结强度、电气性能和防潮性，使用时需调入稀释剂，硬化后表面成型好，主要用于集成电路等的封装。

6. 聚氨酯胶黏剂

聚氨酯胶黏剂俗称“乌利当”，具有优异的耐低温性（可耐 -250℃低温）、耐油性和耐磨性，但耐热性较差。胶膜坚韧，耐冲击，挠曲性好，剥离强度高，能常温固化，广泛应用于汽车、建筑、木材加工等各个领域，特别适用于其他类型胶黏剂不能黏结或黏结有困难的地方。

7. 有机硅胶黏剂

有机硅胶黏剂有良好的电气绝缘性和阻燃性，其耐老化性、耐气候性、防水性和耐化学试剂性均非常优越，适用于电气、机械和建筑等行业的黏结、涂覆和灌封。有机硅胶黏剂按分子结构分为硅树脂型和硅橡胶型两类。

（1）硅树脂型胶黏剂

硅树脂型胶黏剂一般需高温固化，且固化时间长，黏结性差，耐溶剂性差，生产成本高，不便推广使用，但通过用有机树脂与其共聚改性的方法，可使其性能得以改善。

（2）硅橡胶型胶黏剂

硅橡胶型胶黏剂分为高温硫化硅橡胶和室温硫化硅橡胶。其中，室温硫化硅橡胶具有耐氧化、耐高低温交变、耐湿性和绝缘性能优良、使用方便等特点，在无线电工业等领域得到广泛应用。而高温硫化硅橡胶的胶结强度低，加工设备复杂。

此外，硅酮黏合剂俗称玻璃胶，常用于玻璃方面的黏结和密封，还用于制作压敏电胶带及高温电子工业。

8. 氯丁橡胶胶黏剂

氯丁橡胶胶黏剂可室温冷固化，初黏力很大，强度建立迅速，黏结强度较高，其综合性能优良，用途极其广泛，能够黏结橡胶、塑料、玻璃、陶瓷、金属等多种材料，因此，氯丁橡胶胶黏剂也有“万能胶”之称。常用型号如 XY-401 胶（也称为 88 号胶）。

9. 导电胶

导电胶是一种固化或干燥后具有一定导电性能的胶黏剂，通常以基体树脂和导电填料（即导电粒子）为主要组成成分，通过基体树脂的黏结作用把导电粒子结合在一起，形成导电通路，实现被黏材料的导电连接。基体树脂主要包括环氧树脂、丙烯酸酯树脂、聚氯酯等。导电填料主要是金、银、铜、铝、锌、铁、镍的粉末和石墨及一些导电化合物。

导电胶可以制成导电胶膏、导电胶浆、导电涂料、导电胶带、导电胶水等，适用于电子元件的小型化、微型化及印制电路板的高密度化和高度集成化的黏结。导电胶工艺简单，易于操作，可提高生产效率，是替代铅锡焊接的理想选择。

§5—3 润滑剂

学习目标

1. 熟悉常用润滑油的类型，并会选用。
2. 熟悉常用润滑脂的类型，并会选用。

想一想

图 5-8 所示为轴承润滑，人们使用润滑脂润滑轴承的目的是什么？

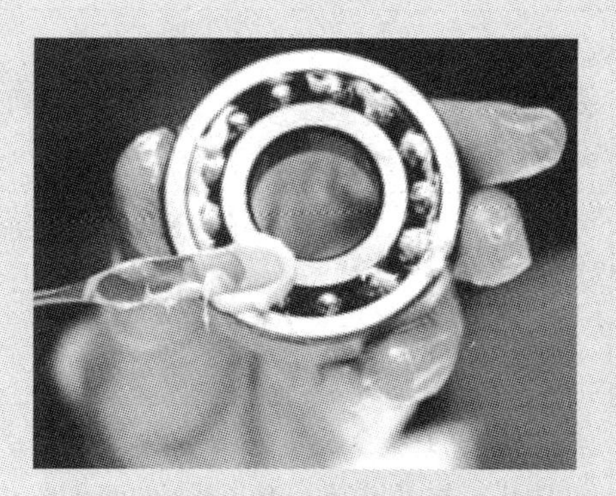

图 5-8 轴承润滑

润滑剂是指用以降低摩擦副的摩擦阻力、减缓其磨损的润滑介质，如电机中轴承的润滑、某些电器的机械装置的润滑等。润滑剂对摩擦副还能起冷却、清洗、防锈、降噪、减振和防止污染等作用。在电气工程中常用的润滑剂有润滑油、润滑脂等。

一、润滑油

润滑油是液体润滑剂，一般是指矿物油与合成油，尤其是矿物润滑油。润滑油的内摩擦力小，高温高速下仍有良好的润滑作用。电气工业常用的润滑油有全损耗系统用润滑油、齿轮油、轴承油等。

1．全损耗系统用润滑油

图 5-9 所示为长城牌全损耗系统用润滑油。全损耗系统用润滑油主要是指 L 类润滑剂中的 A 组用油。其中，L-AN 油由精制矿物制得，是目前常用的全损耗系统用润滑油，主要用于轻载、普通机械的全损耗润滑系统或换油周期较短的油浸式润滑系统，不适用于循环润滑系统。常用全损耗系统用润滑油的代号、特性及用途见表 5-11。

图 5-9　长城牌全损耗系统用润滑油

表 5-11　常用全损耗系统用润滑油的代号、特性及用途

代号	特性	用途
L-AN5、L-AN7	良好的润滑性；无水分、机械杂质和水溶性酸或碱	转速较大或间隙较小的机床主轴
L-AN10、L-AN15	适当的黏度；良好的润滑性；强的抗泡沫性和抗乳化性；低的残炭、酸值、灰分、机械杂质、水分等	高速轻载机械的轴承，小功率电动机、鼓风机轴承
L-AN22		中型电动机轴承，气动工具
L-AN32		中型中、低速运转的电动机、鼓风机、水泵等，中型机床的主轴箱、齿轮箱及轴承
L-AN46、L-AN68		低速大型设备、蒸汽机、中型矿山机械、铸造机械
L-AN100、L-AN150		重型机床、矿山机械、造纸机械、锻压机械、卷板机

2. 齿轮油

图 5-10 所示为用齿轮油润滑齿轮。齿轮油用于润滑齿轮传动装置，包括蜗轮蜗杆副的润滑油，是 L 类润滑剂 C 组用油，一般是在精制矿物油或合成油的基础上加入相应的添加剂制成。齿轮油分为工业齿轮油和车辆齿轮油，其中，工业齿轮油又分为工业闭式齿轮油和工业开式齿轮油。常用工业闭式齿轮油的代号、名称、特性及用途见表 5-12。

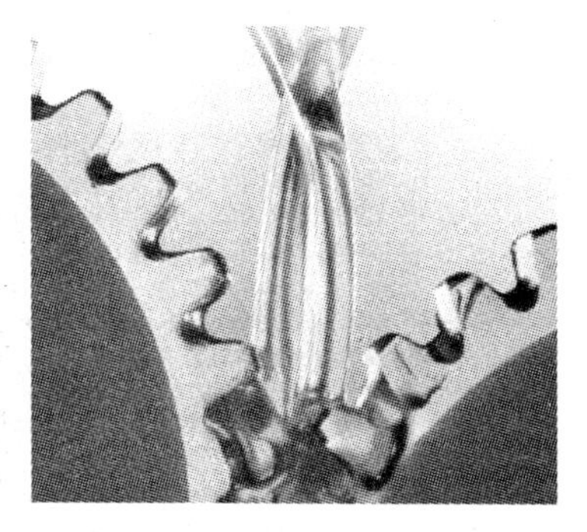

图 5-10　用齿轮油润滑齿轮

表 5-12　常用工业闭式齿轮油的代号、名称、特性及用途

代号	名称	特性及用途
L-CKB	普通工业齿轮油	由精制矿物油加入抗氧化剂、防锈添加剂调配而成，有严格的抗氧化、防锈、抗泡、抗乳化性能要求，适用于一般轻负荷的齿轮润滑
L-CKC	中负荷工业齿轮油	由精制矿物油加入抗氧化剂、防锈添加剂、极压抗磨剂调配而成，与 L-CKB 相比，抗磨性更好，适用于中等负荷的齿轮润滑
L-CKD	重负荷工业齿轮油	由精制矿物油加入抗氧化剂、防锈添加剂、极压抗磨剂调配而成，与 L-CKC 相比，抗磨性和热氧化安定性更好，适用于高温下操作的重负荷的齿轮润滑
L-CKE	蜗轮蜗杆油	由精制矿物油或合成烃加入油性剂等调配而成，具有良好的润滑特性和抗氧化、防锈性能，适用于蜗轮蜗杆润滑
L-CKT	低温中负荷工业齿轮油	以合成烃为基础油，加入与 L-CKC 相似的添加剂，性能除具有 L-CKC 的特性外，还有更好的低温、高温性能，适用于高、低温环境下的中负荷齿轮的润滑
L-CKS	合成烃齿轮油	以合成油或半合成油为基础油加入各种相应的添加剂，适用于低温、高温或温度变化大、耐燃、耐热、耐化学药品以及其他特殊场合的齿轮传动润滑

3. 轴承油

图 5-11 所示为长城牌 L-FD2 轴承油。轴承油是润滑剂 L 类 F 组用油，有 L-FD 型和 L-FC 型之分，主要适用于精密机床主轴承及其他循环、油浴润滑的高速滑动轴承和精密滚动轴承的润滑，也可作为普通轴承的润滑油和液压系统用油。

二、润滑脂

电机常用的润滑剂是润滑脂。润滑脂习惯上称为黄油或干油，是一种凝胶状润滑材料，是介于液体和固体之间的半固体膏状润滑剂。图 5-12 所示为长城牌通用锂基润滑脂。

图 5-11 长城牌 L-FD2 轴承油

图 5-12 长城牌通用锂基润滑脂

润滑脂是由基础油液、稠化剂和添加剂在高温下合成的，润滑脂也可以说是稠化了的润滑油。其流动性差，不易流失或飞溅，加入后很长一段时间不用加注，大大减少了维护工作量。同时，其密封简单，可防止外界灰尘进入摩擦副。因此，润滑脂应用非常普遍，特别是滚动轴承。但其散热能力差，输送能力差，受污染后不易净化。

润滑脂被加热到滴出第一滴油时的温度称为滴点，是用来表示耐热性能的一项指标。使用场合的环境温度与允许温升是选择润滑脂的重要参数，与滴点有关。上述温度越高，要求滴点值也越高。常用润滑脂的种类、代号、滴点及用途见表 5-13。

表 5-13 常用润滑脂的种类、代号、滴点及用途

种类	代号	滴点（不低于 ℃）	用途
钙基润滑脂	ZG-3	85	适用于工作温度低于 55℃、与水接触的封闭式电动机和各种工农业与交通机械设备的轴承润滑。特点是耐水性好，但不耐热
	ZG-4	90	
	ZG-5	95	
钠基润滑脂	ZN-2	140	适用于在较高工作温度、清洁无水分条件下（不潮湿）工作的开启式电机，其工作温度分别为：2 号和 3 号低于 115℃，4 号低于 130℃
	ZN-3	140	
	ZN-4	150	
高温钠基脂	—	200	工作温度为 140~160℃
钙钠基润滑脂	ZGN-1	120	适用于在 80~100℃、有水分或较潮湿环境下工作，常用于电机润滑，不适用于低温
	ZGN-2	135	
石墨钙基润滑脂	ZG-S	80	适用于工作温度在 60℃以下粗糙、重负荷摩擦的部位，不适用于滚动轴承润滑
复合钙基润滑脂	ZFG-2	200	适用于高温、有严重水分场合工作的封闭式电动机。工作温度为 120~150℃
	ZFG-3	220	
	ZFG-4	240	

续表

种类	代号	滴点（不低于 ℃）	用途
锂基润滑脂	ZL–2	175	通用性强，可代替钙基、钠基、钙钠基润滑脂，广泛用于高温、高速及与水接触的机器上，能长期在 120℃左右工作。其中，2 号用于中小型电机，3 号用于大中型电机
	ZL–3	180	
	ZL–4	185	
铝基润滑脂	ZU–2	75	适用于常温、有严重水分场合工作的电机和机器。特点是具有良好的耐水性和防护性

在选用润滑脂时，电机的工作温度、速度要与润滑脂的工作温度范围、滴点相适应。润滑点的工作温度对润滑脂的润滑作用和使用寿命有很大的影响，一般认为润滑点的工作温度超过润滑脂的温度上限后，温度每升高 10~15℃，润滑脂的使用寿命降低 1/2。电机的工作环境与润滑脂的耐水性能密切相关，如室温下湿度较大或与水接触的场合，可选用封闭式电动机用钙基润滑脂 ZG–3。添加润滑脂时应与原牌号相同，不同牌号的润滑脂不能混用。

附　录

附表 1　运行中变压器油的质量标准

性能名称	技术指标
水溶性酸 pH 值	≥ 4.2
酸值（mgKOH）· g^{-1}）	≤ 0.1
闪点（℃）	与新油原始测定值相比不低于 10℃
击穿强度（kV · cm^{-1}）	≥ 20（15 kV 以下的变压器） ≥ 30（20~35 kV 的变压器）
介质损耗角正切（70℃）	≤ 0.02
界面张力（N · cm^{-1}）	≥ 1.5×10^{-5}

附表 2　常用有溶剂浸渍漆与漆布的相容性

漆布 浸渍漆	油性漆布	沥青醇酸玻璃漆布	醇酸玻璃漆布	环氧玻璃漆布	有机硅玻璃漆布	硅橡胶玻璃漆布	聚酰亚胺玻璃漆布
油性漆（石油溶剂）	优	良	—	—	—	—	—
醇酸漆（苯类溶剂）	良	良	优	良	—	—	—
醇酸酚醛（苯醇溶剂）	良	良	优	良	—	—	—
醇酸三聚氰胺漆（苯石油溶剂）	良	良	优	良	—	—	—
环氧树脂漆（苯醇溶剂）	良	可	良	优	—	—	—
聚酯漆（苯类溶剂）	—	可	良	良	—	—	—
有机硅漆（苯类溶剂）	—	—	—	—	良	可	—
二苯醚漆（苯类溶剂）	—	—	—	—	可	可	—
聚酰亚胺漆（强极性溶剂）	—	—	—	—	—	—	可

注：相容性顺序为优→良→可，“—”表示不推荐。

附表 3　常用导电金属的性能参数

名称	符号	密度（$g \cdot cm^{-3}$）	熔点（℃）	抗拉强度（MPa）	电阻率（$\Omega \cdot mm^2 \cdot m^{-1}$）	电导率（%IACS）	电阻温度系数（$10^{-3} \cdot ℃^{-1}$）
银	Ag	10.5	960.5	147	0.016 2	106	3.80
铜	Cu	8.9	1 083	196	0.017 2	100	3.93
金	Au	19.3	1 063	98	0.024 0	71.6	3.40
铝	Al	2.7	660	78	0.028 2	61.0	4.03
钠	Na	0.97	97.8	—	0.046 0	37.4	5.40
钨	W	19.3	3 370	1 079	0.054 8	31.4	4.50
钼	Mo	10.2	2 600	882	0.055 8	30.8	4.70
锌	Zn	7.14	419.4	147	0.061 0	28.2	3.70
镍	Ni	8.9	1 452	392	0.069 0	24.9	6.00
铁	Fe	7.86	1 535	245	0.100 0	17.2	5.00
铂	Pt	21.45	1 755	147	0.105 0	16.4	3.00
锡	Sn	7.35	232	24.5	0.114 0	15.1	4.20
铅	Pb	11.37	327.5	15.7	0.219 0	7.9	3.90
汞	Hg	13.55	−38.9	—	0.958 0	1.8	0.89

注：默认环境温度为 20℃。

附表 4　常用电磁线的一般用途

种类	电磁线名称	耐热等级	交流发电机			交流电动机							直流电动机	变压器[1]					仪表、电信设备用线圈	电力系统用线圈
			大型	中小型	一般用途	通用大型	通用中小型	通用微型	起重、辊道型	防爆型	耐制冷剂型	电动工具	轧钢、牵引型	高温干式	一般干式	油浸大型	油浸中小型	高频		
漆包线	油性漆包线	A																●	●	
	缩醛漆包线	E			●[2]		●	●				●			●		●	●	●	●

续表

种类	电磁线名称	耐热等级	交流发电机			交流电动机							直流电动机	变压器①					仪表、电信设备用线圈	电力系统用线圈
			大型	中小型	一般用途	通用大型	通用中小型	通用微型	起重、辊道型	防爆型	耐制冷剂型	电动工具	轧钢、牵引型	高温干式	一般干式	油浸大型	油浸中小型	高频		
漆包线	聚氨酯漆包线	E、B、F						●										●	●	
	聚酯漆包线	B、F			●		●	●					●	●	●			●	●	●
	聚酯亚胺漆包线	H			●		●	●	●	●	●	●	●	●	●					●
	聚酰胺酰亚胺漆包线	C③		●			●	●	●		●	●	●	●						
	聚酰亚胺漆包线	C④										●		●						
	自黏直焊漆包线	E						●											●	
	自黏性漆包线	E、B、F						●											●	
	耐制冷剂漆包线	A									●						●			●
	聚酯亚胺–聚酰胺酰亚胺漆包线	C③		●			●	●	●	●	●	●	●	●						
	纸包线	A														●	●			
	玻璃丝包线	B、F、H		●	●	●	●		●	●			●	●	●					●
	玻璃丝包漆包线	B、F、H	●	●		●			●	●			●	●	●					●
	丝包线	Y																	●	
	丝包漆包线	A																	●	

续表

种类	电磁线名称	耐热等级	交流发电机			交流电动机							直流电动机	变压器[1]					仪表、电信设备用线圈	电力系统用线圈
			大型	中小型	一般用途	通用大型	通用中小型	通用微型	起重、辊道型	防爆型	耐制冷剂型	电动工具	轧钢、牵引型	高温干式	一般干式	油浸大型	油浸中小型	高频		
绕包线	聚酰亚胺薄膜绕包线	C[4]	●			●							●	●						
绕包线	玻璃丝包聚酯薄膜绕包线	E	●	●		●	●		●	●										
其他电磁线	氧化膜铝带、箔	—												●	●					
其他电磁线	高频绕组线	Y、A																	●	
其他电磁线	换位导线	A														●				

注：

①包括互感器、调压器、电抗器等。

②表中注有“●”者，表示可供选用的绕组线。

③温度指数为200℃。

④温度指数为220℃。

附表 5 常用标准型热电偶整百温度（摄氏度）的热电动势值 mV

温度（℃）	S 型铂铑 10- 铂	R 型铂铑 13- 铂	B 型铂铑 30- 铂	K 型镍铬 6- 镍硅（铝）	T 型铜 - 康铜	E 型镍铬 - 康铜	J 型铁 - 康铜
-200	—	—	—	-5.891	-5.603	-8.824	-7.890
-100	—	—	—	-3.553	-3.378	-5.237	-4.632
100	0.645	0.647	0.033	4.095	4.277	6.317	5.268
200	1.440	1.468	0.178	8.137	9.286	13.419	10.777
300	2.323	2.400	0.431	12.207	14.860	21.033	16.325

续表

温度（℃）	S 型铂铑 10- 铂	R 型铂铑 13- 铂	B 型铂铑 30- 铂	K 型镍铬 6- 镍硅（铝）	T 型铜 - 康铜	E 型镍铬 - 康铜	J 型铁 - 康铜
400	3.260	3.407	0.786	16.395	20.869	28.943	21.846
500	4.234	4.471	1.241	20.640	—	36.999	27.388
600	5.237	5.582	1.791	24.902	—	45.085	33.096
700	6.274	6.741	2.430	29.128	—	53.110	39.103
800	7.345	7.949	3.154	33.277	—	61.022	45.498
900	8.448	9.203	3.957	37.325	—	68.783	51.875
1 000	9.585	10.503	4.833	41.269	—	76.358	57.942
1 100	10.754	11.846	5.777	45.108	—	—	63.777
1 200	11.947	13.224	6.783	48.828	—	—	69.536
1 300	13.155	14.624	7.845	52.398	—	—	—
1 400	14.368	16.035	8.952	—	—	—	—
1 500	15.576	17.445	10.094	—	—	—	—